文化遗产里的中国故事

人居香港

活化历史建筑

单霁翔 著

Habitat
Hong Kong

Revitalising Historic Buildings

中国大百科全书出版社

图书在版编目（CIP）数据

人居香港：活化历史建筑 / 单霁翔著. —北京：
中国大百科全书出版社，2022.3
（文化遗产里的中国故事）
ISBN 978-7-5202-1100-0

Ⅰ．①人… Ⅱ．①单… Ⅲ．①古建筑－保护－
研究－世界 Ⅳ．①TU-87

中国版本图书馆CIP数据核字（2022）第046672号

人居香港：活化历史建筑

著　　者：单霁翔

出 版 人：刘祚臣
策 划 人：蒋丽君
责任编辑：王　绚　杜晓冉
特约编审：陈　光　　　　　　　特约编辑：张志芳
责任印制：邹景峰　　　　　　　装帧设计：吾然设计工作室
排版设计：静　颐　锋尚设计
出版发行：中国大百科全书出版社
地　　址：北京阜成门北大街17号　　邮政编码：100037
电　　话：010-88390718
印　　制：小森印刷（北京）有限公司
字　　数：250千字　　　　　　　印　　张：12
开　　本：880毫米×1230毫米　1/32
版　　次：2022年3月第1版　　　印　　次：2023年4月第2次印刷
书　　号：978-7-5202-1100-0
定　　价：88.00元

序

　　我和单霁翔院长相识多年，合作无间。2007年11月，我以香港特别行政区政府发展局局长身份首次访京，拜访时任国家文物局局长的他。当时我向他介绍香港文物保育的新政策，包括"活化历史建筑伙伴计划"，并请他推介内地专家协助复修景贤里。其后十多年，我们在不同工作岗位上紧密合作，携手推动多个重要的文化项目，包括筹建位于西九文化区的香港故宫文化博物馆。

　　单院长过去十年间访港超过十次，每次都把行程排得很满，到处考察香港的历史建筑和关心"活化历史建筑伙伴计划"的推展。我得悉他打算在退休后为"活化历史建筑伙伴计划"写一本专书，便自荐为这本书写序。他在两年前卸任故宫博物院院长后，便付诸实行，进行大量研究、考证和撰写工作，如今洋洋二十余万字的大作即将付梓，实在令人兴奋。

　　看完单院长送来的文稿，感动之情，实难以形容。我惊叹这位博学多才、鉴古通今的建筑师、城市规划师和文物专家对香港保育历史建筑工作的深入考察和了解，并就他在书中对"活化历史建筑伙伴计划"的高度评价表示由衷的感谢。单院长的肯定和认同，为所有参与"活化历史建筑伙伴计划"的政府同事、我们的合作伙伴和在香港从事历史建筑保育工作的人士带来极大鼓舞。

单院长这本书不仅介绍了"活化历史建筑伙伴计划"，还以宏观的角度，通过不同脉络，把香港大部分的历史建筑和建筑群、考古遗址、博物馆、非物质文化遗产，以至自然生态、郊野公园都做出分析和论述；看到他在书中总结了"活化历史建筑伙伴计划"取得的12个方面值得研究和推广的经验，包括组织机构、评级制度、评审标准、制度创新、服务系统、运作模式、科学修复、活化传承、伙伴合作、财务支撑、社会宣传和公众参与，更令我们一众曾负责推动"活化历史建筑伙伴计划"的官员汗颜。我期望特区政府有关部门会认真跟进并进一步完善各方面的工作。当然，书中提及的点滴往事，亦勾起我不少美好回忆。

书中提及的香港故宫文化博物馆计划，是我和单院长共同推动的最重要项目，亦是中央人民政府对香港文化事业的一大支持。项目从构思、规划、设计和兴建，只用了不足七年时间，新馆将如期于2022年7月对外开放，作为庆祝香港回归祖国25周年的重要项目。当五年前我们宣布启动这个项目时，很多人都有疑问，为何故宫文化博物馆会落户香港？单院长这本书可以给大家一个答案：香港有深厚的文化底蕴，一方面继承了中华优秀传统文化，另一方面又吸收了外来文化的精华，融会中西，创新传承；香港故宫文化博物馆会让故宫文化和中国文化走向世界，向世界展现中国人的文化自信，同时促进文化交流、文明互鉴。国家在"十四五"规划纲要中支持香港发展中外文化艺术交流中心，既肯定了特区政府在回归以来推动文化工作的努力，同时也交给我们协助国家建设为文化强国的重要任务。

最后，我要感谢单院长一直对香港文物保育和文化传承工作的关心和支持。他学识渊博，文化视野广阔，对传承文化有赤子之心，对香港有深厚的情谊。在个人层面，我和单院长建立的友谊，是我公务生涯中的一大收获。我深信他会继续关心香港在"一国两制"下的文化事业；我也对香港可以发挥中西文化荟萃优势，讲好"中国故事""香港故事"，充满信心！

香港特别行政区行政长官

林郑月娥

目录

　　1842年以前的香港，是一个位于中国岭南地区珠江口东岸、濒临南海、以香料著称的海岛渔村，人烟稀少。1840年，号称"日不落帝国"的英国发动鸦片战争，以其坚船利炮迫使清政府于1842年签订《南京条约》，割让香港岛。1856年以英国为首的西方资本主义国家发动第二次鸦片战争，又迫使清政府于1860年签订《北京条约》，割让九龙半岛南端界限街以南地区。1894年中日甲午战争爆发后，英国又趁帝国主义列强瓜分中国之机，逼迫清政府割地求和，于1898年6月9日，通过与清政府签订《展拓香港界址专条》，强行租借九龙半岛界限街以北、深圳河以南的大片中国领土及附近岛屿99年。

　　被侵占以后，长达150余年间香港成为英国人圈钱得利的地方，被动导入了英国城市发展体制。首先，沿着海港建立了最早的维多利亚城。当时的维多利亚城分为三个区域：城的中部被称为"中环"，是英国人行政、商贸及军事核心；城的西岸被称为"上环"，是最早期码头华工聚居地，进入民国时期各地华商来此经商，这一区域成为华商的居住及生活中心；城的东岸被称为"下环"，即现在的湾仔，早期是英商船舶停靠及存货地，后期逐渐填海，将仓库用地改建或出售，成为华人聚居地。

在香港市区，最早期的华人居住建筑沿用岭南式竹筒屋，下铺上居，正立面朝向街道，楼梯及厨房均设于天井内。随着香港成为英国人的商埠后，人口激增。至19世纪末，华人居住区越加稠密，旧楼不断加建，埋下许多安全隐患，以致频繁发生火灾及建筑倒塌事件。1894年，上环太平山区爆发了严重的鼠疫，造成2000多人死亡。在这一背景下，1903年香港推出《建筑及公共卫生条例》，设立结构、通风、采光、防火、逃生标准，并融合华人生活习惯和岭南营造技术，形成具有香港特色的建筑标准。此后，据此条例建造的房屋，形成了独特的民居建筑形态，香港民众称之为"唐楼"，用以区别洋人居住的"洋楼"。

20世纪50～60年代，香港逐渐成为金融中心，面临着巨大的发展压力和人口压力，此时人口急剧上升，土地供求关系紧张。这一时期，新的建设项目主要是原地重建。在充满矛盾的现代化历程中，高速发展的房地产市场为香港带来了经济繁荣，但也造成了土地资源的过快消耗。同时，高密度的建筑群和大体量的商业体挤压着早已存在并构成城市特色的历史建筑。由于当时社会倾向以经济和物质因素衡量城市发展，不少极富历史价值和特色的历史建筑，例如中环邮政总局、九广铁路尖沙咀火车总站等被相继拆除。

1997年，香港回到祖国的怀抱，洗刷了民族百年耻辱，完成了实现祖国统一的重要一步。香港回归祖国20多年来，"一国两制"的实践取得了举世公认的成功。香港在国际社会的良好形象和一系列优势得以长期保持，并不断发扬光大。发展是解决香港各种问题的金钥匙。香港背靠祖国内地、面向世界，有着许多有利发展条件和独特的竞争优势。特别是这些年，国家的持续快速发展为香港的发展提供了难得机遇、不竭动力和广阔空间。此外，香港作为亚洲金融中心、航运中心、贸易中心、物流中心等的地位也相当稳固。

身处香港这片特别的土地，让我深感历史与现实带来的深刻感动。香港是祖国的南大门，特殊的历史背景和城市气质，造就了香港传统和现代并存的现状。香港的命运从来都是同祖国紧密相连，当祖国国力衰弱、中华民族陷入深重苦难时，香港被迫离开了祖国的怀抱。在"一国两制"构想的指引下，中国顺利解决了历史遗留问题，香港从此走上与祖国内地共同发展、永不分离的宽广道路。今天，香港继续发挥地理位置优越、资本雄厚、联通中外的优势，深度融入国家整体发展，与内地民众在经济、文化等方面的交流合作日益密切。

香港社会在中国文化基础上，融合西方文化，形成难得的多元文化气质。香港展现着生生不息、多姿多彩的城市文化景象，呈现出开放、多元、包容的城市性格以及城市寸土寸金的独特魅力。维多利亚港是香港作为全球城市的地标之一，也是社会公众熟悉的形象印记，它的绚丽夜景给我留下了深刻印象。当站在太平山顶的凌霄阁俯瞰海湾时，不得不感慨"世界三大夜景"之一的确名不虚传，丰富的海岸线具有无可比拟的整体感，在如此紧凑的空间里绽放出绚丽的光彩。

如今，在香港摩天大楼、车水马龙之间，既有东方文化元素，又有西方文化元素，中华传统文化与西方文化融合生长，形成中西荟萃、古今交融的风貌。香港既有现代都市风光，也有南国海岛风景，还有渔村闲适风情。因此，行走在香港的不同区域、大街小巷，对于所处环境总会有不同的解读。

有时会感到香港社会很"国际"，英文是官方语言之一，许多街道、学校、医院的名称是英文音译名，具有浓浓的国际色彩。在兰桂坊的西餐厅、酒吧，西式生活气息弥漫于空气中。赛马会的马已经"跑"了100多年，时至今日，赛马日"买马"博个彩头，享受一个轻松的西式下午茶，仍然是一些香港人的生活方式。

有时又会感到香港社会很"中国"，在这里分布着700多座庙宇，传承着源远流长的中华宗教与民俗。黄大仙祠常年香火旺盛，天后庙遍布于大小海岛，每年佛诞节的长洲太平清醮、中秋节的大坑舞火龙、端午节各地的龙舟嘉年华等传统节日经久不衰，中秋节阖家团圆吃月饼、逛灯会，呈现浓浓的中式节庆氛围。香港的历史、语言、传统曲艺、生活礼仪，乃至人们的衣食住行，无不烙上中华文化的深深印记。经过岁月的淘洗，优秀的中华传统文化，对每个人而言，是人生智慧与情感的源泉；对每个社区而言，是集体凝聚力与人文关怀的源泉。

一直以来，香港对于中华传统文化的传承和弘扬不遗余力，卓有成效。中华文化在香港根深蒂固，可以说是香港文化的根基，是一种更深层次的存在。我接触到的香港人士，无论是文化官员，还是文化学者、博物馆同仁，他们不但拥有国际视野，而且了解国情，善用中西兼容的文化优势，成为香港助力中华文化向世界传播的积极力量。香港背靠的是拥有五千年灿烂文明的祖国，在文化资源的获取上可谓近水楼台，再加上各方面的强大合力与积极推进，香港的文化建设和文化遗产保护，必然呈现蓬勃发展的景象。

积累与呈现

这里早已不是『文化的沙漠』

香港是一座充满文化魅力的城市。

事实上，我对香港城市文化的了解，是在反复考察和仔细观察后，才得以逐渐形成并深化的，而且前后的认识反差很大，这也使我产生对香港文化重新审视的愿望。

20世纪80年代初，我在海外留学，当时电视中的华语节目以港台的内容居多。从中可以看到，随着香港经济的腾飞，本土流行文化也得以迅速崛起，以粤语歌曲和粤语电影为主要代表的香港文化产品，越来越多地传播到世界各地，特别是在华人中产生了广泛的影响。当时，虽然感佩香港大众娱乐文化的成功营销，但也遗憾地感到，由于缺少中华文化的积累与呈现，人们提到香港的文化，往往与商业文化、消费文化等联系在一起。那时香港也经常被人们视作"文化的沙漠"，视作文化缺位的城市。

20世纪80~90年代，我先后就职于北京市的城市规划部门和文物部门，每次去深圳考察，总要到位于盐田区沙头角的中英街走一走，实际上并非去购物，而是体验一下与香港的近距离接触。站在中英街的分界线上，街心有界碑石，一侧是内地，另一侧是香港，虽近在咫尺，却是两个社会。那时候多么希望香港早日回归祖国，洗刷民族百年耻辱。1997年香港回归祖国以后，我有机会赴香港考察调研，得以接触和体会真实的香港城市文化，并与香港同仁进行交流。2001年，我作为北京市规划委员会主任，参加北京市赴香港招商代表团，这是我第一次到访香港。当时北京市正在筹备2008年奥林匹克运动会，全市一年的建设量是欧洲所有国家建设量的一倍，其中也有一些开发建设项目来自香港企业的投入。通过考察我看到，香港稳健的财政状况、自由的贸易金融、高效的政府运作等，都受到国际社会的赞誉，特别是香港不俗的经济表现得到国际社会的高度评价。香港连续被评为全球最具竞争力的经济体，为中国的现代化进程作出了不可磨灭的贡献。

紧凑型城市的先行者和实践者

作为一名城市规划师，我考察香港城市规划建设，有不少收获，其中包括对城市发展模式的理解。香港是全世界人口最密集的城市之一，早在20世纪中叶，香港的高密度发展模式就已举世闻名，城市建设主要集中在维多利亚湾两侧的狭长海岸地带，形成高楼林立的城市景象。长期以来，香港的人口增长率超过建设用地增长率，城市建筑密度有增无减。20世纪60年代至世纪末，平均每10年增加100

万人口，进入21世纪降低至平均每10年增加50万人口。2009年，香港城市化地区的人口密度四倍于上海、八倍于巴黎、15倍于纽约。2021年香港人口超过740万人。

香港多丘陵与水域，实际上仅有25%左右的土地投入城市建设。人多地少的局面，给城市的可持续发展带来了挑战。为了有效应对土地投入不足的问题，香港推行紧凑型城市发展模式，通过增加建筑的垂直高度，以提高土地的利用强度；通过增加城市建筑的平均密度，以减少建筑物的占地面积。

近年来，为了避免城市无序蔓延发展，作为应对策略，紧凑型城市理念应运而生。紧凑型城市理念是一种基于土地资源高效利用和城市精致规划设计的发展模式。是否适合采用紧凑型城市发展模式，取决于城市中人口和建筑的密度。这种理念强调适度紧凑开发、土地混合利用、公共交通优先的策略，主张人们居住在更靠近工作地点和日常生活所必需的服务设施的地方，同时依靠便捷的公共交通满足人们日常大部分出行需求。实际上，城市功能的混合布局，还有利于创造综合的、多功能、充满活力的城市空间，就近满足人们的各种文化需求。

紧凑型城市发展模式的推行，有利于营造经济发达、交通完善、生活便利的现代化城市。香港城市中心区内的建筑容积率*普遍在7~10。在城市中心，利用原有较密的路网，并遵照历史建筑原有较

---

* 地块内建筑总面积与用地面积的比值，是衡量土地开发强度的一项指标。

小的空间尺度，组成密集的城市空间形态，两座建筑物之间的空间距离往往较小。区域内集商务、办公、娱乐、公共交通于一体，在提高区域密度的同时，可达性和流动性也得到了提高。通过建筑紧凑布局和功能混合，形成高密度的城市形态，这样不仅提高了空间容量，而且可以缓解城市道路的压力，降低交通需求和能耗。实际上，香港由于其特殊的发展背景和城市化进程，长期以来努力建设多而有序、密而不堵，紧凑、便捷、高效、富有活力的城市道路，并通过不断的探索，形成了独具特色的城市形态和发展模式。为了降低高层建筑的负面效应，改善居民生活质量，实现基础设施和公共设施的优化配置，香港在众多领域进行创新实践，例如在步行系统、邻里社区、垂直绿化及天空花园、室内公共空间营造、人口老龄化应对措施以及保护大面积生态资源等规划领域，均取得了可喜的实践成果。

20世纪60年代开始，全球掀起了活力与形态的反思和重塑。美国著名城市规划师简·雅各布斯唤起人们对街道混合使用、街道活力等问题的重新审视，她提出从空间形态角度对城市活力营造进行思考。美国城市规划理论家凯文·林奇则将城市形态与城市意象相结合，通过路径、边界、区域、节点、标志五大要素，定义了物质环境在人们头脑中的意象。他认为人们是通过这些要素去辨认城市的形态特征，因此，城市形态不应再是城市规划与设计师的主观创作，而应是每座城市自己的自然和历史特色，其中历史建筑的再利用，可以使高密度集约型城市更加宜居。

近几十年来，伴随机动车的普及，世界各地形成标准化的道路设计。以高效快速的车辆通行为目标，人们的生活方式逐渐发生了改变。街道作为承载社区公共生活的作用被淡化，活力开始消失。街道上常态化的购物、娱乐、散步和不期而遇的社交行为，被开车去超市购物、电视娱乐、电话交谈以及电脑休闲所取代。许多城市问题和社会问题也接踵而来，如环境污染、交通拥堵、步行不便等。但是，香港较早在发展公共交通的同时，对私人拥有和使用小汽车实行控制，私家车拥有率指标与不少大型城市相比是非常低的。

今日香港，是一个适合以公共交通加步行的方式进行探索的城市。公众每天交通出行约90%都是利用公共交通，其中约40%是依靠轨道交通，此外电车、轮渡、山顶缆车等交通工具成为有效补充。整个香港约75%的商业、办公设施以及约40%的住宅，都在公共交通车站500米可步行的距离内。这种以公共交通为导向的高密度紧凑型城市发展模式，已经成为全球城市规划界普遍认同的城市发展模式。香港在这方面是先行者，更是难得的实践者，为世界城市化进程中的可持续发展提供了重要的范式和借鉴。

完整而灵活的土地用途管控

土地使用性质是土地利用的核心要素，土地用途管控是城市规划的重要内容。长期以来，香港建立起具有高度弹性和伸缩性的城市规划体系。这一体系分为整体发展战略、区域发展战略和地区层面的法定图则三个层次。其中，整体发展战略是关于香港中长期土地利用、交通、环境等发展策略；区域发展战略是将整体发展战略落实到具体的区域层面。但是，这两个发展战略都不是法定文件。地区层面的法定图则是最有执行力的法定文件，由香港城市规划委员会根据《香港城市规划条例》，经过一系列法律程序而制定，是香港特别行政区政府对城市土地利用进行控制管理的法定依据。

香港地区层面的法定图则主要包括分区计划大纲和发展审批地区规划。分区计划大纲将市区分为住宅、商业、工业、休憩、政府机构、社区用途、绿化、自然保育区、综合发展区、乡村式发展、露天贮物用途等地区，对其中的用途进行分区管制。发展审批地区规划主要覆盖市区以外的地区，为市区以外选定的可进行开发的地区，提供中期规划控制和指导。发展审批地区规划也包括用途地区的划分和相应的用途规定。此外，香港城市规划委员会可以根据《香港城市规划条例》考虑市区重建局*制定的市区重建发展规划，作为拟备的方案。市区重建发展规划适用于早期由于缺乏规划管控而形成的土地使用混乱、需要进行再整理的地区。

分区计划大纲、发展审批地区规划，再加上市区重建发展规划，这三类法定图则之间的关系相互平行，各自覆盖不同的地区。分区计划大纲覆盖城市建成地区，发展审批地区规划覆盖市区以外的地区，

---

* 市区重建局是根据香港《市区重建局条例》于2001年5月成立的机构，其前身是同样负责处理市区重建的土地发展公司，专职负责处理市区重建计划。

而市区重建发展规划针对需要更新改造的地区。这样的架构体现出对城市不同发展地区的控制差别，针对不同的用途地区，规定每个地区未来的使用性质和发展方向。

这些用途地区包括多种类型：一是保护自然环境的地区，例如自然保育区是为了保护区内现有的天然景观、生态系统或地形特色，以达到保护目的并供教育和研究使用。二是明确用于土地开发的地区，例如商业区主要用于商业开发，社区用地通过建设社区设施，为居民日常生活提供服务。三是根据城市发展需要而划分的具有特殊规划意图的地区，例如商贸用途区是鼓励土地混合使用的地区，在此地区内非污染工业、办公和商业用途均属于经常许可的用途。

香港地区层面的法定图则，为每个分区提供了多种满足规划意图的用途类型，例如在住宅区中可以建造住宅，也可以建造图书馆、宗教机构或社区服务场所。商业区中除了允许建造商业用途建筑外，可以建造政府机构，也可以通过特别许可建造住宅。由此可见，香港地区层面的法定图则允许的用途混合程度较高。

在香港地区层面的法定图则中，形成了"概括用途"，同一概括用途的所有用途之间可以相互转换。目前，概括用途主要分为18个大类，其分类方式主要依据功能、兼容关系，同时也兼顾经营方式、土地供给方式、投资主体等因素。18类用途分别是住宅用途、商业用途、工业用途、其他特定用途及装置、康乐及消闲、教育、医疗设施、政府用途、社会/社区/机构用途、宗教用途、与殡仪有关的设施、农业用途、休憩用地、保育、公共交通设施、与机场有关的用途、公用设施装置、杂项用途。同时，在每个大类别下，又进行若干分类。例如，商业用途包括食肆、展览或会议厅、酒店、街市、商店等10个中类，法定图则中的用途规定明确到中类。

作为城市规划的核心，土地用途管控体现了城市不同发展时期和制度背景下对规划管控本质的认识。在城市规划体系中，内地的控制性详细规划在规划层次上与法定图则相似，都是用于管控土地开发的法定依据。内地城市规划体系形成于改革开放初期，目前的用途管控方式还明显延续着计划经济时期的方式。内地城市主要以用地功能作为划分依据，通过划分地块并赋予使用性质的方式来控制用途。随着市场经济的不断发展，这种方式在开放的市场环境下不可避免地面临灵活性和适应性欠缺的问题，难以满足土地管理的复合型要求和控制属性等要求，导致在城市实际开发建设中，更改使用性质的现象层出不穷。

香港地区层面的法定图则既建立了完整的控制规则，又具备高度的灵活性和弹性，值得内地参考。地区层面的法定图则是一种规则式控制方式，即规定每个地区允许做什么、不允许做什么。为了对城市中所有的土地用途进行全面的管控，先将用途进行分类或分组，使管控更具备针对性。地区层面的法定图则中每类用地都有明确的设置意图，很多用地带有明显的政策意图以及期望的土地开发方式。内地也应进一步明确用地分类的管控意图，对城市用地各种用途类型进行充分研究，完善兼容性规划的深度和广度，以进一步完善适应市场经济发展的具有灵活性和弹性的土地用途管控。

历史建筑保护初印象

2002~2019年，我先后在国家文物局和故宫博物院工作。这一时期因为工作需要，我先后十余次访问香港，实地考察香港的文化遗产保护现状，亲身体验香港文化遗产保护一线的实际工作，感受香港历史建筑保护理念和实践的迅速发展，深入思考香港"活化历史建筑伙伴计划"产生的前因后果以及值得内地借鉴的经验。

其中，2003年12月，根据香港特别行政区政府访问计划的安排，我先后走访了立法会、律政司、廉政公署、民政事务局等政府部门，倾听各部门负责人介绍香港的相关情况。这对于正确认识香港社会的发展受益匪浅。我还与香港古物咨询委员会、敏求精舍等文化遗产保护和文物收藏研究机构进行了交流，并考察了具有广泛社会影响的香港文化博物馆、香港大学美术博物馆。

在香港康乐及文化事务署负责文物古迹保护的吴志华博士引领下，我还考察了一些历史建筑。首先，我们来到位于屯门区何福堂会所内的马礼逊楼。马礼逊楼曾经是抗日名将十九路军军长蔡廷锴将军别墅的一部分，建于1936年。这座历史建筑高两层，占地约500平方米，屋顶为塔楼式结构，庑殿式的屋顶以青釉中式片瓦砌筑，四角饰以瑞龙，反映出中西兼容的独特建筑风格。1946~1949年，这座别墅被用作达德学院的校舍。达德学院是在周恩来和董必武指示下创办的，校名取自《礼记·中庸》篇："知、仁、勇三者，天下之达德也。"当时多位著名学者曾在这里讲学，学院培育了不少青年知识分子。可以说马礼逊楼见证了香港在近现代中国历史中所扮演的独特角色。达德学院被关闭后，别墅产权几经易手之后归中华基督教会香港区会所有，主楼改名马礼逊楼，以纪念英国基督教新教来中国的第一位传教士马礼逊。

来到马礼逊楼楼前，只见楼门由"铁将军"把关，楼门的两侧贴着多份不同时间的香港文物古迹管理部门的公告，强调这栋历史建筑具有重要的保护价值，拟确定为"暂定古迹"，希望业主及时与主管当局联系。据介绍，位于私人土地范围内的古迹，主管当局如果拟宣布为古迹或暂定古迹，须采取书面通知形式，连同清楚显示拟宣布为古迹或暂定古迹位置的图则，送达私人土地的拥有人及任何合法占用人。同时，主管当局须将送达的通知及图则的副本，张贴于该私人所拥有的历史建筑之上。但是，从我观察到的张贴状态看，这些公告似乎很长时间都无人接受。

在香港，由于《古物及古迹条例》的种种限制既严格又刚性，致使一些业主没有积极性申报，也不同意政府部门宣布名下物业为法定古迹。但是，即使业主不同意，经古物咨询委员会建议，并获行政长官批准后，古物古迹办事处仍然可以通过宪报公告形式，宣布某私人物业为古迹或暂定古迹。在这种情况下，业主可以根据有关规定，向法院申请补偿。从马礼逊楼门楼上贴的一封封公告中，可以看出香港政府对现存历史建筑的珍视。因为这些历史建筑见证了香港的发展，凝结了民众的集体回忆。但是一些珍贵的历史建筑，早已失去了原有功能而被空置，甚至政府部门都难以与业主进行联系。

有些担忧、有些遗憾，这是2003年我考察马礼逊楼之后，对香港历史建筑保护的最初印象。那是我到国家文物局工作的第二年，作为建筑师出身的文物保护工作者，自然格外关注历史建筑保护，由此也开始关注香港历史建筑保护状况以及新的进展。经了解，2004年3月马礼逊楼已经由香港古物古迹办事处依据《古物及古迹条例》列为法定古迹，随后马礼逊楼依法得到了维修保护。这件事情也使我坚信，随着时代进步和香港同仁的努力，香港文化遗产保护事业必将有新的面貌和经验呈现。

根据国际古迹遗址理事会郭旃副主席的建议，此行我还访问了志莲净苑和南莲园池。志莲净苑位于香港九龙钻石山，占地3万余平方米，坐北向南，背山面海，是一座仿唐代艺术风格设计的木结构建筑群。志莲净苑以我国仅存的几处唐代木结构建筑之一——佛光寺东大殿为蓝本，采用木、石、瓦等建筑材料，严格遵照唐代建筑形制和传统技术建设，殿堂的柱子、斗栱、门窗、梁等木构件均以榫接方式结合。其整体比例和谐、线条优美、典雅雄浑、生机盎然，完美地体现出中国唐代木结构建筑雄伟古朴的风采。

志莲净苑的文化意义，在于它再现了盛唐时代成熟、精巧的建筑艺术，与敦煌石窟再现盛唐佛教文化的意义相一致。唐代是中国经济蓬勃、国力昌盛的朝代，也是各民族互相交流共融的全盛时期，志莲净苑的仿唐建筑既表现出香港作为中西文化交汇点及亚洲国际城市的特色，也表现出佛教乐善好施、弘扬独特建筑艺术的精神。志莲净苑大雄宝殿内有一幅大型壁画，是依据莫高窟第172洞窟的《观无量寿经变》而制成。当时是由敦煌研究院樊锦诗院长亲自率领技术人员到香港协助绘画。这项工程也见证了敦煌与志莲净苑在文化上的渊源。

南莲园池以山西绛守居园池为蓝本设计。绛守居园池始建于隋代、确立于唐代，是中国现存有迹可寻、有据可考的最古老名园，目前仍然保留着基本的地形和地貌。唐式园林以崇尚优美自然山水为主，有别于明清时代流行的写意山水园林。园林景观包括池水、塘水、溪水、泉水、井水和瀑布的水景，以及叠石、独景石、盆石等石景。植物方面则有各种古树、盆景树以及多品种的绿化植物。园内有多座唐式木构建筑小品*，包括台、阁、榭、轩、馆、亭等，这些古建筑全部用珍贵木材建造。

志莲净苑和南莲园池毗连，同处于繁华喧闹的香港九龙中心区，被称为都市净土。二者的修建与开放，可以说是社会公众的心血和毅力的结晶，对于香港文化建设具有独特意义。香港作为一个国际城市，每年接待国内外访港旅客数以千万计。志莲净苑和南莲园池日后必然会成为香港的文化地标之一，展现香港中西文化汇聚城市的多元特色，为文化旅游增添魅力。为此，我们需要悉心加以保护，使之得以留存后世。因此，郭旃副主席建议，志莲净苑和南莲园池这组具有突出普遍价值的建筑和园林，可以作为20世纪遗产申报世界文化遗产。

---

* 结合景观园林设计，在室外场地上建造的，具有简单功能并以美化环境效果为主要目的的近人小尺度构建设施。

多元文化气质下的"狮子山精神"

在访问中，我接触到一些香港城市规划界同仁，感受到香港并不像过去所听到那样，只追求短期最大回报率。在充满流动性的时代，香港努力找准文化定位，重新认识自我，体现出了坚韧的文化情怀。香港社会的发展进步，离不开奋斗拼搏的"狮子山精神"。

狮子山，端坐于香港九龙塘以及新界沙田的大围之间。它见证了香港从一个海岛渔村，走向今天国际化大都市的艰辛历程。对香港人来说，狮子山象征着香港的精神高地，代表着不屈不挠的拼搏精神。可以说，只要狮子山在，香港的精神就不会倒。

有一首歌《狮子山下》，唱出了香港民众走过的每一段艰辛岁月，为香港的历史留下了重要的注脚：

"人生不免崎岖，难以绝无挂虑。既是同舟，在狮子山下且共济……理想一起去追，同舟人誓相随，无畏更无惧。"

这首歌表现出香港文化有着顽强的生命力，香港社会富于正义感和同情心，香港民众有着勇于牺牲的精神，这应该也是香港主流文化传统。我曾在香港历史博物馆的"香港故事"展厅，观看香港回归祖国历程的视频，视频播放的第一首乐曲就是《狮子山下》，可见"狮子山精神"在香港社会发展中的重要地位。香港一直以国际金融中心而闻名，被指是"文化的沙漠"，但是学界泰斗饶宗颐教授接受专访时曾表示，"香港根本不是文化沙漠，只视乎自己的努力，沙漠也可变成绿洲，由自己创造出来"。香港是一个饱经风雨与沧桑的城市，一个彰显坚韧与执着的城市，一个充满人性与温暖的城市，一个珍惜历史与记忆的城市，一个永葆创意与活力的城市。在不断前行中，"狮子山精神"加入更多新的时代内涵。从中，人们感叹香港发展过程的曲折，民众谋生的艰辛与勤勉。

如今，香港特别行政区政府认识到，城市不但是文明的生成地，也是人们日常生活的家园，城市发展不仅包含经济发展，还包括文化繁荣、社会进步、生态健康等更多方面内容。长期以来，作为世界文化交流的一个重要驿站，东西方文化在香港这块土地上碰撞与融合，形成独特的城市文化氛围。特殊的历史经历孕育了香港民众自强不息、和衷共济、开拓进取的品格，不同文化的交汇，奠定了文化发展底蕴。

时至今日，在香港的一些区域依然保持和延续着原有的城市面貌与人文精神。当我一次次踏上香港这块土地，感受这里生生不息的世代生活积淀，城市历史以一种真实的存在方式，融入现代和未来生活，成为城市文化得以延续的生命力量。"狮子山精神"仍然激励着香港社会书写着更多精彩的城市故事，丰富文化内涵，迈向发展新高峰。

发展与保护

城市可持续发展的战略抉择

20世纪初，由于历史建筑保护的概念并未兴起，人们对历史建筑的再利用主要从功利角度出发，延续历史建筑的物质功能，并没有强调建筑遗产价值的保护。第二次世界大战中，大量历史建筑在战火中被摧毁。战后，城市建设在世界范围内展开。这一时期，尽管也有保护历史建筑的呼声，但是新的建设占据主要地位。20世纪70年代以后，随着生态、环境和能源问题的出现，一些国家开始逐渐改变大拆大建的城市开发模式，注重历史建筑功能的重新发掘，并且以建筑遗产再利用为核心的城市复兴理念逐渐得到社会的认可。在这样的时代背景下，香港历史文化遗产保护与活化更新也经历了漫长的过程。

自主保护意识的觉醒

1997年香港回归祖国之前，基于香港人多地少的土地利用局限以及商业资本高度发达的经济特征，香港政府长期采取市场主导的城市发展策略，实体经济和房地产业是推动城市建设的主要动力。由于对保护历史建筑缺乏认识，片面强调市场和经济利益，往往以牺牲环境和历史风貌为代价，致使不少极富文化价值的历史街区和传统建筑被无情拆除，走了不少弯路。在这样一个经济发展与遗产保护互不相容的世界里，历史必然只能成为一种消遣式的回忆，历史建筑的保护仅仅为少数专业人士所关注。

香港过去的华人社区，沿街多由"唐楼"组成，街区的面貌概括来说，是连串的阳台、临街的回廊、共享的窄街、后退的顶屋以及开放的后巷景貌。上环区和湾仔区等区域的传统街景，构成了历史社区特殊的共享空间。但是，在香港重建旧区的过程中，传统的社区共享空间往往遭到破坏。因为在发展商业重建旧区时，主要关注新建筑的实用价值，往往将历史建筑拆除重建。由于周边街道没有拓宽，造成狭窄的旧区街道密不通风，昔日临街骑楼下的公共空间也逐渐消失。

1960年后，香港容许建造高楼大厦，以覆盖率和容积率来控制楼宇的密度。有时发展商会整合旧区地盘，改建为单一大型高层建筑组群，将几幢塔楼建于裙楼*上。裙楼紧贴临街面，裙楼前的街道依然狭窄。塔楼收窄后腾出空间，形成裙楼上被塔楼所包围的平台，但并不提供给公众使用。整体来说，原有的公共空间反而被私有化。幸而此后，香港社会环境保护的意识有所提升，政府和业界也对旧区重

---

* 像裙子一样围绕在高大主楼周围，层数较少的建筑物，也叫裙房。

建有了一些新的思想，开始尊重旧区的公共空间和街道原有的脉络。

直到20世纪70年代中期，历史建筑保护才被香港社会认同和接受。为了挽救城市历史文化遗存，政府采取了多种措施，包括制定相关法律和政策，为文物古迹的保护提供法律保障。其中标志性事件是1976年《古物及古迹条例》颁布实施，这一条例给予了香港政府合法保护文物古迹的权利。至今，《古物及古迹条例》依然是香港唯一的古物及古迹保护法规。同时，在1976年，香港成立了两个文物古迹保护机构，即古物古迹办事处和古物咨询委员会，两个机构在历史建筑保护中发挥了重要作用。

古物古迹办事处是管理和执行《古物及古迹条例》的主要政府机构，其主要职能是满足社会对于文物古迹保护的诉求，确保最具价值的古迹及历史建筑得到保护，就文物事宜向政府提供意见。具体工作包括：鉴定有历史价值的建筑，予以记录及进行研究；组织、统筹具有考古价值地点的勘定及发掘工作；保存、编整与上述古迹及文物有关的文字记录、照片资料；安排古迹的保护、修缮及维修工作；评核工程项目对古迹文物的影响，并安排适当的保护及抢救措施；安排合适的历史建筑利用；通过宣传及教育活动，包括举办有关本地文物的展览、讲座、导览团、考古工作坊及设立文物径等，以唤起公众人士对香港文物的关注。

实际上，20世纪70年代香港的历史建筑保护，受到西方尤其是英国的影响较大，采用了与英国相类似的历史建筑分级制度。英国把"登录建筑"分为三级。香港古物古迹办事处根据历史文化及社会价值组织历史建筑评级，同样定义了三种历史建筑级别，包括一级历史建筑、二级历史建筑、三级历史建筑。一级历史建筑具有特别重要价值，须尽一切努力予以保存；二级历史建筑具有特别价值，须有选择性地予以保存；三级历史建筑具有若干价值，并宜于以某种形式予以保存，如果保存并不可行则考虑其他方法。

在香港，法定古迹受到法律约束，而分级历史建筑仅作为内部指引，用以识别具有文物价值的建筑，再以行政方式加以保护。评级并不能使历史建筑受到法定保护。例如，已评级的历史建筑，如业主决定把建筑物拆除，同时没有土地、城市规划等方面限制，除非古物事务监督把该建筑物宣布为古迹，否则政府无法阻止拆除历史建筑的行为。民政事务局局长有古物事务监督职能，如果认为某一地方、建筑物、地点或构筑物因具有历史、考古价值而符合公众利益，可征询古物咨询委员会意见，在获行政长官批准后，可宣布该处为法定古迹。

古物咨询委员会为香港法定机构，主要职责是从事任何与古物或古迹相关的事宜。古物咨询委员会职权范围包括三个方面：第一，针对是否将某项目根据香港法例宣布为古迹，是否就任何与古物、暂定古迹或古迹有关的事宜进行咨询，向古物事务监督提供意见。第二，针对有关提倡修缮及保护历史建筑和结构的措施，有关提倡保护及必要时勘查历史遗址的措施提出意见。第三，针对提高市民对香港文物的认识和关注的措施提出意见。

古物咨询委员会委员由各有关领域的专门人才组成，根据《古物及古迹条例》的规定"设立古物咨询委员会，成员由行政长官委任，其中一人由行政长官委任为主席"。

《古物及古迹条例》的颁布实施和古物古迹办事处、古物咨询委员会的成立，标志着香港历史建筑保护进入法治时代。但实际上，《古物与古迹条例》正式实施之后，历史建筑保育工作依然进展缓慢。

1978年，政府下令拆除已经运营百年之久的尖沙咀火车站，引起各界人士的极力反对，甚至上书英国女王，陈述尖沙咀火车站对于香港具有重要历史意义，理应得到妥善保存。在社会各界人士的反对声中，时任香港总督最终只同意保留火车站的钟楼。如今，人们在维多利亚港看到的钟楼，即尖沙咀火车站的唯一建筑遗存。

1984年，中英《关于香港问题的联合声明》在北京签署，这表示中国将于1997年恢复对香港行使主权。此后历时12年的过渡期，当时的香港政府实施租约结束前经济利益最大化的策略，因此20世纪80～90年代房地产市场特别活跃。尽管这一时期国际上已普遍将建筑遗产再利用视为历史建筑保护利用的基础方式之一，但香港历史建筑保护工作面临的困难和挑战依然巨大。一个突出表现就是法定古迹的数量受限。1976～1997年，只有65项古迹获得官方的认证，其中大部分是在市区由政府机构所有，或在郊区被视为公共财产的历史建筑。

这一时期，由于大规模房地产开发建设，众多在今天看来具有重要文化价值的历史建筑被拆毁，面临巨大重建压力的中环地区尤其严重；更有一些具有突出价值的历史建筑相继被拆除重建。这一阶段，香港社会依然主要关注城市化的更新换代，着重关注医院、学校等公共服务设施的建设，对历史建筑的保护还停留在禁止人为破坏和避免强行拆除的初期维护阶段。

急速的现代化进程对传统文化的消解作用，促使人们对承载民族历史和文明的民间文化遗产的关注不断增强，如具有地方特色的民居、商铺、街巷、手工作坊和仓库等。但是，由于这些民间文化遗产承担着生活功能，处于日夜被使用、时时有改变的状态，而且没有包含重要的文物，因而没有被列入保护之列。这些民间文化的损失会使得居民丧失地域感和场所感。

从经济发展的角度来讲，产业的更新、楼宇的老化是城市新陈代谢的一部分。随着时代的进步，新的功能取代旧的功能是正常现象。但是，具有时间沉淀的历史街区和村镇，往往携带着当地居民的生活回忆，在岁月中滋养着温厚的邻里之情，更潜藏着独有的等待被发掘的文化特质。只是资本只专注眼前的利益，不会考虑这些费时费力的历史建筑保护和活化。于是曾经充满市井气息的历史街区"旧貌换新颜"，其房价随地产开发而升高。街区原居民也随之搬到远离市中心的偏远地带，偶尔经过原居住地时，也难以寻觅昔日的景象和模样。

值得庆幸的是，人们对文化遗产的保育意识也在这一时期觉醒。20世纪90年代起，由于维多利亚港填海计划产生环境污染，造成了负面效应，香港各界展开了一系列保育活动。1996年，香港民间保育组织"保护海港协会"发动联合签名行动，推动《保护海港条例》的修订，并通过立法会批准成为法例。人们认识到城市规划的内容不应仅仅是物质形态，还应包括人们的体验和记忆。民众的本土文化保护意识和公众参与意识也渐渐增强，开始将历史文化与身份认同联系在一起，对文化和自然遗产产生了较强的自主保护意识。

传承式保护理念的探索

1997年7月1日，中国政府恢复对香港行使主权，香港特别行政区正式成立。也就在这一天，香港重回祖国怀抱，承载着中华文化的航船，再次扬帆起航。为了保持香港繁荣稳定，《中华人民共和国香港特别行政区基本法》承诺香港回归祖国后，仍然实行资本主义制度和生活方式50年不变。"一国两制"在人类文明历史上前所未有，弹指一挥间，香港已经回归祖国20多年，香港在"一国两制"框架下一路走来，保持了繁荣稳定。

面对香港回归祖国之前，政府过热发展房地产市场，导致城市环境质量下降的问题，保护历史建筑成为香港特别行政区政府议事日程中的重要组成部分。特区政府对于历史建筑的保护，不再停留在定级和认证阶段，而是更强调处理好保护和利用的关系。从1998年和1999年特区政府出台的政策文件可知，香港在经济持续发展、人口持续增加的大环境下，倡导对历史建筑的传承式保护。特区政府开始审查已有的文化遗产政策和相关立法状况，以便更好地保护历史建筑和文物古迹。

进入21世纪，香港在文化遗产保护方面经历了一系列曾经引起社会关注的文化"事件"，其中有经验，也有教训。这一系列历史建筑保护再利用"事件"引发的争议，凸显出社会公众参与历史建筑保护的重要性，也表明为实现历史建筑保护和发展双重目标，需要进行设置新制度的创新实践。

其中几个典型的案例包括：2002年启动的湾仔区利东街重建事件引发的保留本土特色及社区网络的行动；2003年，市区重建局重建湾仔区和昌大押引发"营利性的商业模式"的讨论；2003年实施的前水警总部出租给文物旅游"1881项目"引起开发模式的反思。

利东街是建于20世纪50年代的街巷，这里曾经商铺林立，特别是因喜帖印刷而著名。曾经有一首歌《喜帖街》就是以这个街道为原型创作的。但是随着时代变迁，曾经繁华一时的利东街因印刷行业衰落而变得冷清，在城市规划中被认定为"并不具备重大历史价值的普通街区"，划入拆迁重建范围。2002年，市区重建局决定重建利东街，在利东街建设高端购物中心和高档公寓住宅，于是城市更新项目变成了商业开发项目。

因为土地是政府的，所以政府以《收回土地条例》为依据，开始实行收地计划以回收街区的土地，这种做法引起了市民的反对。在利东街这条具有半个多世纪历史的老街上，留存了一代代人的记忆，尤其是对于仍然居住于此的社区居民而言，老街旧宅更加难以割舍。由于与民众希望保护传统文化和历史建筑的愿望相差甚远，因此利东街重建项目成为保护与重建的争议焦点。

从2002年公布利东街重建项目计划，到2007年利东街被拆除，社区民众为了改变规划决定，组织过多种形式的抗争。不仅是原住居民，香港相关社会团体也采取行动。其中"中西区关注组"成员均为居住在不同历史街区的居民，他们带着自身对街道生活的记忆，为本地居民组织工作坊和讲座等活动，帮助民众了解保育的重要性，并向媒体发声。一时间利东街的改造也引起香港社会的广泛关注。社会公众普遍认为市区重建局在利东街改造中把开发商的利益置于社区利益之上，是一个失败的城市改造项目。

利东街事件引发了一系列保护与建设的激烈争论，其中包括永利街保护。永利街位于上环南部，楼梯街与城皇街之间，东西走向。该处以保留香港20世纪60年代城市特色而著名。永利街在发展过程中，也曾衰败，面临重建。2010年电影《岁月神偷》上映后，永利街重回大众视野，民众呼吁不要偷去永利街的历史。由于社区街坊的坚持和社区公众的呼吁，重建开发项目方案进行了公众咨询。咨询期结束后，由于反对呼声过于强烈，迫使原定开发计划做出调整，即保留永利街的两幢唐楼以及与之相连的历史街区，同时原计划开发建设的24层高楼，被压缩为六层传统形式的楼房建筑，并采用香港大学文物研究报告的建议——保持楼宇高度与公共空间的比例，以保留公共空间的文化氛围。

虽然与已经获得评定级别的历史建筑相比，永利街上的商业建筑、民居建筑的历史和文化价值并不显著，但作为历史街区的组成部分，永利街具有独特的时代意义，反映出20世纪50年代以来社区民众乐观积极的时代精神。并且，由建筑高度与台阶比例所营造出的独特氛围，已经成为区域景观的一大特色，应作为历史环境和文化空间予以保留，避免在城市快速发展中消亡。几十年前，类似的街巷和传统建筑普遍存在，但是随着城市建设大潮的持续，留存下来的传统街区和历史建筑，已经成为拥有历史价值、文化价值、情感价值的珍贵遗产。

永利街的一些区域按照计划进行了改建，未能从整体上挽回这一承载社区民众记忆的街巷空间。但是相关计划的积极转变与适时调整，使得永利街一些区域得以保存。实际上，市区重建局在这里收回的土地不足50%——回收的土地被改建为高档商业区，失去了原有的文化景观和历史记忆。这个事件是香港市民阶层参与保护历史街区的典型案例。香港政府也从中吸取教训，开始采取与社会民众和谐相处、共同保护的方式。永利街事件也是启动"活化历史建筑伙伴计划"的重要原因之一。

和昌大押坐落于香港湾仔庄士敦道，始建于1888年，为香港当铺业巨头罗肇唐所有，是香港典当行业经营的成功典范，也是香港历史上最古老的当铺之一，为香港居民所熟知。和昌大押是一座四层的历史建筑，沿街有相连的阳台和古典式长廊，是湾仔旧区的地标。随着现代银行业的兴起，和昌大押逐渐失去了竞争优势，面临倒闭。

20世纪90年代，和昌大押周边进行了高强度的房地产开发，多为现代风貌的高层建筑。香港市区重建局于2002年以2500万港币购买了和昌大押，并于2005年开启了为时六年的历史建筑保护与活化更新，这也是香港市区重建局参与保护香港商铺类历史建筑的开始。

香港市区重建局累计投资1600万港币，对和昌大押整栋建筑进行保护式修复。这个项目最大的特色是恢复了沿街阳台及长廊，保存街貌旧样，并将天台辟作公众空间。修复准则和方案制定都慎重考虑了对历史建筑权益的保护，以及对周边社区活力的带动和影响。

和昌大押的整个修复保护工程非常重视细节，尽可能保留建筑原有的文化底蕴。建筑内部所有家具均保留了原有的质地和陈设，并加入了一些与建筑整体格调相得益彰的装饰。建筑外部的墙面在保留原有肌理和结构的前提下进行了粉刷，经典的当铺招牌也保留了全部文化符号。和昌大押修复保护工程结束后，政府将62号地产出租给私人进行商业经营，使这栋别致的历史建筑摇身一变成为香港极富特色的餐饮地标，将其内部功能置换为专注经典英式料理的餐厅，吸引大量顾客在品尝美食的同时感受历史建筑的风格。

但是，香港市区重建局主导、私人开发商参与的和昌大押更新商业模式，也引发了社会和学术界的广泛争论，争论的核心主要是商铺类历史建筑的活化更新，应该被定性为"历史文化遗产保护项目"还是"营利性的商业地产项目"。一方面，一些学者认为和昌大押被活化改造成高档餐厅的做法，严重破坏了社区原本的社会网络，从而损害了历史建筑的公众价值；另一方面，香港市区重建局则认为，和昌大押的活化改造是历史建筑可持续保护的典范，开创了"政府主导，私人开发商参与"的新型更新路径。

前水警总部的开发模式引发历史建筑真实性消失的批评。前水警总部位于世界奢侈品牌集群、名店林立的繁华商业街广东道，所在地段商业价值极高，业态定位高端。从项目的文化区位看，其主入口正对维多利亚海，与香港文化中心、香港太空馆、香港艺术馆等城市公共文化建筑仅一路之隔。在步行可达的范围内，分布有尖沙咀地铁站、天心小轮和巴士总站，交通极为便捷。1842年，清政府在九龙西1号设立炮台以抵制侵略，1854年后，炮台便废置。到了1881年，香港警方在炮台遗址开始兴建水警总部大楼。大楼本为一座两层建筑，后于20世纪20年代加建了一层，主楼东南及东西两翼为已婚职员宿舍。日本占领期间，在水警总部前草地下建有大规模的地下通道。第二次世界大战后，为安全起见，封闭地下通道，并且重铺草地。报时塔是整座水警总部最具特色的建筑，为海港船只报时，但是随着1907年新的信号塔落成启用，报时塔的报时功能丧失。1881～1997年，除日本占领期间曾用作日本海军基地外，这里一直为水警所用。前水警总部为现存最古老的政府建筑之一，1994年被列为法定古迹。

2003年，香港旅游发展委员会主导推出发展前水警总部文物旅游计划，采取公开招标方式，邀请从事商业营运的私人开发企业参与发展计划，保存、修复和发展这一历史地段，试图将前水警总部改造为维多利亚海港边的旅游景点。同年5月，长江实业（集团）有限公司耗资约3.53亿港币，拿下了这个项目50年的发展权。这项活化更新工程，将历史遗留下来的五栋建筑物进行了更新改造，整组建筑群包括前水警总部主楼、马厩、报时塔、九龙消防局和九龙消防职工宿舍。活化更新工程希望呈现出前水警总部典型的古典建筑外观和街区空间布局。

前水警总部文物旅游项目不是纯粹的房地产开发，而是将其定位为集文化、旅游、购物于一身的新地标。在长江实业（集团）有限公司的主导下，前水警总部被改造为高端酒店和奢侈品购物街区。2009年，活化更新工程结束。为纪念1881年水警总部大楼兴建，故取名为"1881项目"。改造后的前水警总部1.21万平方米的实用建筑面积中，其中约7432平方米为高档商业零售门面。总计20多个国际著名品牌进驻前水警总部"1881项目"，大多以旗舰店形式进行经营。

前水警总部"1881项目"的开发模式受到了很多批判，核心是认为更新导致原有历史真实性的消失，尖沙咀山被夷为平地，酒店和商场占领了整个区域，使原有文化景观和历史功能消失殆尽；也有人认为前水警总部"1881项目"的高档商业定位脱离了社会大众群体的消费能力。活化更新项目结果与政府组织形式密切相关，"1881项目"的主管部门是香港旅游事务署，古物古迹办事处在整个项目策划实施过程中并不拥有太多发言权。这种政府组织结构导致项目以商业效益为主导的改造模式，加剧了历史建筑利用的商业化。

由此可见，历史建筑保护活化过程的公开透明非常重要。在前水警总部"1881项目"中，政府与私人开发企业之间，关于活化更新措施、未来运营计划的协商过程缺乏公众参与，导致各种批评声音的出现。实际上，这一项目中的公私合作具有前提，政府以地产租赁的方式与私人开发企业进行土地交易；私人开发企业拥有土地的使用权和发展权，具备支付巨额租金、投资更新改造和后期运营的能力，而政府在前水警总部"1881项目"的更新过程中，主要通过综合发展分区来加以调控。

由于项目侧重于考虑经济，更新改造后其土地价值和商业经营收入都获得了显著提升。所以，前水警总部"1881项目"成为高土地价值区域内历史建筑活化更新的趋利性选择，其所产生的商业交换经济价值被格外强调。从前水警总部"1881项目"中政府招标的态度，可以看出政府希望通过活化更新获得更多经济收益的倾向。为了吸引从事商业营运的私人开发企业的投标热情，政府还对项目地块范围内的地下管道体系进行了整修，并给予私人开发企业一定的改造灵活度，如原址上的山丘被移除，古树被砍伐，以提供更多可用于建设的土地，而此类做法在一般情况下是不被允许的。

前水警总部"1881项目"的更新模式虽然饱受批判，但是也产生了一定的产业带动价值。同时历史建筑活化更新创造了较大规模的公共场所，吸引游客驻足休息。主入口的叠水、喷泉和步行阶梯的设计，是环境改造中最重要的环节，大大增强了游客对前水警总部主楼的可达性。此外，活化更新项目保留了基地范围内的18棵古树，这些古树不仅增加了室外空间的绿化覆盖率，而且成为室外造景的新元素，为游客创造了良好的室外环境和可供游客拍照留念的公共场所。因此，活化更新后的前水警总部区域，人气和活力都大大增强，土地价值也因此大幅度提升。

在香港，前水警总部"1881项目"创造了历史建筑活化改造的新模式，即"政府招标、私人开发企业主导开发建设"。这一模式不需要花费纳税人的资金，完全由私人开发企业承担费用，调动了社会资本的潜能。这一项目保持了年均10亿港币的收益。前水警总部"1881项目"也获得了香港本土和国际社会的很多奖项，一位历史保护学者曾在访谈中评价："这个项目对于促进城市旅游地标建设和商业功能营建方面非常成功，而商业收益则是地产商承接此项目的初衷。"另外，前水警总部"1881项目"的建设提高了附近街区的土地价值，这种外溢效应被称为"1881效应"。

"活化历史建筑伙伴计划"的启动

香港是一个商业高度发达的国际都会，在城市发展过程中，无可避免会出现经济发展与文化保护的拉锯现象。因此，必须从社会整体利益的角度出发，来考虑历史建筑对社区和民众的价值及意义。即便在政府和民间互动充分、氛围友好的前提下，历史建筑的保育和活化也始终存在着多重利益诉求。因此，各利益相关方的博弈贯穿于保育活化运动的全过程，需要用更多智慧和创新方式去解决。

在此之上，一个基本的问题是怎样通过制度安排和政策扶持来保护历史建筑。2007年1~6月，香港特别行政区政府举办了一系列公众论坛，以收集人们对文化遗产保护的意见，希望在环境保护、可持续发展、文化遗产保护这三个方面取得平衡。作为第一步，政府进行了行政结构的重组。

2007年7月1日，香港发展局成立，接替了原市区重建局的相关责任。作为特区政府主要负责遗产保护的部门，香港发展局一方面负责规划、地政和工务范畴，另一方面负责历史建筑保育和活化工作，求取平衡。要做到发展与保护的平衡，的确并非易事。

香港发展局的第一任局长是林郑月娥女士。她在履职之前，就已经由一系列事件意识到文化遗产保护所要面临的挑战。或许是这一系列事件使她意识到文物保育工作应该"不再是纸上谈兵，而是马上行动"，才有了2007年10月10日"活化历史建筑伙伴计划"的应运而生。

这一系列事件都与"集体记忆"这个词汇关系紧密。这是一种在本土文化的基础上汇聚出的集体意识。引发这个词汇成为香港"热词"的包括2006年前后发生的两件事情。

第一件事是石硖尾邨的集体记忆。1953年12月25日，位于九龙深水埗石硖尾寮屋*区发生重大火灾事件，使近5.8万人无家可归。香港政府当时启动紧急程序，建立基本住所安置灾民。1954年，许多20世纪三四十年代来到香港的内地移民，被安置在新建的石硖尾邨。在这里，人们的居住空间虽然狭小，但是却产生出难忘的香港共同记忆。邻里之间没有现代社会的社交陌生感，都像大家庭一样和睦相处。他们一直住到2006年10月中旬，石硖尾邨结束了它的使命，留下了一段集体记忆。

第二件事是天星码头和皇后码头的集体记忆。在香港没有地

---

* 低收入者因难以承担高昂租金，而在市区边缘用铁皮或是木材搭建的房屋。

铁的时代，码头是香港岛和九龙两地穿梭的必经之路。2006年11月～2007年8月，中环海滨一带实施新的规划，计划拆除这两个不再使用的20世纪标志性码头。这两座码头虽然不属于《古物及古迹条例》中所规定的法定古迹，却具有一定的历史价值。其中，皇后码头建于20世纪初，为香港唯一一个用于举行仪式的公众码头，一直见证着维多利亚港海岸的变迁，连同香港大会堂、爱丁堡广场所组成的建筑群，保留着香港20世纪50年代的实用主义形式建筑特色。

当这两座码头将要拆除时，香港市民感到自己的记忆要随之消失。因为这里饱含香港民众的集体记忆、市民自己的故事。人们曾经坐着天星小轮去上班、去约会，如果码头被拆除，将是一件遗憾的事。于是这一项目遭到保育人士以拆除码头会破坏香港文化的传承、集体回忆和公共空间等理由加以反对。香港居民也自发聚集起来，轮流全天把守码头，贴出保卫码头的标语，播放自己拍摄的纪录片，回溯香港民众的共同历史。于是，香港特别行政区政府承诺皇后码头拆除后会寻找地方，利用原有组件重建码头，并开展重建皇后码头的咨询。皇后码头拆除后，原地填海成为花园，而绿地下则是港岛湾仔高速路。

长期以来，有些人认为香港社会整体氛围比较冷漠，人们只关心自己的事情，只想着如何挣钱养家糊口，而不会下很大气力参与社会公共事务。但是石硖尾邨和天星码头、皇后码头所唤发出的集体记忆，使越来越多的香港人将历史文化与身份认同联系在一起，对本土文化和文物古迹产生了较强的自主保护意识，希望参与社会公共事务。同时，人们认识到留存不多的历史街区、历史建筑、历史遗存都应该予以保留。于是更多市民加入文化遗产保护之中，呼吁保留自己社区、街道内的历史建筑，并希望政府了解市民的想法，促使香港政府直面历史建筑的保护问题。

"一国两制"是中国政府为实现国家和平统一而提出的基本国策，不仅是宏观的政治制度，也体现在香港经济社会发展的方方面面，当然也反映在文化遗产保育和活化方面。虽然，香港历史文化保育工作历时不长，但是一直探索通过制度安排和政策扶持来保护文化遗产。在这一背景下，香港文化遗产保护领域发展和所采取的一系列政策都具有鲜明的特色。对于历史建筑的保护，香港社会不断探索适应性更新模式，以更新的现实性和可操作性为出发点，进行了一系列创新性尝试，也有许多经验值得借鉴。

在香港奇迹般地发展为一座国际大都市，城市面貌发生翻天覆地变化的同时，也不可避免地改变了香港的人居环境和城市景观，其中移山、填海、城市化发展、历史建筑拆除、房地产开发、城市污染、居住环境日趋恶化等引发社会担忧。那些长期为香港繁荣作出贡献的市民，他们的生活质量不应该因此受到冲击。同时，现代化进程中应当珍视香港民众的集体记忆。在发展过程中，保留至今的历史建筑，见证了香港城市发展和改变的全过程，应当格外珍惜这些属于香港本地的建筑文化特色。

这一系列事件在社会上引起强烈反响，使市民寻根意识得到加强，并开始关注历史建筑的保护，也使特区政府开始转变城市改建工作的思路，探索建设与保护取得平衡的新体制，通过解决政府的内部机制和社区的外部期望，来满足社会公众对文化遗产保护的要求。自此以后，对于历史建筑保护工作一直存在热议。最终促使政府正式启动了"文物建筑保护政策检讨"的公众咨询程序。在历史建筑保护方面，包括一些并无突出建筑设计特色的建筑物和构筑物，也成为受到关注的保护对象。

与内地的文化古都比较而言，香港的历史建筑建成年代普遍较晚，所以拆除还是保留、保留多少、如何可持续地保护等问题，向来是各方较量的内容，争论特别激烈。例如，社会各界曾就中环邮政总局和北角皇都戏院展开存留讨论，民间要求保存的呼声高涨，而阻力来自地块潜在的丰厚利润。皇都戏院的屋顶桁架和浮雕很有特色，贵宾访港也曾在此举办重要演出。此后，皇都戏院被改成桌球馆，其周边开始建造商业高楼发展项目。在民间保护的呼声中，古物咨询委员会紧急研究做出决定，将皇都戏院提升为一级文物。

香港虽然地域面积不大，但是作为中西文化的交汇地，拥有大量具有历史、艺术、科学价值的历史建筑。事实上，在香港的高楼大厦间，不少历史建筑隐身街巷，能够保存并使用至今，实属不易。这些历史建筑种类繁多，记录着沧桑岁月的足迹，演化出不同时代的风貌，无论在建筑选址、风格形式、物料种类还是使用沿革等方面，均受到社会信仰、传统、思想及文化的影响，因此历史建筑是文化认同及传统延续的载体，更具有多方面的学术研究价值。通过历史建筑研究，可发现其中包含的审美价值、艺术与人文信息。

长期以来，在政治、经济、环境等各种因素影响下，历史建筑保育和活化成为社会公众关注的议题。香港作为成熟的文明社会，市民不但希望享有清新的空气和清洁的食材，而且期盼参与艺术文化，使生活富足充实，过上更加有品质的生活。人们认识到，历史建筑是城市肌理必不可少的组成要素，是对城市时空变迁、历史文化发展脉络进行认知和想象的重要建成环境，历史建筑如果得不到科学的保护和合理的传承，后果将极其令人遗憾，并不可逆转。因此，社会公众希望透过保存历史建筑，抚今追昔，维护独具特色的城市形象。

　　香港的历史建筑保护政策曾经受到来自经济和政治因素的影响，保护效果大打折扣，甚至减弱了历史建筑保护的重要性，也留下了一些亟待解决的问题。但是，从特区政府到社会公众都逐渐认识到，仅仅依靠政府资金支持个别的历史建筑保护项目还远远不够，需要采取民众参与度更高、社区导向型更强的保护政策和措施。同时在城市发展的框架中，对历史建筑保护应有更加清晰的定位。由此，香港进入将历史建筑保护整合到城市可持续性发展议程的时代。

　　香港特区政府在2007～2008年《施政报告》中，公布了一系列加强文物保育的措施。采取双管齐下的方法，在发展与保育并重之间取得平衡。其中将历史建筑保育和活化，作为历史建筑保护的重要手段。在保留一些具有历史价值建筑物的同时，善用这些历史建筑，为它们注入新的功能，供社会大众享用。在这一情势下，"活化历史建筑伙伴计划"应运而生。

　　香港发展局成立之后，认为有必要采用具有创意的方法保护历史建筑，并合理扩展其用途，使这些历史建筑转化为独一无二的文化地标。事实上，在香港，政府拥有的历史建筑确实有不少处于闲置状态，这种情况备受社会关注。为此，特区政府需要制定一套全面并可持续实施的新政策和行政措施，推行崭新的历史建筑活化再利用计划，包括让非政府机构申请活化、再利用政府拥有的历史建筑，让历史建筑保育和活化成为连接过去与现在的桥梁。这样的计划就是"活化历史建筑伙伴计划"。

自从"活化历史建筑伙伴计划"公布后，香港发展局制定了进一步细节，成立文物保育专员办事处，启动既定的运作模式。同时以清晰的文物保护政策声明作为根据，即"以适当及可持续的方式，因应实际情况对历史和文物建筑及地点加以保护、保存和活化更新，让我们这一代和子孙后代均可受惠共享"。"活化历史建筑伙伴计划"标志着政府、非营利组织、公众三方协作的历史建筑保育和活化模式基本确立，试图系统地保护祖先留下的历史建筑和文化遗迹，并保留其实用功能，使其在新时代重焕生机。

2007年10月13日，林郑月娥局长在香港测量师学会年会上呼吁各界齐心协力共同推动文物保育工作发展，同时表示将会"尽快推展有关行动，换句话说不再是纸上谈兵，而是马上行动"。为了达成这项重要的政策目的，林郑月娥局长提出，在未来数年将实施一系列主要措施，涵盖公营和私人领域两方面，每项措施均采用创新的方法进行。其中"活化历史建筑伙伴计划"的推动与实施，将是历史建筑保育和活化的重要举措，必然在当代发挥出经济、社会、教育等综合价值。

2007年11月9日，时任香港发展局局长的林郑月娥女士访问国家文物局，详细地介绍了香港加强历史建筑保护的情况，并且重点介绍了"活化历史建筑伙伴计划"的制订背景和实施计划。强调在优质的城市生活中，文化生活是重要的组成部分。一个进步的城市，必定重视自己的文化与历史遗产，并有自己与众不同的城市生活体验。特别是近年来，香港市民表现出对传统文化、历史遗产、往昔记忆的热爱与关注，对此要加倍珍惜。因此未来五年，香港发展局会全力推动历史建筑保育工作。

　　我十分感佩香港特区政府保护文化遗产的决心，也向林郑月娥局长介绍了国家文物局正在组织实施的第三次全国不可移动文物普查进展情况，以及在这一过程中正在开展的工业遗产、乡土建筑、20世纪遗产、文化景观、文化线路等新型文化遗产保护的探索。同时表明希望加强与香港文化遗产和博物馆领域的交流和合作，并应林郑月娥局长的邀请，介绍内地历史建筑保护的专家，参与香港历史建筑维修保护。林郑月娥局长的此次来访，促进了国家文物局与香港相关机构和同仁的合作，也使我开始持续关注香港历史建筑保育和活化的实施进展和成功经验。

保育与活化

历史建筑保护政策的里程碑

近年来，香港特别行政区政府更新文化遗产保护理念，重视在发展和保育之间找到平衡点。如今香港对历史建筑保育的意识越来越强，活化形式也呈现多样化的趋势。

2007年起，特区政府正式推出了"活化历史建筑伙伴计划"，这是香港历史建筑保育政策的一个新的里程碑。这项计划主要是在特区政府所拥有的历史建筑中，选择适宜开展活化再利用、处于闲置状态，而且缺少特别商业价值的历史建筑，邀请非营利机构提交申请书，进行文物影响评估，申请获得通过后进行保育和活化，从而保护历史建筑，使历史建筑对于社会的使用价值最大化。

对于获选的非营利机构，政府前两年会按需提供经济资助，以支付历史建筑翻新工程的全部或部分费用。政府也会与这些机构签订有法律约束力的租约，有关社会企业必须保证开业两年后能自负盈亏。此外，社会企业两年后所赚取的盈余，必须再投资于该企业的运营上。

第一期"活化历史建筑伙伴计划"从2008年2月开始接受机构申请，反响非常热烈，香港发展局共收到114份申请书。经过活化历史建筑咨询委员会多月的努力，终于为计划首批七幢政府历史建筑选出六个最合适的保育及活化方案，包括：旧大澳警署交由香港历史文物保育建设有限公司，活化为大澳文物酒店；前荔枝角医院交由香港中华文化促进中心，活化为饶宗颐文化馆；芳园书室交由圆玄学院社会服务部，活化为"芳园书室"旅游及教育中心暨马湾水陆居民博物馆；雷生春交由香港浸会大学，活化为中医药保健中心——雷生春堂；北九龙裁判法院交由萨凡纳艺术设计学院基金（香港）有限公司，活化为萨凡纳艺术设计（香港）学院；美荷楼交由香港青年旅舍协会，活化为YHA美荷楼青年旅舍。

2010年香港发展局推出第二期"活化历史建筑伙伴计划"，共计三个项目，包括：旧大埔警署交由嘉道理农场暨植物园公司，活化为绿汇学苑；蓝屋建筑群交由圣雅各布福群会，活化为We哗蓝屋；石屋交由永光邻舍关怀服务队，活化为石屋家园。

2011年12月，应香港发展局林郑月娥局长邀请，我在香港参加了"文物保育国际研讨会"。会议期间我访问了香港发展局，与林郑月娥局长就历史建筑保护与活化利用进行了座谈，进一步了解香港"活化历史建筑伙伴计划"的意义和进展情况。座谈会上，林郑月娥局长说："作为香港发展局局长，肩负香港的文物保育工作，感到工作的艰巨，但是同时有一份能为后代保留历史建筑的喜悦。"这句话反映出文物保护工作的艰辛历程，也表达了以林郑月娥局长为代表的文物保护工作者坚守"保育"与"活化"的初心，令我印象深刻。通过林郑月娥局长的介绍，我知道香港正在有声有色地推进"活化历史建筑伙伴计划"。

2013～2018年，香港发展局陆续推出三期"活化历史建筑伙伴计划"，涉及10个项目，包括虎豹别墅活化为虎豹乐圃，必列啫士街街市活化为香港新闻博览馆，前粉岭裁判法院活化为香港青年协会领袖发展中心，书馆街12号活化为大坑火龙文化馆，旧牛奶公司高级职员宿舍活化为薄凫林牧场，何东夫人医局活化为何东夫人医局·生态研习中心，旧域多利军营罗拔时楼活化为罗拔时楼开心艺展中心，联和市场活化为联和市场—城乡生活馆，前流浮山警署活化为香港导盲犬学院，前哥顿军营活化为屯门心灵绿洲。

2019年香港发展局推出第六期"活化历史建筑伙伴计划"，包括五栋历史建筑，即大潭笃原水抽水站员工宿舍群、白楼、景贤里、芳园书室、北九龙裁判法院。其中芳园书室、北九龙裁判法院是第一期项目到期后，重新推出。目前，保育历史建筑咨询委员会正在对机构进行评审，预计于2022年公布结果。

通过"活化历史建筑伙伴计划"实践，香港不但较好地实现了文化遗产保护，也使众多历史建筑重焕生机。"活化历史建筑伙伴计划"自2008年实施以来已推出六期，共22处历史建筑（群）被纳入活化项目。第四期计划下三个项目的活化工程已于2021年完成，第五期计划下四个项目的工程将于2023～2024年间完成。在社会各界推动下，香港越来越多的历史建筑得以保育和活化。未来数年，香港还将有更多"活化历史建筑伙伴计划"项目落成，并对社会公众开放。

"活化历史建筑伙伴计划"在香港逐渐成为公众关注的话题，其中五个"活化历史建筑伙伴计划"项目摘取了联合国教科文组织亚太地区文化遗产保护奖。湾仔蓝屋建筑群活化项目更是荣获联合国教科文组织亚太地区文化遗产保护奖卓越奖。这也是首次有香港保育历史建筑项目获此殊荣，证明香港活化再利用历史建筑的水平受到国际认可，成绩令人鼓舞。

今天，通过研究第一期至第六期"活化历史建筑伙伴计划"的成功案例，可以加深理解这项政策对于保育和活化历史建筑的开创意义和实践成果。

前荔枝角医院

前荔枝角医院于1921～1924年建成，距今已经有百年左右的历史，位于九龙青山道800号。前荔枝角医院是一组大型园林式建筑群，遍布整个山丘，西面为青山道，东面是蝴蝶谷道，用地面积约3.2万平方米，总建筑面积6500平方米。这组建筑依山而建，地理位置居高临下。未实施填海前，建筑位置接近海边，方便船运。基于独特的地理环境，前荔枝角医院的建筑物分别位于上、中、下三区，由台阶和行人道路连贯起来。

前荔枝角医院与香港市区有一定距离，决定了这组建筑的历史角色，昔日承担过很多不同用途，包括海关、华工屯舍、检疫站、监狱、传染病医院和精神病疗养院等，在建筑价值和历史价值上拥有独特地位。在香港很少有一个地方，由19世纪晚期直到今日，不停地随着时代的需要而转换不同的角色。这组历史建筑经历的各项用途角色不同，用途迥异，但是其中的转变与香港历史和社会发展需要有着极为密切的关系，不同时期的用途，见证了社会不同时代的面貌。

清康熙二十四年（1685年），清政府取消海禁，开放海上贸易，设江、浙、闽、粤4个海关，这4个海关负责巡逻边境、缉私及征收关税。清乾隆二十二年（1757年），清政府实行一口通商，粤海关的地位变得更加重要。清光绪十三年（1887年），粤海关设立九龙关分关。前荔枝角医院建筑东面山坡上，有一块碑石刻有"九龙关地界"，碑石大致在1887年竖立。这个地界碑石的发现证实了这组建筑所在地，就是当时九龙关海关的位置。

1899年南非爆发布尔战争，英国获胜并取得德兰士瓦区后，决定从中国招聘大量华工到南非开矿。九龙关海关既临海又有渡口设施，于是，英国人在此兴建集合出洋华工的屯舍。华工主要来自华中及华北，包括河北、山东和河南等地区。1904~1906年，南非在中国一共招聘了超过6万名华工，其中1741人曾在荔枝角的屯舍聚集、暂住、接受检疫，然后从附近的码头上船。因此，这里可以说是华工出洋前最后居住的地方，也是华南地区唯一保存下来的华工屯舍。

1910年，华工屯舍改建为检疫站。检疫站有医院及宿舍设施，也设有基本的共用生活设施，如厨房和洗手间。但是，为了解决域多利监狱人满为患问题，20世纪20年代，这里的下区被改建成囚禁男性罪犯的荔枝角监狱。1931年，在中区和上区又加建了首个低设防的女子监狱，有大囚室和独立囚室，还备有小型医院和监禁孕妇的房间，在当时被誉为"模范监狱"。

20世纪30年代，传染病肆虐。荔枝角监狱远离闹市和民居，环境清幽，适合用作隔离治疗。从1938年起，这里作为荔枝角传染病医院，负责专门医治麻风病人，为病人进行隔离治疗。在20世纪50～60年代，香港进入传染病的高峰期，先后暴发天花、白喉和霍乱等严重传染疫症。新界和九龙受感染的传染病患者均在荔枝角医院接受隔离治疗。

1975年，荔枝角医院开始为需要长期护理的精神病和麻风病康复者提供住宿服务。在上区的五栋建筑物中，其中一栋用作麻风病人病房，共有20张病床，其余四栋则是精神病患者病房，并于1976年翻新下区的四栋建筑物后，将其开放给需要长期护理的精神病康复者。医院管理局于2000年考虑把荔枝角医院改为精神病患者的健康护理中心，从而成立"荔康居"，管理过渡期间医院的运作，之后荔枝角医院曾易名为"荔康居护理院"。2004年，荔枝角医院结束运营，其房屋交还香港政府。自此以后，医院建筑群长期空置。

前荔枝角医院历史建筑大多属于简单的实用主义风格。医院内的建筑物屋顶，都是双斜顶设计，由木制或铁制的桁架结构构件支撑，再架上木椽，然后铺上双层中式弯瓦或竹桶瓦。这样的屋顶施工手法其实不曾在英国出现，而是当时的建筑师以本土建筑作为参考，表现出中式建筑工艺技巧的特色。虽然双斜顶的建造方法在欧洲和英国也非常普遍，但是前荔枝角医院建筑群内的山墙设计，都带有中国特色，可见当时设计者运用本土建筑技法，来处理香港因多雨的气候而导致的排水问题。

前荔枝角医院的各项功能齐全且布局清晰。中区及上区的各栋病房大楼，基本上为两层钢筋混凝土建筑物。上层用作开敞式病房，另设职业治疗部及物理治疗中心。下层则包括活动室、餐厅、护士值班室及贮物室。病房大楼以外，还有总务大楼和行政大楼，总务大楼内设医生办公室、员工诊所、药房及会议室。行政大楼内则设有总务室、医院院长及其他高级人员的办公室。下区包括三幢单层红砖建筑物，原为营房，曾经用作礼堂、办公室及贮物室。

经过对前荔枝角医院建筑结构进行评估，古物咨询委员会将前荔枝角医院评定为三级历史建筑。前荔枝角医院大部分建筑物都保持良好状态，但是需要进行小规模维修保护工程。由于不少建筑物在不同时期经过改动，因此在保护利用方面可享有一定弹性。虽然前荔枝角医院欠缺精致的建筑设计，但是这些简单的建筑物仍然包含了多项别具特色的元素，这些元素必须得到原状保存。同时，通过历史建筑维修保护，恢复其建筑风貌，可以全面展现这组历史建筑各个时期的文化意义。

经过研究，前荔枝角医院历史建筑活化利用的方向包括文化艺术村、学院、度假营和旅舍。2009年，香港发展局将前荔枝角医院纳入第一批"活化历史建筑伙伴计划"项目。中国国学大师饶宗颐教授担任名誉会长的非营利慈善机构——香港中华文化促进中心，成功获选为伙伴机构，直接参与修复、活化及日常营运。此项历史建筑保育和活化工程于2009～2013年进行，特区政府全部承担2.7亿港币的项目经费，最初两年，特区政府还提供了457万港币的运营费用。保育和活化目标是以饶宗颐先生命名的"饶宗颐文化馆"，实施推广中国文化及国民教育的"香港文化传承"项目。

饶宗颐文化馆下区设有陈列展厅，于2012年6月启用。中区设有表演厅、餐厅，上区设有旅舍，均于2013年年底竣工。饶宗颐文化馆通过修复历史建筑与中国式园林后，设立的展览馆共有四个展室，分别展示"百年使命""见证变迁""杏林春暖"及"文化传承"四个主题，通过文字、历史图片、人物专访、影片及互动资讯，展示前荔枝角医院和荔枝角社区的发展历史，介绍文化馆馆址的历史演变，阐释其历史意义，同时也使大众了解"活化历史建筑伙伴计划"的可喜成果。饶宗颐文化馆也是展示饶宗颐教授学术和艺术成就的殿堂。通过展示饶宗颐教授的书法、绘画和学术著作，以及介绍饶宗颐教授的生平和学术理念，让参观者在清新幽雅、树木扶疏的环境中认识这位当代国学大师。

我曾多次考察饶宗颐文化馆，2017年4月，我参加了在饶宗颐文化馆举办的"活字生香——汉字的世界，世界的汉字"汉字文化体验展览。展览以汉字的智慧和美感触动为基础，运用创新的展出方式和互动科普模式，展示各种与汉字相关的知识和内容，推广汉字文化。饶宗颐文化馆内还有很多以文化传承为宗旨的临时展览、学术讲座、艺术表演与体验活动，让人们轻松感受传统文化，并把文化创意产品带回家。文化馆的旅馆部分为参加学术交流活动的来宾提供理想的住宿环境。饶宗颐文化馆还设有"银杏馆"餐厅，且餐厅服务员均为超过60岁的长者，旨在帮助社区长者就业。

2018年5月25日下午，我在饶宗颐文化馆参加了"天籁敦煌·净土梵音"展览开幕典礼。"天籁敦煌·净土梵音"展览是"中华文化·新世界"计划中的一个项目,旨在以中国音乐源起为序,除解读敦煌古曲谱外,还运用综合媒介展示敦煌壁画及乐谱中的音乐面貌,透过音乐传承,弘扬敦煌文化。展览中不仅展示了敦煌壁画中的音乐舞蹈活动,还原了部分古乐器,而且敦煌天籁乐团还现场演奏了以古谱为基础的《天籁》和《净土梵音》曲,展现了对传统文化的继承与发展。

落成后的饶宗颐文化馆,是一个融合自然环境的文化园地,既保持了原有的建筑风格,更洋溢着中国园林的优雅气质,十分适宜举办各种文化艺术活动。饶宗颐文化馆为社会提供了优良的文化设施,并以文化传承为宗旨,通过举办主题展览、文化导赏、专题讲座等多元化的文化活动,成为推动中华文化与艺术的平台,让社会大众在这个平台上开展文化交流,并传承和体验独特的香港文化。饶宗颐教授曾指出:21世纪是中国的文艺复兴时代。如今,饶宗颐文化馆成为一个独特的文化地标,有别于城市中令人瞩目的大型文化设施,是这座城市的历史足迹,也是中华传统文化和人文精神的载体。

虎豹别墅

虎豹别墅位于渣甸山山脚的大坑道15A号,由华侨商人胡文虎先生于1936年为胡氏家族兴建,并以胡文虎、胡文豹兄弟二人的名字命名,供其家人在香港居住。胡氏家族祖籍福建中川,胡文虎的父亲胡子钦于19世纪60年代定居仰光，在1870年创业开设了一间中医药店。胡文虎与弟弟胡文豹于1908年继承父亲的中药业务，并研制出"虎标万金油"，成为仰光家喻户晓的中医药物，随后风行缅甸、马来西亚、泰国及其他东南亚国家。

胡氏兄弟在福建和新加坡均有为家人兴建的大型住宅，但是以香港的虎豹别墅最为人称道。虎豹别墅由胡文虎设计，共四层，主要由主楼及员工宿舍组成。主楼是昔日家庭活动的主要场所，一层用作客厅、饭厅及消闲室，是接待宾客和游乐的主要地方；楼上各层则设有睡房等，主要供胡氏家人起居之用。天台的中厅内部装修成佛堂格局，专供胡氏家人念经静修。地下层为厨房、员工宿舍和贮物室。

虎豹别墅和别墅前方的花园均采用20世纪20~30年代的中式折中主义建筑风格。虎豹别墅为文艺复兴建筑风格的典范，是汇集中西建筑元素的豪华住宅，建筑构思采用西方设计方法，整体为大致对称的建筑布局，并建有门廊、窗台和壁炉，别墅大楼梯前有水池和假山。另外，虎豹别墅也以中国传统建筑元素作为装饰，如大厅内的中式飞檐、斗拱绘有姜太公钓鱼及八仙过海的图画；大厅西北及东南两面的出入口，则采用传统中国特色的月洞门设计，还有中式红柱和青色釉面瓦顶等中国建筑元素。

花园分为两层，从昔日的客厅通过两道楼梯可以到达上层花园。这两道楼梯前方有一个半圆形的水池，上层和下层则以三道位于不同位置的楼梯以及花园大闸上方的一座拱桥连接。这座花园依照法式花园的布局和风格设计，采用规则的几何图形布局，山石错落，下层花园的中央建有喷水池。花园设计也兼有中国元素，花园西北方一角的正门闸口上方，有一个中式凉亭建筑，东北方则有一座角楼，是花园中的主要建筑物，内有螺旋形楼梯，可以由花园通往一条公众连接路，反映出中国文艺复兴的特色。

虎豹别墅总用地面积约2670平方米，总建筑面积约1960平方米。虎豹别墅除内外墙壁由红砖砌成外，其余部分的建筑材料基本上为钢筋混凝土及花岗岩。20世纪90年代后期，长江实业（集团）有限公司购入虎豹别墅及毗连的花园，并于2001年10月，将虎豹别墅连同其私人花园交予政府。根据香港屋宇署的记录，虎豹别墅在过去并没有进行任何改建及加建工程，原貌得以保留。花园内的多个原有塑像具有文物价值，这些塑像在进行维修保护后，已经由古物古迹办事处收藏。

香港建筑署曾于2008年年底进行有限度及临时的维修，以防止别墅的情况进一步恶化。虎豹别墅于2000年被古物咨询委员会评为二级历史建筑，并于2009年12月确认为一级历史建筑。2010年年底，文物保育专员办事处举办了公众开放日，不仅让公众了解虎豹别墅的历史，欣赏其建筑特色，并且搜集公众对保育和活化项目的意见，共收到800多张公众的意见卡。随后将公众开放日所搜集到的市民意见摘要，上传于香港发展局的文物保育网站。经研究，虎豹别墅可以活化利用的方向包括餐饮服务、古董及艺术品展廊、教育或培训设施、游客资讯中心。

2013年，香港发展局将虎豹别墅纳入第三期"活化历史建筑伙伴计划"项目，交由胡文虎慈善基金，活化成为"虎豹乐圃"音乐学院。项目团队在虎豹别墅的修复过程中，付出了积极的努力，尽量把虎豹别墅昔日的面貌原汁原味地保留下来。如虎豹别墅中的120块意大利彩绘玻璃，修复其中20块最美、最大的，便花了约四个月时间。"活化历史建筑伙伴计划"要求，虎豹别墅的立面以及花园的布局必须完整保护，不得进行任何改建或加建。别墅建筑原来的内部布局以及多项别具特色的元素也应该原位保存，按需要进行保养维修。任何改建或加建的建议，必须提交古物古迹办事处审批。

通过这些保护要求，虎豹别墅内部大致保持完整，能够观察到前业主的生活空间及文化特色；主要用地内部分文物，包括可移动或镶嵌在墙上的文物，仍收藏于别墅内。在这些可移动文物中，部分具有珍贵价值，在用地范围内展示，有助于阐释虎豹别墅历史用途。另外，入口大堂和大厅特别辟作诠释区，展示胡氏家族的历史、虎豹别墅的建筑背景，并介绍保育和活化这幢历史建筑的过程和成果；设立展览区，展示建筑物的特色，并安排免费导览团，让市民和游客得以参观这座历史建筑及其花园。

2019年4月，虎豹别墅经过保育和活化后，正式对公众开放。人们看到经过对历史建筑进行修复保护，虎豹别墅恢复至20世纪30年代的面貌。虎豹别墅的大厅、花园和入口大堂，每日开放接待社会公众参观。大厅内保留了原有的家具，使人们可以感受到虎豹别墅当年的氛围。"虎豹乐圃"音乐学院在这座中西建筑特色交融的别墅里提供中乐及西乐训练，推广音乐文化，并配合其他策略性伙伴，开办从传统到现代、从个人独奏到小组合奏的音乐课程。通过丰富多彩并具有香港特色的音乐课程，培育下一代成为"知音人"。

必列啫士街街市

在城市中，繁荣便捷的街市，是营造宜居环境的重要因素之一，不仅能够提高效率、减少疲劳奔波，更能给人们带来心灵的闲适和从容。曾有调查报告分析，如果街市距离住所超过800米，居民就会拒绝去购物。与此相通，《香港规划标准与准则》曾经明确规定，每55～65户家庭必须设有一个公众街市档位，或每万人应配备40～45个档位。香港共有各类街市200多个，大多位于市中心或邻近居民住宅的地方。后来由于人口变化及城市变迁，部分公众街市失去传统顾客群，于是，香港规划署删除了以人口为参考基础的公众街市规划准则。即便如此，香港街市的密集程度在亚洲地区也是首屈一指。

2011年12月，我赴香港参加"文物保育国际研讨会"期间，考察了必列啫士街街市。这座街市位于中环必列啫士街2号，兴建于1953年，是为了取代日本占领时期遭受破坏的旧街市，同时满足人口快速增长需求而建造的街市。必列啫士街街市靠近中环高密度混合用途的区域。该区域内保留众多有特色的历史建筑，包括永利街的唐楼、荷李活道前已婚警察宿舍、中区警署建筑群、文武庙和香港中华基督教青年会中央会所。必列啫士街街市的部分历史价值，还在于其与美国公理会布道所，即现称中华基督教会公理堂的历史关联。美国公理会布道所由美籍传教士喜嘉理牧师于1883年创立，同年，青年时期的孙中山先生在此接受洗礼。1901年布道所迁往必列啫士街68号。2011年9月，必列啫士街街市被古物咨询委员会列为三级历史建筑。

必列啫士街街市楼高两层，用地面积约640平方米，由街市建筑、垃圾收集站建筑、两条巷道、三座连接桥组成。必列啫士街街市启用时，地下设有26个档位，售卖鱼类及家禽；一楼则设有33个档位，主要售卖牛肉、猪肉、水果及蔬菜。必列啫士街街市是第二次世界大战后，香港市区首个同类型的市场建筑。1969年，必列啫士街街市进行了改建及加建工程，一楼街市的部分位置改建为室内儿童游乐场及厕所，并加建了两座通往周边街道的连接桥作为入口通道。

必列啫士街街市，设计以实用为主，其简约的设计配合街市的用途，属于国际现代主义建筑风格。这种建筑风格一般认为源于20世纪20年代德国的包豪斯艺术学院，包括建筑物设计布局不对称，整栋建筑物为一个大型立方体，墙身平滑简朴，通常涂上白漆，全无任何雕塑或装饰；采用平屋顶，并在立面装有钢框大玻璃幕墙、长形流线型窗户。必列啫士街街市建筑为钢筋混凝土框架结构，内部间隔并非结构的一部分，因此可以灵活设计，根据需要自由增加间隔。

必列啫士街街市正面面向必列啫士街，正门入口设于左面，向内凹入。正门旁边饰有镶板，模仿砖石建筑。镶板上方筑有大型窗格，为室内楼梯引入阳光。街市正面其余部分为素色抹灰墙，墙上有两排流线型窗户，上面伸出横向混凝土突檐。街市背面和侧面在设计上与正面相似。顶层设有面积较小的房间，曾为管理员和员工提供住宿，后来用作必列啫士街街市的休息室和行政办公室。在室内布局方面，地下一层划分为多个开敞式档位，档位之间设有通道。街市建筑接近正门的位置设有楼梯。这一楼层的余下部分则用作游乐场，并以两座连接桥接驳至永利街。

由于城市建设持续发展，国际现代主义建筑风格的建筑物，在香港已经留存不多。因此，必列啫士街街市的所有外墙均应保持原貌。在活化再利用计划方面，外墙的处理应该尊重原设计意图，不应破坏简约实用的面貌。多项别具特色的元素必须原位保存，并按需要维修保养。为符合活化再利用目的而制定的"规定处理方法"和"建议处理方法"，分别载列于相关"保育指引"附录。如果不能按照"规定处理方法"办理，应向古物古迹办事处提出理由，以供考虑。"保育指引"附录所列的"建议处理方法"，则应在切实可行的范围内实施。

近70年来，必列啫士街街市一直为市民大众服务，现已成为社区居民历史记忆的一部分。社区内居民也与街市建立了浓厚的情感，因此必列啫士街街市作为本土街市的社会价值尤其重要。虽然现存必列啫士街街市室内设施的美学价值不高，但体现了街市的历史，其中一些应予保留，以作为展示用途。在香港建筑署保存着必列啫士街街市地下、一楼、二楼及天台的框架结构记录，这些图则于1952年制作，显示了钢筋混凝土结构的细节、梁、板、柱、楼梯和基础。事实上，每栋历史建筑都有独具的特色，因此各栋历史建筑在进行修复工程时，针对所遇到的问题，均应按具体问题具体处理。

必列啫士街街市无论地理位置，还是历史沿革均十分独特。行政长官在2009～2010年的《施政报告》中，公布了"保育中环"政策措施，其中包括八个项目，而必列啫士街街市则位于这八个项目所在地的心脏地带，与永利街和荷李活道相隔咫尺。荷李活道前已婚警察宿舍和中区警署建筑群是"保育中环"措施八个项目中的两个，这两栋历史建筑均已经实施保育和活化，前者作为标志性创意中心，后者则是文物与艺术及康乐设施。

鉴于必列啫士街街市的独特位置，加上要实现"点、线、面"的协同效应，香港特别行政区政府希望必列啫士街街市活化再利用，以推广"保育中环"项目，强化中区的历史和文化特色。经研究，必列啫士街街市可以活化利用的方向包括展览或会议设施、资讯中心、文娱及文化设施。

2013年，香港发展局将必列啫士街街市纳入第三期"活化历史建筑伙伴计划"项目，由新闻教育基金香港有限公司活化为"香港新闻博览馆"。这座博览馆通过新闻资料展览的方式，展示香港的历史及新闻业的演变。另外，香港新闻博览馆设有体验工作室，参加者可以从中体验记者在报道新闻工作过程中所遇到的困难及挑战。香港新闻博览馆还为中学生举办传媒教育课程，让学生了解传媒如何作报道。此外，香港新闻博览馆也经常举办工作坊、研讨会或讲座，以提高市民对新闻及报业的认识，实现了良好的社会效益。

雷生春

　　2012年6月，我考察了雷生春历史建筑。雷生春位于荔枝角道和塘尾道交界处，这里是人口稠密的九龙中心地带。雷生春原为雷亮家族所有。雷亮出生于广东省台山县，来香港后经营运输及贸易生意，并且是九龙巴士有限公司的创办人之一，他于1929年向政府购入荔枝角道119号土地，并聘请本地建筑师布尔设计雷生春。雷生春依所在地段的三角形状而建，沿两条主要道路建设主墙，位于塘尾道的侧门入口设有后院，用地面积为123平方米，总建筑面积约600平方米，于1931年落成。2000年，香港古物咨询委员会将雷生春评定为一级历史建筑，并建议采取措施宣布雷生春为法定古迹。

　　雷生春历史建筑是一座四层楼房，一层、二层和三层均建有宽阔的外廊，伸延至人行道之上。其中一层部分是名为"雷生春"的跌打药店，楼上各层则用作雷氏家人的居住用房，代表着以前"下铺上居"的生活方式。雷生春药品在当时广受香港市民欢迎，并且行销海外，具有良好口碑。雷亮先生于1944年逝世，"雷生春"也于数年后停业，之后建筑一层曾出租作洋服店。自20世纪60年代后期，雷氏家族成员人口渐增，相继迁出，楼房上层由亲友住用，至20世纪70年代雷生春空置。

自20世纪80年代开始，雷生春建筑逐渐荒废，墙面油漆完全脱落，门窗残破，很少有人知道这栋"奇怪"建筑的来历，甚至有人将其称为"鬼屋"。直到进入21世纪，香港特别行政区政府对这座历史建筑进行紧急维修，雷生春的故事才慢慢为人所知。实际上，雷生春具有突出的历史价值，不仅见证了香港著名家族的发展历史，而且展现了香港昔日的社区生活、经济活动和建筑特色。同时，雷生春是香港钢筋混凝土建筑物的早期实例。

2000年，雷氏家族后人为保存故居并回馈社会，向古物古迹办事处提出把雷生春捐赠给政府的建议。2003年，雷生春的所有权移交到特区政府手上，开创了香港私人捐赠历史建筑的先河。雷生春是香港少数现存20世纪30年代的铺居大宅，是一座风格独特的唐楼。建筑物综合了现代装饰艺术风格中的横线设计与鲜明的古典元素，这些元素见于建筑物的方形框架和其上的栏杆装饰。雷生春在香港建筑中心主办的"我最爱的十筑香港"评选中，被市民选为最喜爱的历史建筑之一。

雷生春历史建筑内的地砖也反映出当年香港楼宇建筑的典型风格。特别是建筑物宽阔的露台，能抵御风雨，遮挡阳光，具有非常浓厚的地域特色。加上顶层外墙嵌有家族中药店名的石匾，尽显香港典型的唐楼建筑风格。当时设有露台的标准铺居，大多由香港本地承建商仿照"画本"设计和建造，而雷生春之所以与众不同，是因为这座建筑是按照雷氏家族的要求量身设计和兴建，无论在历史方面还是文化方面，都具有重要价值。但是，一些原有特色亟须进行修复保护，以期全面展现雷生春历史建筑的文化意义。

香港建筑署曾对雷生春进行过基本的修缮工程，拆除了造成阻碍的早期改建部分和加建部分，修复原来的内部布局，外廊也按照原来的设计打开。由于原来的支柱严重损坏，因此安装了新的钢结构柱，以支撑可以眺望后院的阳台。同时，由于这栋历史建筑没有消防喷水系统、楼梯陡峭不符合安全标准。如果将雷生春历史建筑开放给公众参观，则需投入1600万港币，用于加固建筑物结构，加设消防设备和加建无障碍通道等，而这笔费用对于香港特别行政区政府来说，也是一笔较大的投入。

2004年8月专业公司为雷生春进行了结构勘察。结构勘察报告指出，建筑物的状况良好，建筑结构支柱、横梁及地板的状况合理，但是建议对这些结构构件进行日常保养。雷生春历史建筑包含多项别具特色的元素，这些元素必须原址保存，并按需要保养维修。经过研究分析，雷生春建筑可以活化利用的用途包括：中药零售店铺、展览中心以及社会服务中心。如果雷生春建筑物改建为这些用途，均需进行结构加固工程，以达到所需的承重能力。

雷生春位于荔枝角道和塘尾道交界处的明显位置。这一区域以轻工业和商业集于一身著称，零售及批发店铺林立，吸引游客光顾，并为区内外的民众提供服务。在城市规划方面，根据香港旺角分区计划大纲，雷生春地段处于"历史地点保存作商业及文化用途"地带，应通过保护修复和活化利用，使雷生春建筑成为这一地区的文化地标，并提供文化及商业设施，增加市民和游客休闲去处。因此，雷生春历史建筑的任何加建、改建或改变装修工程，均需获得城市规划部门的规划许可。

2009年，香港发展局将雷生春纳入第一期"活化历史建筑伙伴计划"项目，由香港特别行政区政府提供资助，为雷生春寻找新的用途。这项计划的推出反响非常强烈，一共收到了30宗申请。雷生春是收到活化申请最多的一栋历史建筑。经过保育历史建筑咨询委员会的多轮审议，2009年2月，香港浸会大学凭借其中医教学、科研和临床方面深厚的背景，以及管理和运营诊所、活化历史建筑等方面的经验，最终成功获选，目标是将雷生春活化为香港浸会大学中医药保健中心。这一定位可以反映历史建筑的原有用途。雷生春保育和活化中最具挑战性的地方在于，不仅要让雷生春成为一所安全及舒适的中医药诊所，而且要在服务市民的同时，尽量保存历史建筑的风貌特色。香港浸会大学坚守的原则，是把干预带来的影响减至最低限度，而且所有改动均具有可逆性，在需要时可以还原。

香港浸会大学在"活化"雷生春过程中，对建筑内外需保存的历史信息进行了详细的分析，尽量保留原有的建筑特色，在不影响历史建筑外观的情况下，为了使历史建筑符合现代使用功能，进行了适量改装增建，以符合未来雷生春的营运需求，以及现时建筑及消防条例的要求。为此，活化工程主要包括：加建一条消防楼梯；设置一台供伤残人士使用的升降电梯；建筑内部增建洗手间等设施；在各层外廊扶栏内增设大面积低反光度的玻璃组件，以解决因处于交通要道而带来的噪音问题。

同时，将原本的露台部分作为候诊室与展览厅，将原本的室内空间作为诊疗室，以保障病人的隐私，同时也解决了历史建筑每层室内空间不大的问题。这些增建措施均在建筑物内部和楼房的后方实施，不易影响建筑外观，并符合现行的《建筑物条例》。同时，在改造过程中尽量使用和装配原有的材料，以恢复建筑物的原貌。

在香港历史建筑保育和活化的案例中，雷生春具有一定的代表性。实施这项计划的成本约为2480万港币，政府资助260万港币，政府支出远小于不采取"活化历史建筑伙伴计划"的预算支出，而且香港浸会大学中医药保健中心预计运营后第三年即可达到收支平衡，因此是一个既有益于社会，又能减轻政府财政压力，同时还能使申请机构获得显著收益的多赢方案。同时，这些服务项目不仅能够惠及市民、吸引游客，带动当地经济发展，还能使中医药服务和历史建筑之间产生协同作用，创造大量的就业机会，具有显著的社会效益和经济效益。

雷生春堂的"活化工程"于2012年年初竣工。同年4月，香港浸会大学中医药学院——雷生春堂正式投入服务，成为集中医药医疗和历史文化展览为一体的保健中心。如今，雷生春的一层对公众开放，其余各层以预约形式，为公众提供免费导览服务。主要楼层为香港浸会大学的中医药诊所及治疗室，每天有专科中医师驻诊，为市民提供多元化的中医药医疗服务。同时设立展览室，展出雷生春移交时留下的部分匾额、地契、挂画、器皿、瓦钵、磨盆等，这些物件经过修复后得以展出，有利于加强大众对中医的认识。无论是市民还是游客，来到雷生春，可以品尝一杯传统凉茶，品味一下顶楼药草花园的中药品种，再到展览室参观，了解更多雷生春背后的历史故事。

旧牛奶公司高级职员宿舍

旧牛奶公司高级职员宿舍位于薄扶林道141号，建于1887年。这组历史建筑位于旧牛奶公司昔日牛棚建筑群西北一隅，是当年牧场经理的住所。这个牛奶公司于1886年由一名苏格兰医生文逊爵士创立。当时薄扶林被选为乳品牧场的用地，是由于这里地理位置优越，具备畜牧业所需的可靠水源，而且夏日也时有凉风吹拂。

第二次世界大战爆发后，战火于1941年波及香港，导致大量乳牛死亡。牛奶公司也如香港其他机构一样，运作陷于瘫痪，牛奶公司的建筑更遭肆意搜掠。战事结束后，薄扶林牧场得以重新饲养牲畜。不过，近几十年来，这片农业用地已经随着房地产开发兴起，转而被现代化的住宅和商业建筑所覆盖。因此，牛奶公司的大部分建筑已经拆毁，只剩下办事处大楼、高级职员宿舍和牛棚。

旧牛奶公司高级职员宿舍主楼是一栋两层楼房，在地面楼层筑有很厚的花岗岩石墙。石墙上每隔一定距离便装有圆形窗户。这些花岗岩石墙形成基座，用来支撑这座具有古典建筑特色的房屋。主楼建筑的每个立面设计都不同，其中一个主要特色是东北面的窗台。主楼建筑室内的主要特点是主厅房内的古式壁炉、格板门以及雕刻细致的窗框、门框。高级职员宿舍建有两个附属建筑物，包括位于主楼东南面的可能是用作佣人宿舍的单层建筑物，以及位于佣人宿舍东北面的具有古典建筑风格的车库。这两个附属建筑都建有中式双筒双瓦形式屋顶。

旧牛奶公司高级职员宿舍占地面积约为2124平方米，总建筑面积约386平方米。目前这组历史建筑仍然大致保持原貌，两层主楼的布局，以及各座建筑内部和外部的建筑特色，也大致保留完整。因此针对这组历史建筑别具特色的各类元素，必须原地原状进行保护，并按需要加以维修。维修保护工程必须经过仔细研究，尽量参照原有的建筑形式、建筑结构、建筑材料以及建筑细节进行，使之能够继续凸显19世纪晚期建筑物的历史价值。同时，今后在周围的户外空间增建新的建筑物或构筑物时，不应对现有历史建筑造成负面视觉影响。

旧牛奶公司高级职员宿舍必须予以保护的建筑特色，包括主楼外部、主楼内部和附属建筑物。主楼外部需要保护的内容包括：所有外墙，其一层为花岗岩石墙，二层为抹灰墙；二层外墙的支柱、窗台板、楣梁和拱顶石等古典建筑特色；所有外墙的窗口，包括木制窗框和窗台板；与楼板平行带装饰线的横带、圆形通风窗户，包括圆形窗围、拱顶石、金属格栅和铁丝网；通往二层的正门入口门廊，包括其结构形式、拱顶、通往建筑物的楼梯以及顶部带装饰线的盖顶；平屋顶的突檐；主楼与佣人宿舍之间的有盖人行道，人行道上带装饰细部的支柱承托；铸铁雨水管和水落斗。

主楼内部需要保护的内容有：壁炉，包括排气管、壁炉框、瓷砖、炉架和炉床；古典建筑特色，包括支柱、楣梁、拱顶石和装饰线条；门口，包括木制门板、玻璃门板、带装饰线的门框和五金装置；窗口，包括带装饰线的窗框；已经围合封闭外廊的地砖、木地板、墙脚线、钢制托梁和梁托装饰线条。

附属建筑物需要保护的内容有：车库所有外墙，包括带装饰线的三角楣饰、窗檐、窗台板、木框窗户、花岗岩石块和接缝；金字形屋顶和木屋顶结构；门口带装饰线的檐篷、佣人宿舍屋顶的梁托装饰线条和烟囱残余部分、车库门口。

旧牛奶公司高级职员宿舍及其周围的一块空地，全部是香港特别行政区政府拥有的土地。获选的申请机构负责"活化历史建筑伙伴计划"项目范围内的园艺及树木的保养。在这处用地范围内有数棵6.5～12米高的中国细叶榕树，与现存历史建筑紧密相连。这些中国细叶榕树的木质化气根，穿透了建筑物的墙壁，部分或全部生存于历史建筑的屋顶之上。因此，进行保育和活化项目策划时，需要研究树木管理和缓解措施，使历史建筑的结构不再受到过度生长的树木所威胁。

旧牛奶公司高级职员宿舍是牛奶公司在香港现存最古老的建筑物之一，并与毗邻的其他旧牛奶公司建筑物具有组合价值。因此，这组历史建筑应该得到积极保护和活化再利用，使市民和访客得以了解旧牛奶公司高级职员宿舍作为牛奶公司乳品牧场一部分的环境价值，并进而认识牛奶公司自19世纪开始如何以实惠价格和严谨的卫生措施，为社会公众提供安全洁净的新鲜牛奶的历史价值和社会价值。2009年12月，旧牛奶公司高级职员宿舍被古物咨询委员会评为一级历史建筑。

2015年，香港发展局将旧牛奶公司高级职员宿舍纳入第四期"活化历史建筑伙伴计划"项目，香港特区立法会财委会拨款5870万港币，由香港明爱活化成"薄凫林牧场"，并以"点、线、面"形式连接薄扶林附近古迹。

由香港明爱活化为"薄凫林牧场"，展示与昔日牧场相关的历史、文物和器具，举办各项与牛奶制品有关的工作坊，让市民可以重见昔日牛奶公司牧场的景象，并体验如何制作雪糕、乳酪和芝士等与牛奶相关的食品。同时，设立多条串联前牛奶公司建筑物与周边历史建筑的文物径，通过一系列多元化的导览服务、工作坊和相关活动，介绍薄扶林村的历史发展和附近地方的文化特色。

联和市场

联和市场位于新界粉岭联和墟，落成于1951年，由联和置业有限公司兴建。联和市场是新界首个大型室内市场，也是当时新界地区最大规模的市场。这座市场的启用标志着粉岭在社会、城市规划及经济方面的发展。自20世纪50年代开始，多个当地社区组织、商会和粉岭乡事委员会等，陆续在联和市场附近创立。联和市场的墟期*特别定为每月初一、初四、初七、十一、十四、十七、廿一、廿四和廿七，与石湖墟的墟期相同，因此顾客要二选其一。联和市场与石湖墟曾一度是粉岭和上水的两大市场和地标。

以往每逢墟期，粉岭的农民就会直接到联和市场和附近地方摆卖农作物，非常热闹。直至20世纪80年代，小贩们仍按照"一四七墟期"在市场前方空地摆卖货品。联和市场原有四类档位，分别售卖瓜菜、活鱼、鲜肉、干货。肉档设在市场中央，左右分别是菜档和鱼档，干货档则在后方。联和市场生意兴旺，后方有露天摊档，四周街道建有唐楼。联和市场于2002年停止营运并空置，档位悉数迁入联和墟街市及熟食中心。2012年，联和市场以短期租约的方式出租，作为可循环再造物料回收中心以及举办环保市集的场地。

联和市场用地面积约1290平方米，总建筑面积约613平方米，是一座单层斜顶建筑物，由建筑师莫若灿设计，设计以实用为主，属于早期现代主义建筑风格。联和市场空间设计左右对称，如英文字母"E"。市场是市政建筑，讲求经济实用，因此梁柱结构简单，间隔墙也容易改动，以配合不同用途。柱身用砖和混凝土建造，以支撑上方钢筋混凝土屋顶阳台的横梁和楼板。联和市场共有七个出入口，三个主要出入口均面向联和道，另有两个出入口在建筑物的后方，以及通向左右两旁露天空地的侧面出入口。市场内有两个管理处。

———————————

* 中国南方如湘、赣、闽、粤等地区乡村赶集的日子。

联和市场入口有标示和旗杆，指示清楚。入口宽阔，方便人流进出买卖及运货。内部空间配置匀称，加上档位的间隔墙较矮，顾客不论身处哪个角落，都能一览无遗，清楚自己所在位置。市场附有二个天井在其中央位置，并在左右两侧各有一片露天空地。中央通道上方为高侧窗，以助采光和通风。档位则排列在通道两旁，墙身均有抹灰涂漆。市场采用平屋顶设计，在中央通道上方拱起成为斜顶，并于旁边设置高侧窗。斜顶被阶梯式护墙遮挡，因此并不明显。联和市场的三个主要出入口都有檐篷伸出至行人道上，而整幢建筑的外墙环绕着不同长度的檐篷。

2010年1月22日，联和市场被古物咨询委员会评定为三级历史建筑。古物咨询委员会认为，联和市场在战后香港公众市场当中别具一格，新界市区建设发展迅速，更使这类建筑日益罕见。因此，整幢历史建筑的外观十分重要，市场的立面应大致保持原状，尊重建筑设计的原意，保存旧貌，不应破坏其简约朴实的外观。联和市场左右两旁的空地应尽量保持空旷开阔，不设围栏，让公众观赏这座历史建筑的各个立面时不受遮挡。可以利用园景建筑及种植花木美化空地，但是必须配合历史建筑的风格，并获古物古迹办事处批准。

同时如果为符合法例规定而加建地下建筑物或构筑物作附属用途，或在空地上方加建相关构筑物以供出入、设置屋宇装备，均可获考虑，但是这些加建工程必须获得古物古迹办事处批准。拟加建部分必须是独立建筑物，不得对历史建筑的结构造成不良影响。同时，拟加建部分必须与历史建筑兼容，并易于区分，施工地点必须尽量远离历史建筑，建筑高度应低于历史建筑，以免影响其外观；可以拆走现有地砖，采用配合历史建筑风格的材料重铺地面，使用材料也必须获得古物古迹办事处批准。

市场供应日常所需，对街坊生活来说十分重要。趁墟*这种传统交易方式，昔日在新界地区非常普遍。但是，目前已经随着城市现代化发展而逐渐式微，因此应该对其加以回顾，让公众了解这一历史，能够在现实生活中有所感受和体验。联和市场的历史价值，与当地相关的社会价值均十分重要，应加以研究和阐释，并采取适当方式向公众介绍。经研究，联和市场活化再利用的各项用途包括：教育设施、训练中心、展览或会议厅、商店及服务行业、食肆、可循环再造物料回收中心。

2018年，香港发展局将联和市场纳入第五期"活化历史建筑伙伴计划"项目，交由香港路德会社会服务处活化为"联和市场—城乡生活馆"。这一项目将恢复联和市场昔日的功能，包括修复和改建文物诠释区、餐厅、街市摊档、贮物室、附属办公室、新建副楼以及后勤设施。联和市场—城乡生活馆内设有不同的摊档及店铺售卖本地蔬菜、农产品、日常用品。还设有干货小店、传统技艺店售卖本地特色产品及手工艺品等，假日更设有室外售卖场所。

联和市场—城乡生活馆活化项目，通过与本地认可的菜农合作，提供优质的本地蔬菜供给居民食用，推广本地农产品，让本地农民有

---

* 赶集。

稳定收入；通过设立小区小店、摊档，为本地居民提供一个公平贸易的平台，推动本土经济，并提升地区邻里间的气氛；为本区居民及弱势社群提供就业机会，增强小区凝聚力以及居民对小区的归属感，同时举办多元化的节目及导览团，增加市民对城乡生活、文化及习俗的认识。香港路德会社会服务处也通过专题展览，介绍联和市场和周边乡郊地方的历史沿革及变迁。经过一系列努力，联和市场再次成为社区居民聚会购物和文化交流的理想空间。

置换新的功能空间

北九龙裁判法院

2011年12月，赴香港参加"文物保育国际研讨会"期间，我考察了北九龙裁判法院。北九龙裁判法院位于九龙深水埗石硖尾。其法院大楼于1960年建成使用，属于那个年代的典型公共建筑。当时，北九龙裁判法院负责审理九龙区的案件。每日出庭的受审被告超过40人，有时更多达80人。2000年以后，北九龙裁判法院成为九龙区唯一审理案件的法院，它见证了战后香港司法制度的发展历史，因此具有一定社会及历史价值。

在香港的司法架构内，所有刑事诉讼均由裁判法院开始，因此裁判法院是香港最初级的刑事法院，可审理多种刑事可公诉罪行及简易程序罪行。北九龙裁判法院设有四个裁判法庭、一个少年法庭以及政府部门的办公室，其中少年法庭审理16岁以下少年的案件。2005年1月，香港特别行政区政府为节省开支关闭了这座已经服务44年的法院。原本由北九龙裁判法院审理的案件，交给观塘裁判法院及九龙城裁判法院新设的三个法庭审理。此后，北九龙裁判法院空置了三年。

北九龙裁判法院用地面积约为4875平方米，总建筑面积约7530平方米。法院建筑由巴马丹拿建筑设计有限公司设计，采用钢筋混凝土梁、柱连接钢筋混凝土楼板的结构，主楼共有七层，正立面面向大埔道，外表庄严。法院建筑虽然属于战后城市建筑，但是不乏美观的建筑特色和别具风格的设计元素。在主楼正面白色花岗石的墙壁上，悬挂着"北九龙裁判法院"牌匾。前墙主要由窄长形的窗户构成，并有向外伸展的窗台及双层檐篷，再加上入口处宽敞的大台阶。法院大楼内有一个中庭，加入不少新古典风格的建筑特色。此外，法院大楼中间有意大利风格的楼梯，附有装饰性金属栏杆，其表面装饰图案富有希腊特色。

北九龙裁判法院只有两道楼梯连接外面，其他楼梯主要作为内部通道之用。然而，这两道楼梯未能完全符合现行《建筑物条例》的规定。例如，楼梯某些位置宽度不足，防火能力不足。裁判法院的建筑物没有进行过大规模改建或加建工程，只是在东面入口的露天停车场处，搭建了一座临时建筑，内设办公室、厕所和消防泵房。在对建筑进行检查的过程中，显示部分楼层的墙壁及横梁有0.5～2米的裂缝，需要及时维修。在北九龙裁判法院的修缮中，根据历史建筑的维修保护原则提出要求。例如，用鬃毛刷或尼龙刷蘸取清水，清洗外墙的石作、抹灰和铺瓦等，不得使用有腐蚀性的化学清洁剂；不得在正立面外墙设置任何向外伸展的构筑物，如篷盖、遮光帘或窗口式空调机等。这些要求十分详细，且极具针对性和可操作性。

2009年，香港发展局将北九龙裁判法院纳入第一期"活化历史建筑伙伴计划"项目。经研究这组历史建筑的可能活化用途为：学院、培训中心和古物艺术廊。当时，活化历史建筑咨询委员会一共收到21份申请书。经过多方讨论和研究，最终出于对社会价值的考虑，决定由美国私立大学萨凡纳艺术设计学院开设香港分院。为此，古物咨询委员会特地去美国考察，发现这家学院在美国的专长就是活化历史建筑设计，该学院已经在萨凡纳地区活化了80余栋老建筑。萨凡纳艺术设计学院还提出自行承担上亿港币的修复费用，以争取早日实现办学。

北九龙裁判法院无论是建筑外观，还是内部空间，都有一些非常特殊的区域，如法庭和审讯室等，同时大门外的六角楼梯和门厅也极具特色，整体给人严肃的印象。因此，保育和活化方案始终贯穿着一个基本思路：将这些特殊空间保留，向公众展示其独有的特色。为此，在"活化"后，裁判法院建筑保留了不少原有建筑特色，例如，铜制及设有饰钉的大门、位于大堂的花岗石楼梯，以及栏杆上以希腊为主题的精致雕饰等。其中地下高层羁留室已改装成办公室和休息室，但是仍保留原有的羁留室铁闸和间隔。

经过细致的分析和改造，裁判法院原建筑空间置换为新的功能空间。原第一法庭演讲厅作为展览之用，除了法官座椅、公众席，市民参观时还可以看到俗称"犯人栏"的被告席以及青铜色的法院指示牌。由于演讲厅楼层较高，校方特别摆放一些可随意更换的大型艺术装置，为原本刻板严肃的地方添上艺术气息，而其他法庭改为课室；原来的拘留所改建为学院办公室和活动室；饭堂改建为美术馆；过去缴付罚款的地方改为图书馆，并对社区开放。这些改造不仅保留了原有建筑的历史价值，同时有利于挖掘法院及其所在社区所蕴含的艺术价值和社会价值。

在保育和活化过程中，法院大楼的建筑外立面几乎原封不动，为了保护墙体，艺术品大多是采用吊挂的方法。在室内尽量保存原有的墙壁、装饰、设备和建筑特点，采取简洁的方式，设计公众参观通道，并在走廊空间设置各类美术品，使观众感受到昔日的环境，也使建筑室内空间与学院的风格相互呼应。保育和活化后的北九龙裁判法院具有浓厚的现代艺术氛围，也增强了历史建筑的吸引力和亲和力。通过"活化历史建筑伙伴计划"项目实施，一座庄严的裁判法院，变身为活力十足的艺术学院。

2010年9月，萨凡纳艺术设计（香港）学院在北九龙裁判法院开始营运，成为提供各种艺术和设计有关课程的教育机构，开设以数码媒体设计为主的高等教育课程，致力成为亚洲区的数码媒体教学重地。通过这一教育资源，带动了香港艺术和所在社区的发展。萨凡纳艺术设计（香港）学院开办学士、硕士课程，共设1500个全日制学生名额，供本地和海外学生就读。截至2018年9月，香港本地和海外学生各占一半，同学们能够与不同地方或背景的学生合作和交流，提升了视野，开阔了眼界。

如今，漫步萨凡纳艺术设计（香港）学院校园，会发现每一处角落都挂着不同的画作，其中一些作品来自学生和校友，更有专为萨凡纳艺术设计（香港）学院而设计的。从走廊墙壁、天花板到天井都放满了大大小小的艺术品，营造出的艺术氛围，令人目不暇接。学院于周一至周五以及每月第三个星期六举行免费导览，接待公众人士参观，参观的地方包括第一法庭、羁留室和图书馆等。2017年举办的"文物时尚·荷李活道"街头嘉年华深受市民欢迎，让公众体验荷李活道一带丰富的历史、文化和艺术氛围。

2018年，文物保育专员办事处与萨凡纳艺术设计（香港）学院合作，邀请具有不同国籍、文化和艺术背景的学生团队，以比赛形式，为"文物时尚·荷李活道"街头嘉年华活动制作全新的宣传设计方案。文物保育专员办事处与萨凡纳艺术设计（香港）学院的合作，充分显示出"活化历史建筑伙伴计划"中的伙伴合作精神。

此次活动中，学生团队在设计中注入不少怀旧元素，如康乐棋游戏、西瓜波和绿宝橙汁等，这些都是香港民众珍贵的童年回忆。至于描绘儿童与历史建筑互动的设计图案，则希望表达新一代也渴望守护香港历史文物的信息，表达出传承的理念。最终印度学生团队以"昔日情怀"为设计概念的方案胜出，获选的设计用作印制推广"文物时尚·荷李活道"街头嘉年华的宣传品，如广告、海报和小册子等。超过5.6万人次参加了这次既有意义又充满欢乐的街头嘉年华，从中感受到年轻人参与这项活动背后的无限创意和心血，应给予他们更多鼓励。

2011年，北九龙裁判法院"活化历史建筑伙伴计划"项目获得联合国教科文组织亚太地区文化遗产保护奖。截至2020年6月底,萨凡纳艺术设计(香港)学院已有逾42.8万人次参观。市民如有兴趣,还可以浏览萨凡纳艺术设计(香港)学院相关网页了解详情,并在网上预约安排参观,通过参观探索不一样的香港。

旧大埔警署

2016年11月,我考察了香港旧大埔警署的"活化历史建筑伙伴计划"项目。旧大埔警署位于新界大埔运头角里,建于1899年。香港新界在1898年租借给英国后,大埔被视为新界的中心,成为新界的行政总部,是举行升旗典礼的地点。大埔警署是英国租借期间在新界建设的首个永久警署及警察总部。实际上,在这一范围内,除了警察总部外,还有大约建于1907年的法定古迹——旧北区理民府,这是管治新界的另一重要机关。这两座建筑物,连同附近的前新界华民政务司官邸以及前新界分区警司官邸,均为昔日政府管治新界的权力象征。

旧大埔警署位于大埔畔涌村旁的一个小山丘上,前临吐露港,位处要冲,俯瞰着整个大埔区域全景。旧大埔警署毗邻圣公会莫寿增会督中学、运头角游乐场及大埔圆岗休憩处,成为一个集政府、社团及公共活动场地的网络。大埔鹭鸟林也位于这一区域,它是香港最重要的鹭鸟栖息地,吸引了大白鹭、小白鹭、池鹭、夜鹭和牛背鹭等鹭鸟筑巢,已被列为具有特殊科学价值的地点。因此在这里,历史建筑的保护和鸟类栖息地自然环境的保护同等重要。

旧大埔警署用地面积约6500平方米，总建筑面积约1300平方米，由三座单层建筑组成，分别为主楼、职员宿舍和食堂，还有一片绿草如茵的平坦草坪，把三座建筑物连接在一起，这一功能性结构，充分反映出当时警署的典型布局。旧大埔警署体现了中西融合的建筑风格，从游廊、红砖墙、烟囱及斜尖屋顶可以看到中式风格影响，尤其是屋顶的构造。主楼内为警署，入口处设有报案室，内有警司办公室、会议室、囚室、枪房、后勤设施。

旧大埔警署采用了实用主义的建筑风格，其中为适应香港潮湿而炎热的气候而设的游廊和百叶窗等建筑特色，均清晰可见。报案室、羁留室、枪械房、宿房以及列队步操场地等设施，是典型警署的建筑布局。警署建筑也展示中西合璧的特色，包括用作降温的游廊和百叶窗设计，以本地建筑方法兴建的中式木屋顶结构等。此外，旧大埔警署的实用主义建筑风格，也反映出警署务实功能的本质。主楼外形较为不规则，楼内的壁炉、荷兰式山墙、楔形拱石及窗台口粉饰，经修饰的烟囱、铸铁制的雨水渠等西方建筑的装饰细节，均显示主楼在建筑群中的地位超然。

1941～1945年，日军占领香港期间，旧大埔警署被抢劫一空。直至1949年，旧大埔警署一直被用作新界警察总部。1949年以后，先后用作分区警署、新界北总区防止罪案组办事处等不同警务场所。1987年，位于安埔里的大埔分区警署启用后，旧大埔警署的历史职能宣告终结。旧大埔警署于1988年获评为二级历史建筑，2009年又获评为一级历史建筑，2021年被列为法定古迹，随着对这组历史建筑的价值认识不断深化，保护级别不断提升。

旧大埔警署后期曾进行过多项加建工程，其中职员宿舍为后期兴建，采用了新的建造方法及建筑材料。职员宿舍包括12个房间，早期为五位英籍及32位印度籍或华籍警员提供宿舍，另有茶水间和厕所。此后又于20世纪50年代加建了食堂，包括餐厅和厨房。羁留室则被安置于警署内园林地带以加强安全保卫。主体建筑外围的保安岗亭、旗杆和炮台等各具特色。由于主楼和职员宿舍的历史最为悠久，因此这两幢历史建筑的保护最为严格，使原有建筑风格得以恢复，展现了旧大埔警署的文化价值，其他建筑物历史较短，采用了较灵活的手法处理保护和活化利用问题。

针对旧大埔警署的活化利用，古物古迹办事处提出了很多保护要求。例如，由于20世纪30年代是旧大埔警署的主要运作时期，因此应以这一时期的图纸，作为历史建筑保护和活化利用的参考依据；同时，主楼原来的屋顶已经损毁，前座及后座的所有木屋顶换上钢桁架及桁梁，然后重铺屋顶瓦片以恢复历史原貌；大部分墙壁均假定为承重墙，一概不得拆除；所有外部窗户重新装上木窗框，使建筑物的历史原貌得以重现，窗框可参考职员宿舍的窗框设计；两个小型危险品仓库和位于主楼天井的四幢附属建筑，不具历史意义予以拆除，以改善旧大埔警署整体的历史风貌。

2010年，香港发展局将旧大埔警署纳入第二批"活化历史建筑伙伴计划"项目，嘉道理农场暨植物园公司被选定为合作伙伴。旧大埔警署历史建筑的保育和活化目标为，设立推动可持续生活方式的"绿汇学苑"，作为环保教育中心。绿汇学苑设三个主题园景：介绍旧大埔警署和大埔一带的历史文化资源；建立多条文物径，介绍区域内的历史、文化、建筑及生态特色，以及大埔地区其他历史建筑和旅游景点；举办教育项目，推广有品质的生活概念，提倡健康饮食，为香港市民和游客，特别是年轻一代引入新的饮食文化。

旧大埔警署历史建筑保育和活化工程，于2012～2015年进行。主要内容包括：一是促进历史建筑与自然融合，在修复历史建筑时，既尊重传统建筑特色的保护，同时考虑用地内树木及鸟林生态的维护。二是提升历史建筑的价值，对建筑原貌具重要性的部分以及特色加以修复。同时对近年来增加建筑部分进行评价，对历史建筑原貌及特色构成负面影响的部分进行整治拆除，并把腾退出来的空间设计成主题园林景观，以顺应自然的方式管理及活化庭院，创造和谐舒适的活动空间。三是促进历史建筑的角色变更，把象征昔日政府权力的闲置建筑群，转化成为向社区民众展现永续生活文化的基地。

在保育和活化历史建筑的整个过程，均要求降低工程对历史建筑特色及元素构成干预，尊重并尽力保留原有的建筑结构、建筑风格及其原用的建筑材料。旧大埔警署除了修复建筑原貌，还保留了典型警署建筑布局，重现部分建筑的原有功能。如昔日的警察宿舍成为体验低碳社区生活的客房，昔日的警署食堂转化为慧食堂及教学厨房，昔日警署的报案室、羁留室及枪械房等设施，转化为文物展览室，向社会公众展示旧大埔警署、大埔及新界的历史。同时，移除中庭的临时建筑物后，把空间绿化为怡静的庭园以促进天然通风，绿汇学苑六成以上的建筑空间均采用自然通风管道。

由于旧大埔警署有超过百年的历史，在维修保护时如何回归历史建筑的本来面貌，如何符合现今的法律法规要求等，均有相当难度。例如，在实施保育和活化过程中，通过比对唯一一张摄于这组历史建筑落成初期的黑白照片，进行油漆化验等多重研究，最终才推敲出外墙原本的颜色。同时，部分墙身的刻线，经研究考证后确认是当年仿照麻石外墙设计，而加工的压线装饰，也因此得以复原。

旧大埔警署范围内的古树名木极具生态价值。位于正门的古树是绿汇学苑的地标，也是乡村风水林常见的树种。细叶榕具有一树成林的能力，其果实是雀鸟喜爱的食物之一，应重点加以关注。根据香港康乐及文化事务署的《古树名木册》，旧大埔警署范围内及附近生长有古树名木，嘉道理农场暨植物园公司负责自费保养这些树木，不得予以移除或干扰，悉心保育，使其继续茂盛地生长。除古树名木外，保育和活化项目还不得干扰有关用地或邻近地方生长的树木，并且负责用地范围内的园艺保养。

绿汇学苑通过建设主题花园，栽种多类植物，以丰富绿汇学苑的生物多样性，促进生物与植物的共生共存。"活化历史建筑伙伴计划"要求，由于用地范围内现存的树木可能具有特别价值，因此需要进行园艺调查，对于所有珍贵或成龄树木必须予以保护。同时，水池是淡水生境池，除了作为灌溉的水源外，更为蛙类和蜻蜓等小动物提供繁衍的场地，也应该加以保护。另外，需要努力减少对附近鹭鸟的滋扰，无论是实施工程，还是开展文化活动，均应避免对鹭鸟林构成影响，尤其在鹭鸟的繁殖季节。

目前绿汇学苑内和周边的自然环境，比"活化历史建筑伙伴计划"实施前更加生机勃勃，吸引了更多昆虫、蛙类、雀鸟在这里聚集或繁衍，十分难得。绿汇学苑项目把历史建筑转化为向公众推广品质生活的基地，并展示了彼此尊重及尊重自然的精神。今天人类与自然疏离，持续地追求经济增长，过度开发天然资源，削弱生物多样性，导致生态系统失衡、气候变化加剧、粮食安全等问题。绿汇学苑致力于就这些严峻的挑战提出倡议和对策，以助人自助的模式，协助大众实践低碳生活，重建个人与社会、自然的和谐相依关系。

绿汇学苑期望造就大埔作为社区典范，并作为教育基地提升社会公众的永续生活技能及发展。绿汇学苑内有文物展览及文物径、访客中心及社区互助店、慧食堂，每天上午10时至下午5时对公众开放。

绿汇学苑的社区互助店，产品主要由本地生产者、社会企业、本地艺术家、公平贸易及健康产品供应商提供。面对消费主义盛行而产生的种种问题，绿汇学苑鼓励公众在消费之前三思。同时，绿汇学苑与理念相同的生产商及社区伙伴合作，通过他们的产品向社会公众宣传健康生活概念。通过举办互助市集，推广本地产品和手工艺品，发展本土低碳经济。社会公众和社区民众可以在绿汇学苑参加启迪教育课程，了解社区的永续发展动向，结识志同道合的社区朋友并互相交流生活心得，访客也可以选择欣赏历史建筑的怡静美态。

绿汇学苑的慧食堂奉行素食，首选产自本地或邻近地区的食材，制作低碳、美味而健康的菜品。同时自制甜品和酱汁，加上小心管理食材存量，大幅减少食物运输里程和不必要的包装，务求以最低的生态方式营运。访客可以在此品尝健康美食，推广低碳饮食。同时，绿汇学苑举办烹饪工作坊，推广和实践可持续生活。绿汇学苑的所有园艺废物及慧食堂的厨余，均会就地转化成堆肥，并于苑内施用。绿汇学苑举办纯素甜点烹饪班，参加者亲手在园内采集新鲜的有机香草及可食用的花朵，为燕麦酥添加天然的时令特色。导师在班上除了教授甜点的制作技巧，也会分享顺应时节的饮食智慧，并介绍对社区和生态友善的消费选择。

绿汇学苑通过多元化的低碳生活工作坊，协助公众重拾健康生活所需的技能，提升他们对传统智慧的欣赏。福艺坊设有基本工具，支持"社区互助制肥皂""社区互助缝宝宝"工作坊，通过资源共享及共同制作，让更多市民可以负担对环境友善的日用品。除了实用技能，工作坊更有助于结识拥有共同愿景的朋友，为社区转化至永续生活创造资源。除了历史建筑的导览，定期还会举办不同的低碳饮食工作坊，2～5天的启迪教育课程，让参加者体验慢活乐趣。部分工作坊以珍惜食物为主题，让参加者通过把食材从"农田送到餐桌"的过程、惜食体验、厨余处理等经历，领悟个人与社会及大自然的联系。

绿汇学苑于2015年8月开始营运，截至2021年3月底，已有超过27万人次到访，超过预期。最重要的是市民和游客在这里真正享受到简朴而环保的活动体验，得以享受片刻的心灵平静与喜乐，同时从中有所收获。如今，旧大埔警署这组一级历史建筑，重新被注入生机和活力。花草树木欣欣向荣，虫鸟蝶蛙觅得栖息地，历史建筑与自然生态共融。经过"活化历史建筑伙伴计划"实施，绿汇学苑除了承载旧大浦警署的历史，同时注入教育意义，推广绿色生活，成了一个洗涤心灵的好地方。

旧域多利军营罗拔时楼

旧域多利军营罗拔时楼位于香港中环坚尼地道42A号，20世纪初落成。旧域多利军营是英军早年在香港建造的军方建筑群。军营内原有建筑30余栋，现仅存六栋，为旧三军司令官邸、卡素楼、蒙高玛利楼、罗拔时楼、罗连信楼、华福楼，当年分别用作军官的居所和营舍，目前各有不同用途。军营在1941~1945年曾被日军占用。1979年，旧域多利军营交予香港政府，部分范围在1985年改建成香港公园。营区内建筑物虽然所剩无几，但是现存的历史建筑仍然是这一区域不可或缺的文化景观和历史记忆。

罗拔时楼曾被叫作已婚军人宿舍"E"座，第二次世界大战后命名为罗拔时楼。1986~2013年间，罗拔时楼用作新生精神康复会的精神病康复者宿舍。罗拔时楼位于金钟半山，环抱于斜坡之中。越过罗拔时楼南面的斜坡有一级历史建筑蒙高玛利楼，坚尼地道再往下斜坡方向，则为香港公园。罗拔时楼位于斜坡中的一片人工平地上，包括周边的一块空地，用地面积约为720平方米，总建筑面积为737平方米，全部为政府土地。2013年以后，罗拔时楼处于空置状况。

罗拔时楼的设计和建造讲求实用，配合本地气候的特点，落成已超过百年。目前这组历史建筑的整体状况一般，有轻微损坏，如屋顶楼板混凝土剥落、墙身及横梁有裂纹、砖墙损毁、墙身饰面状况较差等，室内饰面为残破状况。目前，香港保存下来的已婚军人宿舍数量很少，包括罗拔时楼在内的旧域多利军营的六组历史建筑，以及旧域多利军营军火库等军方建筑物的组合价值很高，是军营历史建筑中不可或缺的部分。因此旧域多利军营的历史价值和组合价值应该加以诠释，使社会公众得以认识。2009年12月，罗拔时楼被古物咨询委员会评为一级历史建筑。

罗拔时楼为一栋三层红砖建筑，东北立面属优雅的爱德华古典复兴风格，三层宽阔的游廊由红砖方柱构筑而成，每层柱顶都有古典风格的檐部及飞檐。柱间安装有古典瓮形扶栏，扶栏顶部为厚身麻石条板。这些建筑细部均油饰白漆，与红砖互相辉映。建筑物的西南部分曾经做过改动，把原有的游廊围合封闭成为现状。为配合建筑物的性质，罗拔时楼的内部设计以实用为主，较少雕饰。面向外廊的扇门均装上麻石门坎，法式门上方有扇形拱。不同组合形式的法式玻璃木门、天花和横梁上的冠顶天花线、金属楼梯等原有的室内构件，至今尚存。

罗拔时楼前方有面向东北方的外廊式阳台，平屋顶中间部分较高并有突檐。建筑的窗户较一般为高，通往游廊的门上半部镶上玻璃，加上楣窗，以利采光。建筑物选用常见且耐用的红砖砌筑。壁炉虽已弃用，但是在屋顶平台上尚有三个烟囱。游廊部分的立面及里面墙身均以清水砖砌筑，其余外墙均抹灰，并油饰白漆。西南和西北两立面的部分窗口有突出窗台，其中大部分上方也有扇形拱。窗户多为木窗，钢窗则安装在西南立面，另有少量的金属框玻璃百叶窗安装在西北立面。东北和西南立面的铸铁涂漆雨水管装有水落斗，增添特色。

罗拔时楼采用简单的长方形设计，地台升高，以助驱除地下湿气，保持干爽。香港天气炎热潮湿，由支柱构筑而成的游廊，使廊间较为清凉，也有助于通风。由于罗拔时楼建筑属于军用性质，外墙装饰从简，但是也有一些细部，例如楼层及屋顶的檐部、瓮形扶栏和扇形拱，呈现出简约的古典风格。因此，罗拔时楼的建筑特色元素，必须原状妥善保护，并按需要加以维修保养，以展现罗拔时楼的历史建筑价值。经过研究，罗拔时楼活化再利用的方向包括：食肆、教育设施、展览或会议厅、郊野学习、教育或游客中心、酒店。

2018年，香港发展局将旧域多利军营罗拔时楼纳入第五期"活化历史建筑伙伴计划"项目，由基督教爱协团契有限公司，联同协办机构亚洲展艺有限公司，活化为"罗拔时楼开心艺展中心"，为一所创意艺术及游戏治疗场所，向香港市民提供精神和心理健康护理服务。包括为弱势社会群体在精神及心理健康上提供免费的专业初步评估以及向他们建议治疗的方法；为不同团体举办治疗活动，例如针对社会大众而设立的体验活动，针对学生而设立的情绪管理节目，针对亲子关系的工作坊，针对机构团体舒缓压力的培训项目等。

罗拔时楼开心艺展中心希望在这座典雅的一级历史建筑内，通过保育和活化项目，提高香港社会对精神及心理健康的关注，减少市民受情绪困扰的情况，促进身心健康。为此罗拔时楼开心艺展中心提供一系列创意艺术工作坊和游戏治疗活动，根据功能进行设计，形成接待区、文物诠释区、治疗室、多用途房、附属办公室、餐厅和茶点区、新建楼梯，并为残障人士建设升降机以连接坚尼地道。通过音乐、舞蹈、戏剧、绘画等，推广精神及心理健康的信息，并为有需要人士提供适宜而轻松的减压方法；同时提供导览，展示旧域多利军营和罗拔时楼的历史及建筑特色。

旧大澳警署

2012年6月赴香港考察期间，我参观了位于大屿山大澳石仔埗街的旧大澳警署。这座警署在大澳渡轮码头附近的一个小山丘上，是香港最早建设的离岛警署。据说在旧大澳警署落成之前，大澳仅以一间中式房子作为临时警署，称为衙门。到了1902年，当局在现址兴建了这座永久警署，并用舢板在海上巡逻，以加强大屿山的警力。对于大澳警署的选址，当时的政府最主要的考虑是基于军事上防卫的需要。因为大澳警署位于大屿山的西南端，面对广阔的海洋，是当年清末海盗猖獗的地区。

当时附近的山坡，还没有如今茂密的大树遮挡，警署能够有效地监察海洋上的军事活动和海盗动向，同时又可以监视大澳内陆的状况。早期大澳警署只有六七名警员在警署驻守，永久大澳警署建成后，派驻的警务人员有15人。20世纪50年代初期，大澳警署只有14名警员、一名翻译员及一名助理在警署内工作。

至1983年，大澳警署驻守的警员已经有180名以上。在1997年以前，大澳警署的警员隶属水警管辖，他们主要负责保障大澳村民的治安，并会以舢板在大澳小区巡逻。所有进出大澳的货物，均需向海关申报，旅客在大澳码头上岸，也需先行接受警方查问。鉴于大澳犯罪案件率越来越低，大澳警署的规模逐渐缩小，自1996年起只设巡逻警岗，大部分警员被调配到龙田邨报案中心工作。大澳警署最终在1996年12月关闭。

根据1903年的有关资料显示，当时的大澳警署由两座建筑物组成，即主楼和附属建筑。主楼楼高两层，上下层各有五个房间，首层有报案室，配有两间囚室、一间军械库；上层有警员宿舍、三个浴室及一个贮物室，还有看守塔。大澳警署成立初期，上层房间只容许外籍警官使用，而本地警员则长期驻守楼下。在主楼内有超过100年历史的壁炉，供驻守警员烧柴取暖之用。附属建筑楼高两层，内设有厨房、干衣室、贮物室、供印度籍人员使用的浴室、传译员房间、工人宿舍和厕所。主楼和附属建筑的两层均采取阳台在前，所有房间在后的建筑形式。

1957年大澳警署曾引入一项重建计划，建议拆除附属建筑，腾出空间兴建三层高的构筑物，以提供生活及康乐设施。这项建议最终没有被采纳，使这组当时已经有50多年历史的建筑得以保留。1961年兴建了一座一层建筑，通过增建部分连接两层高的附属建筑，并由一条位于一楼的连廊接至主楼。在附属建筑后方另有两座危险品仓库坐落在主楼后面的斜坡。旧大澳警署主楼前面，有炮台、柱杆和水池。在新营房落成之前，旧大澳警署并没有接驳水管，须靠人力利用船只把水运到警署。

遗留至今的旧大澳警署，总建筑面积1000平方米，整体上既展示出意大利文艺复兴的风格，又融合了中国建筑元素。主楼的结构体系是以砖建造的支柱和墙壁，支撑钢筋混凝土横梁及楼板。建筑附属结构包括钢筋混凝土支柱，支承横梁及楼板，木桁架支撑的建筑物屋顶。通过实地勘测及一些实验室试验，可以了解建筑物现时的情况、楼层的可容许负载以及其他重要结构数据，以便科学活化利用这组历史建筑。旧大澳警署于1988年被评定为三级历史建筑，2010年被评定为二级历史建筑。

2009年，香港发展局将旧大澳警署纳入第一期"活化历史建筑伙伴计划"项目，在实施活化利用前，专业机构先对历史建筑利用的可行性进行了研究，指出这组建筑曾经进行过若干不适当的改动和增建工程，建议在可能情况下拆除那些改建和加建部分，并进行维修保护，以期全面展现警署建筑群原有面貌和各栋历史建筑的文化意义。旧大澳警署被建议的活化用途包括精品酒店、茶座或博物馆以及生态环保旅游，而且建筑应符合每种用途须达到的承重能力，精品酒店2000帕斯卡、茶座或博物馆5000帕斯卡、生态环保旅游3000帕斯卡。因此如果建筑物改建为茶座或博物馆，就要进行结构加固工程。

这个具有百年以上历史的旧大澳警署最终被改建为大澳文物酒店。由于警署原本有为水警提供短时间休息的功能，因此作为精品酒店，可以为市民和游客提供旅途中的休息场所，虽然服务对象有所不同，但是功能与过去相近。保育和活化工程既要尊重历史建筑的原有面貌，又要满足现代化的使用需求，在历史建筑上加入新的用途和相应设施。为此，旧大澳警署建筑的房间结构保持不变，添加了现代化的酒店设施和无障碍通道设施，以满足现代建筑规范和酒店建筑要求。

旧大澳警署的保育和活化方案要求"应尽量保存历史建筑的外墙，如需进行加建或改建工程，亦应在有关建筑物的后方或其他较不显眼处进行"，以确保正面外墙不被打扰，符合活化历史建筑的条件。通过对旧大澳警署的维修保护，保留了旧大澳警署的建筑风格和历史信息，使警署主楼、附属建筑、前拘留室、地堡、探射灯、大炮、看守塔等恢复了原有的面貌，也妥善保留了1918年发生枪击事件而遗留在金属遮窗板上的九个子弹孔。通过这一特色信息，游客可以加深对这组历史建筑的认识。

在实施"活化历史建筑伙伴计划"过程中，进行了广泛的口述历史收集，捕捉旧大澳警署和大澳渔村的历史和文化。特别是对曾经驻扎在旧大澳警署的退休水警们，进行了大量的录音、录影专访，大澳渔村的庆祝活动也被记录下来。除了纪录片之外，珍贵的历史照片使人们一窥过去的大澳渔村及旧大澳警署。此外，项目过程中还进行了历史建筑和文化遗产的研究，在此基础上，出版了著作《旧大澳警署之百年使命与保育》，作为历史传承演绎的一部分。该书阐释了旧大澳警署历史建筑的意义，使历史建筑的社会意义"起死回生"。

活化历史建筑咨询委员会经过对旧大澳警署活化项目五份申请书进行评选，最终选择了有发展商背景的香港历史文物保育建设有限公司所提出的活化方案，这个结果曾经引起社会争议。香港发展局推出"活化历史建筑伙伴计划"时，明确合作伙伴应为非营利机构，并提出项目要使社区民众受惠的目标。但是，旧大澳警署交由商业机构活化为酒店，并且仅有少数空间向公众开放，因此遭到质疑。香港发展局在2009年向立法会做出解释，旧大澳警署的申请机构是新成立的非营利团体，其董事局成员在设计和管理历史建筑保育及活化项目方面拥有丰富经验，最终获得通过。可见"活化历史建筑伙伴计划"受到民众和政府的双重监督，保障了历史建筑利用最优方案进行活化和保育。

根据"活化历史建筑伙伴计划"，2012年2月，大澳文物酒店开始营运，旧大澳警署经活化成为有九间客房和一个餐厅的四星级酒店，并附设文物探知中心供公众参观。旧大澳警署的保育和活化工作不仅修复历史建筑，而且以酒店为平台，来彰显历史建筑的魅力，为振兴大澳渔村助力。大澳文物酒店安排免费导游服务参观者，并为住客安排特色住宿计划，如游涌之旅、大澳探索体验游等，让游客更多了解这幢历史建筑、大澳文化、地域传统和水乡的自然生态环境，与世界各地的游客分享旧大澳警署及大澳渔村的文化故事。香港历史文物保育建设有限公司持续支持和协助大澳渔村的节庆及社区活动，并推广传统手艺。除此之外，酒店以非营利社会企业模式运作，优先聘请大澳居民作为酒店员工，为社区居民提供就业机会；酒店同时聘用大澳渔村现有服务供应商，选用大澳渔村出产的食材供应餐厅，促进本土经济发展。大澳文物酒店营运后，平均入住率超过八成。

大澳文物酒店这栋别具特色和历史价值的酒店，使人们感受到不一样的大澳社区，更推广了大澳的地域文化和独特风情。截至2021年3月底，已有超过169.5万人次参观过这组历史建筑，让市民和游客对香港积极推动历史建筑保护的成果加深了认识。旧大澳警署通过实施"活化历史建筑伙伴计划"，实现政府、社会企业与社区三方合作，成为历史建筑保育和活化的成功范例。

美荷楼

2014年9月赴香港参加会议期间，我考察了香港美荷楼。美荷楼位于九龙深水埗石硖尾邨41座，是香港政府在较短的时间内，为安置因1953年圣诞夜石硖尾木屋区大火而流离失所的约5.7万灾民，紧急建设的公共住宅。1954年10月，八座"H"型布局的六层建筑在火灾原址内落成，每座建筑可容纳2000人左右，这也标志着香港政府公共房屋计划的开始，美荷楼正是这八座最早期公共房屋之一。随后的八年内，在石硖尾邨火灾原址上又兴建了21座新的住宅大楼。

为解决市民对公共房屋的巨大需求，当局在1972年推出了一项十年建屋计划。由于石硖尾邨是其中一个最拥挤的公共房屋建筑群，因此也是首个重建目标。石硖尾邨在1972～1984年重建，共拆除了11座住宅建筑，在原址兴建一个设有小区设施的大型商业及小区服务中心。20世纪70～80年代，政府部门将石硖尾邨，包括美荷楼在内的18座原有住宅建筑，改建为具备基本生活设施的独立单元，即把两个住房单元打通，在内部加设厕所、淋浴间及厨房。石硖尾邨在2000年又展开了另一次重建计划，所有6～7层的住宅建筑逐步腾空，进行分阶段改造。

美荷楼从1954～2006年，一直作为公共房屋使用。这组建筑用地面积2765平方米，总建筑面积6750平方米，整栋建筑长52米、宽10米，楼高六层，一般住宅单元面积约27.5平方米，是一组设计简单平实的住宅建筑。美荷楼为钢筋混凝土结构，地板、墙身及隔墙均用混凝土建造。其特色在于由一栋中座建筑，连接两座相同的长形建筑，在相连的长形建筑之间有两个天井，成为香港硕果仅存的"H"型住宅建筑。

美荷楼的建筑风格简洁朴素，为居民提供最基本的生活设施，仅能满足人们的日常生活所需。当年规定约11平方米的住宅单位，容纳至少五名成年人，未满10岁的儿童算作半个成年人，不足五名成年人的家庭，需与其他家庭共住一个住宅单元。由于住宅单元狭小，于是很多住户占用走廊以扩大生活空间。住宅建筑每层均设有两个公用水龙头，六个公用冲水厕所。居民共用同一环境的状况，加深了邻里之间和谐互助的友好关系。

美荷楼是第二次世界大战后的恢复期中，政府开始重新审视当时住房政策，关注民生居住问题，推动公屋政策实施的历史见证。由于当年大部分同类建筑已经被拆除，美荷楼就成了香港仅有的一座"H"型公共房屋建筑。美荷楼建筑独特的空间设计，塑造了20世纪50～70年代劳动阶层的独特生活模式。美荷楼是上一代香港居民不屈不挠精神的见证，也是使香港获得经济腾飞的信心基础。2005年5月，美荷楼被古物咨询委员会评为一级历史建筑。

经研究，美荷楼这组历史建筑，可以活化利用为艺术中心、青年旅舍。同时，由于美荷楼标志着香港公共房屋发展的开始，在保育和活化利用这组历史建筑时，应注重捕捉过去的历史信息和故事，生动展示早期公共房屋住户的生活方式和文化情怀。因此，政府希望把美荷楼的部分空间辟作"公屋博物馆"，以展览馆形式公开让市民和游客参观。同时，在可行的情况下，保持这组建筑四周大部分空间对公众开放，尤其是两座长形建筑之间的区域，以保持美荷楼历史建筑的环境原貌。

2009年，香港发展局将美荷楼纳入第一期"活化历史建筑伙伴计划"项目。香港青年旅舍协会成为美荷楼保育和活化的伙伴机构，负责为历史建筑注入新的生命。主要项目包括：YHA美荷楼青年旅舍、美荷楼生活馆和美荷楼居民网络。在各项修复和重建工程中，原有的住宅建筑结构间隔均被保留下来，成为青年旅舍的基本单元，原来的居住单元则被改建为旅社房间，提供129间客房，包括93间双人房间、八间家庭房间、10间多人房间、14间主题房间以及四间身体障碍人士房间。同时，美荷楼的外观、座号、名称以及每层开放式走廊，都被保存了下来，以重现美荷楼原貌。

美荷楼的中座建筑曾是昔日公用厕所和供水设施所在位置，因此环境比较潮湿，同时经专业评估，混凝土结构不符合现代建筑的标准。为此依照原有的建筑形式进行了重建，并加建了升降电梯和火警逃生通道，以符合建筑规范要求。美荷楼的混凝土垃圾槽及装饰窗花，是20世纪80年代改建的部分，反映出不同时代的历史信息，因此被保留下来。同时，当年进行改建时，整座建筑临街的露台和窗户均安装了护栏，作为安全防护之用。此次将生活馆内部露台和窗户的护栏保留下来，作为原状展示，而其他部分改为玻璃窗，以符合青年旅舍客人的住宿需要。

2013年，美荷楼"活化历史建筑伙伴计划"项目竣工，香港青年旅舍协会以非营利社会形式营运，鼓励社会参与文化交流及历史建筑保护。在美荷楼内专门设有美荷楼生活馆，是利用YHA美荷楼青年旅舍部分空间分割出来的展示区域，免费向社会公众开放，介绍深水埗和石硖尾邨的历史，为访客提供背景资料。美荷楼生活馆以活泼生动的方式，重现20世纪50～70年代香港公共房屋的生活状况及居住环境，使人们探访附近社区时，对这组历史建筑能有更加深入的认识。由此可以感受到，美荷楼蕴藏着邻里互助和奋发向上的香港精神。

走进美荷楼生活馆，就仿佛进入了时光隧道，那些泛黄的照片、旧家具等，都在诉说着一个又一个充满人情味的香港故事。当年能够"上楼"住进公屋，对于不少香港人来说犹如中了彩票。所以即使"一屋两伙"共同居住，共用浴室和厕所，对于当时的居民来说已经是非常难得。美荷楼生活馆特别建造了"多格厕所"，呈现当年一层楼共用厕所的历史，并重新建造"走廊厨房"，再现居民在狭窄走廊煮食的情况。当年生活虽然艰难，但是邻里之间守望相助、分甘同味、相互照应、忧喜与共的浓厚感情，令人向往。

　　"美荷楼记"是美荷楼生活馆的第一个展览，主题是20世纪50～80年代的石硖尾区内容，包括重建前后的风貌、当年生活和民生故事，展出超过1200件由原住居民提供的展品、40多段口述历史，由此还原香港公屋生活点滴。在美荷楼生活馆的一楼，保留了公共走廊、粮油店、杂货店，并复制了当年房间陈设场景，由原住居民口述室内摆设方法。由于当年住房单元狭窄，帆布床几乎成为每户必备，不少家庭有缝纫机，供妇女在家中缝补衣物使用。小孩很多时候也利用课余在家中穿胶花、编藤篮帮补家计。至20世纪80年代，家庭生活开始改善，冰柜、电视机、电饭锅和电风扇等大量实用的生活用品进入住房。

　　"美荷楼记"展览还包括"美荷楼活化计划"内容，通过解读美荷楼历史建筑，探索实施"活化历史建筑伙伴计划"的意义。实际上，美荷楼历史建筑本身就是一座活的历史凭证，它的故事并不局限于生活馆的展览资料。美荷楼曾经为香港数千市民提供住所达半世纪之久，是当地历史文化呈现的丰富素材。作为香港第一代安置灾民的公共房屋，美荷楼是许多在公共房屋长大的香港人的集体回忆。在美荷楼内常见耄耋老人流连徘徊，在黑白照片前长久驻足，追忆过往。而参观者可以通过这一篇篇居民生活的故事和片段，投入当时那一代人的故事里，去体现并回味那个年代的内在情怀。

　　石硖尾邨经过多次重建，昔日景象已无迹可寻，长期以来老街坊之间也很少联络。而美荷楼生活馆的设立，使社区老居民有机会聚首，重温当年浓厚的邻里人情。其中美荷楼居民网络是历史建筑保育和活化的项目之一，提供平台让昔日社区街坊联系重聚，以此建立社区睦邻关系，并通过YHA美荷楼青年旅舍传承"公屋文化"，重建守望相助的社区人文情感。香港青年旅舍协会还成立了美荷楼原住居民志愿者团队，成员参与构思、策划及执行各项生活馆的活动，通过邀请美荷楼老街坊们捐赠展品、担任导览员，凝聚支持社区文化传播的公众力量。

香港青年旅舍协会还开展了口述历史访问、讲解员培训等活动。通过这一系列活动，使美荷楼"活化历史建筑伙伴计划"不仅是政府项目或青年旅舍项目，而且是属于深水埗社区民众的共同项目。香港青年旅舍协会还出版了《美荷楼记——屋村岁月邻里之情》一书，选取了13个感人的事例，记录美荷楼老居民的故事，让更多人看到那个艰苦拼搏、越挫越勇的年代，那个不畏苦难、常怀感恩的年代，那个情谊深厚、守望相助的年代。口述历史访问是美荷楼生活馆的主要资料来源，香港青年旅舍协会招集石硖尾邨内老街坊、学校、团体畅谈当年的人与物，部分受访者更亲自执笔，为美荷楼生活馆撰写充满人情味的文章。

YHA美荷楼青年旅舍于2013年10月21日开始运营，至2013年12月21日，两个月内吸引了超过2.5万人参观。这座"H"型住宅建筑并非主流古迹，却在活化为青年旅社后，成为香港知名的住宿设施，外地游客可以在此感受地道的港式生活，不少香港人也在周末携家带口前来，重拾童年回忆，感怀旧日时光，在历史建筑中体会不一样却又真实的社区日常生活。不少市民假日来到美荷楼参观，亲身感受香港的本土历史文化，感受昔日的公屋情怀及生活环境，也和家人朋友在这里住上一晚，品尝当年屋邨冰室的美味早餐。

美荷楼"活化历史建筑伙伴计划"项目，是历史建筑保护的成功实例，从中可以感受到保育和活化的进步理念与积极态度。香港青年旅舍协会在保证入住率、维持项目营运的同时，通过美荷楼生活馆，向市民和旅客传播传统文化和社区历史。美荷楼通过保育和活化，使原本废置的历史建筑得以重新注入生命。同时，也反映出历史建筑保育和活化应与社区文化联系，才能发挥应有的文化价值，成为融汇社区特色的文化地标。2015年，美荷楼荣获联合国教科文组织亚太地区文化遗产保护奖。

石屋

2015年12月，我考察了"活化历史建筑伙伴计划"项目石屋。石屋，位于侯王庙新村31~35号，属于九龙城的中心地带，为三级历史建筑。侯王庙新村是九龙区富有中国传统特色的乡村之一。19世纪80~90年代，在现存石屋的位置上，何氏家族曾经兴建了一组两层楼房，称为何家园大宅。但是，1941年日军侵占香港后，为扩建启德机场，将残破的何家园大宅拆毁，只剩下由砖块砌成的墙基，并把何家园大宅旧址划分为11片，用地兴建房屋，称为"侯王庙新村"，以安置无家可归的村民。1941~1945年，建成一组两层的中式房屋。这些房屋分成两行排列，中间有一个庭院，部分房屋即现存的石屋。

第二次世界大战以后，这些房屋一度被弃置，随后大量内地居民移居香港，石屋一带成为寮屋区。1945～1949年的航空照片，仍然可以看到这片两层的中式房屋，包括一列五间的石屋。在20世纪50年代，乐富邨和联合道相继落成，城市化使原来处于市区边缘的侯王庙新村，逐渐成为市区的一部分。20世纪70年代，随着香港加工工业日渐发展，部分原作为住宅用途的石屋，改作工厂用途。

为配合九龙城的市区发展计划，侯王庙新村于2001年进行拆迁，仅遗留下现存的石屋。侯王庙新村的石屋区域是一排并列式的住宅单元。当时，石屋租给"永盛装修工程"及"蓝恩记山坟墓碑工程"等公司。这些公司的招牌，如今在石屋31号的外墙上依然清晰可见，成为石屋的历史印记。日军占领时期建设的石屋，反映出当年拆迁安置人口的处理方法，石屋用途的改变，也反映出九龙乡村生活的变迁，因而具有历史价值。

从建筑布局来看，石屋是由五个单元组成的整体，五个单元均有相似的平面布局。从建筑形式来看，这一排建筑物属于传统中式建筑。首先建造的是两层石砌的中式建筑物，其后侧北面外墙加建的部分，则是砖砌建筑，用作厨房和厕所。从建筑结构来看，石屋以花岗岩石块及混凝土建造，墙身支撑着以木椽、桁梁构成的金字形屋顶，屋顶以中式筒瓦和板瓦铺设而成。长方形窗户配上金属或木制窗框和厚重的横楣。石屋内有木楼梯，建筑以内墙分隔，内设卧室及客厅。

石屋的门均为中式设计，上有木锁和石插孔。

2010年，香港发展局将石屋纳入第二期"活化历史建筑伙伴计划"项目，经活化历史建筑咨询委员会评审，并在特区政府的资助下，由非营利机构永光邻舍关怀服务队有限公司，将这处政府拥有的历史建筑，活化为一座"石屋家园"。石屋家园计划在于恢复石屋旧貌，活化何家园旧址，彰显石屋在九龙城的历史价值及重要性，在保育和活化的历史建筑内，传承文化及历史价值。

石屋的建筑设计虽然简单，但是具有特殊的建筑意义，是九龙城区文化资源不可或缺的一部分，在维修保护方面要注意维护其特色。就石屋外部来说，石质构件是富有建筑特色的建筑材料，不应加以涂漆或贴封。石屋正面及侧面外墙较为重要，不应受到干扰，而屋后的附属建筑部分为后期增建，因此可以按照较为宽松的保存规定处理。但是多项别具特色的元素必须原址保存，并按需要保养维修。对于石屋的内部，除了主体结构以及一些特色元素外，可以较灵活地按照需要进行更新改动。

石屋在修复的过程中，麻石墙上的后加抹灰被清除，并以合乎现代规格的材料修补石缝。在修复前，石屋原有的中式屋顶，被后加的波纹形状的坑铁板所覆盖，这些坑铁板在修复的过程中被移除。为了符合当前的安全及防火规定，整个屋顶也被拆除重新铺砌，以重现昔日传统中式金字形屋顶。通过修复32号单位原有的厨房及烟囱，配以昔日家具和用品，供访客体会昔日石屋的生活。

石屋毗邻有数个历史建筑，包括位于石屋东面的一级历史建筑侯王古庙，坐落于九龙寨城公园的法定古迹南门遗迹和前九龙寨城衙门，以及位于石屋南面的二级历史建筑伯特利神学院。由于石屋周边有丰富的文物古迹资源，因此石屋的修复工程必须进行"文物影响评估"，以供古物古迹办事处认可，并呈交古物咨询委员会做进一步咨询。

在城市规划方面，根据九龙塘分区计划大纲，石屋被划为"休憩用地"地带。"休憩用地"地带的规划意向，主要是提供户外公共空间作各种动态或静态的康乐用途，应在切实可行的情况下，尽可能开放这些用地让公众免费参观，以配合当地居民和其他市民的需要。因此应以保存整个休憩用地的开放式布局为目的，特别是要从地区规划角度出发，维护石屋的毗邻环境。为此，在有关区域内的任何建筑物加建工程应尽量减少，使石屋区域朝着"旧屋展新姿，荒园添绿意"的方向发展。

经研究，石屋家园活化建议为郊野学习、教育或游客中心，据此石屋被保育和活化成为一所主题餐厅暨旅游信息中心。石屋家园于2015年10月投入服务，截至2021年3月底，已有超过94.3万人次到访。在恢复石屋旧貌的基础上，将石屋31～35号建筑中状态最佳、设施较完整的32号建筑改作文物探知中心及导览设施，用作教学用途，介绍九龙城和石屋的历史，并配以昔日家具和用品，向大众呈现石屋的旧有空间。在石屋家园开设了以社会企业方式营运的怀旧冰室，为香港市民及旅客提供餐饮服务，使到访者真实地置身于过往的历史情景之中，为他们带来无法比拟的怀旧感觉，并通过雇用全职和兼职员工，响应社会弱势群体的需要，为他们提供就业的机会。

石屋家园还开设体验式训练和旅游历练计划课程，举办展览及参观导览等服务，为青少年提供新的打卡地和聚会地点，加强青少年的交流，发挥青少年特长。同时为他们设置配套服务和设施，提供实习机会。石屋前拥有一大片休憩空间，为了活化何家园大宅旧址，在修复历史环境的同时，融入精心设计的新设施。例如，广场的地面设计有1964年九龙城的航空照片图案，设置明阵花园和露天剧场、露天茶座，提供一些桌上游戏，作为公众休息和综艺表演用途，并添加绿化的元素，以达到"活化历史建筑伙伴计划"的保育目标。

留屋留人，以地换地

蓝屋建筑群

蓝屋建筑群位于湾仔区最南端，是港岛最早发展的地区之一。从湾仔街市出来，便是皇后大道，即香港历史上第一条沿海岸线修建的主干道。在皇后大道附近行走，相信任何人都会关注到那三组拥有亮丽色彩的唐楼。以外墙颜色命名的蓝屋、黄屋、橙屋及其毗邻空地，统称为蓝屋建筑群。蓝屋建筑群除了被商业大厦及住宅包围外，附近也有若干历史建筑存在。北面为三级历史建筑湾仔街市，南面为一级历史建筑北帝庙，西面有旧湾仔邮政局，现为法定古迹的湾仔环境资源中心。

蓝屋地段的历史可以追溯至1872年，这一地段曾设有"华佗医院"，又名"湾仔街坊医院"，是在湾仔开设的第一座华人医院。1886年，"华佗医院"关闭，改作庙宇供奉华佗像。1922～1958年，蓝屋、黄屋和橙屋相继建成，属于岭南风格，其中四栋四层高的蓝屋规模最大，也最著名。蓝屋建筑独特的阳台设计在香港已经很难见到。

蓝屋建筑群所在地点是西洋建筑与东方艺术合璧的湾仔老区，周边街区布满了战前的廉租公寓，其功能和建筑高度基本相同，大多是4~6层的长方形悬臂式建筑，只有少数平台塔式建筑。蓝屋建筑群虽然在建筑风格上并不出众，但是因其同类型、同时代的唐楼已全部被拆除，突显了蓝屋建筑群的价值。这些建筑展示了香港20世纪初的中式居住形态，持续见证了传统湾仔的生活模式，保存了湾仔早期的建筑面貌，成为湾仔地标之一。蓝屋于2000年12月被古物咨询委员会评为一级历史建筑，黄屋也于同期被评为二级历史建筑，橙屋被评为三级历史建筑。

蓝屋位于水渠街72、72A、74、74A号，建筑面积1052平方米，建于1923年，并于1925年落成，1978年这组历史建筑的产权转交政府。据说当年翻新时只剩下蓝色油漆，抢眼的蓝屋因而诞生。这四栋住宅均为钢筋混凝土结构，外墙由灰泥抹面，每道边墙均配有设计典雅的浅山墙。每两栋建筑之间以木楼梯相通，建筑平面布局呈长方形，前方为居住房间，后方为厨房及天井。在正立面外墙设置悬臂式钢筋混凝土露台，并配以铁制装饰栏杆。同时，窗户也设有钢筋混凝土窗檐和窗台。

黄屋位于庆云街2、4、6及8号，建筑面积456平方米，1922~1925年兴建，由两组两栋三层楼的住宅建筑组成。日军占领时期，这组建筑物多有损毁。此后黄屋几经易手，底层由圣雅各福群会成立的企业"时分天地"所使用。建筑物没有进行较多改建，外墙现为黄色。黄屋以两座建筑为一组，以砖墙支撑，每组建筑共用木楼梯。两组建筑物的正立面设计大致相近，均具有新古典风格的特色。如三角楣饰、矮墙的装饰扶栏等，建筑平面布局呈长方形，大厅在前，厨房和天井置后。

橙屋位于景星街8号，建筑面积198平方米，于1956年重建，1957年落成。橙屋毗邻原有三栋建于20世纪30年代初的住宅，此后被拆除，现为空地。橙屋为战后钢筋混凝土结构的四层住宅建筑，着重功能性，适应狭长的地形而建，展示了香港20世纪50年代典型唐楼的实用建筑风格。面向景星街的正立面外墙十分狭窄，左侧大面积的外墙上可见昔日毗连住宅的结构痕迹。橙屋建筑曾于不同时期进行改建，没有留下独特的建筑特色，外墙现为橙色。

这三组历史建筑主要用途是作为住宅，总用地面积约930平方米，总建筑面积1706平方米，建筑风格简单，但是包含多项别具特色的元素，这些元素必须原址保存，并按需要保养维修。这些历史建筑多年来曾进行过若干不适当的改动或增建，需要在可能的情况下予以拆除，使历史建筑风貌得以恢复，全面展现这三组中式住宅的文化意义。经过研究，蓝屋建筑群可作活化利用的用途包括：教育、游客中心、文娱场所、福利设施。

蓝屋建筑群相比同样处于香港湾仔的老街利东街、尖沙咀的天星码头，也曾面临随着旧区重建的强劲势头而消失的处境。幸运的是，蓝屋建筑群因城市建设政策的改变而得以保留。这表明，城市更新、旧城与历史建筑改造，不应是一场疾风暴雨的运动，而应是一套能够纳入城市自身日常运行过程中的合理制度、组织机构、空间规划和实施策略。

2006年4月，香港房屋协会宣布与市区重建局合作，重建、发展湾仔石水渠街及附近建筑物，计划将蓝屋建筑群活化成为以茶、医疗为主题的旅游景点，其中对蓝屋和黄屋进行巩固修复，为周边的酒店公寓提供服务，而橙屋则面临着拆迁。实施这一计划，需要统一规划和建设，居民必须全部搬离。此举引发了社区居民的抗议，也遭到了区议员和社会公众的反对，他们认为蓝屋建筑群并不是空置的房屋，而是具有生活气息的居住建筑群，不需要搬迁改造，他们的社区也不需要致力于盈利的项目。

2006年7月，香港城市规划委员会将重建范围的使用用途，更改为"休憩用地及保留历史建筑物作文化、社区及商业用途"。为此，圣雅各福群会派出志愿者对当地居民逐户登记，发现一部分居民想去公共房屋，另一部分居民想要留下。在这一情况下，圣雅各福群会、区议会文化事务委员会合作策划"保育蓝屋活动"，他们邀请了蓝屋居民、石水渠街坊和商铺业主、专家学者共同探讨延续蓝屋的方案，了解街坊本身、建筑和人的故事等，从而形成了保育的整体价值核心，为此提出了"留屋留人"的方案。

"留屋留人"指蓝屋建筑群将被保留，并在不改变整体风貌的前提下，进行部分改造，如修建独立洗手间、电梯和完善消防设施等。原本居住在这里的居民，通过可持续、创新的租赁政策，可以选择留下或是离开。选择迁出蓝屋建筑群的租户会被安置或获得补偿，选择留下的租户也将是历史建筑保护网络的组成部分。蓝屋建筑群坚持"以人为本"的原则予以保育和活化，鼓励居民参与历史建筑保护项目。修复和保护工作分期开展，社区居民在修复保护期间仍能在蓝屋建筑群居住，见证修复保护过程。

蓝屋建筑群通过"留屋留人"的新方式，活化为多元服务大楼、社区经济互助公所，提供住宿计划、文化和教育活动、餐饮服务，包括甜品店、素食店以及定期举办文物导览活动等。2008年，香港发展局接受并支持蓝屋"留屋留人"的提案。2009年4月，香港地政总署宣布，根据《收回土地条例》，收回了石水渠街、庆云街及景星街的私人土地业权，以便进行市区更新计划。

2010年，香港发展局将蓝屋建筑群纳入第二期"活化历史建筑伙伴计划"项目，成为通过邀请非营利性机构提交申请，以社会企业的模式进行历史建筑保育和活化项目。即由政府主导，逐渐转为由圣雅各福群会、协办机构社区、香港文化遗产基金会有限公司、居民组织四方共同参与，共同管理、共同保护的方式。项目在运作的过程中，将居民组织放在重要的位置。从早期保育方式的争取到修复过程的合理设计，再到将来对历史建筑的活化利用，社区街坊参与是十分重要和值得珍视的。

2013年9月，蓝屋建筑群"活化历史建筑伙伴计划"正式启动，成为开香港"留屋留人"先河的历史建筑保育和活化项目。工程分两期进行，第一期先行修复黄屋和橙屋，第二期修复蓝屋。时任香港政务司司长林郑月娥女士在出席蓝屋建筑群保育和活化项目动土典礼时说："活化项目需由下而上、凝聚社区参与才能成功。"她对为维护居民权益而组成的"蓝屋居民权益小组"不但欣然接受结果，而且成为"活化历史建筑伙伴计划"项目中的一个合作伙伴，感到十分高兴。

香港发展局决定不进行任何拆迁，而是通过资助吸引非营利性机构参与保育和活化，最大限度地原地保护历史建筑现状。工程和技术团队在修复保护过程中，花了不少心思和时间，尽量确保历史建筑外貌及建筑内部原汁原味保留下来。蓝屋建筑群经过改造，整体风格依旧，但是为了提升居民生活质量，使建筑符合现代居住标准，每个单位加建厨房浴室。过去住在这里的老街坊，都习惯提着水桶去附近的公共厕所洗漱，如今得到改善。同时，蓝屋建筑群完善了逃生通道、消防楼梯设施，楼宇中还加建了电梯。为解决不同楼宇间的楼层高差问题，电梯设计为两面开门，全面实现了无障碍。

蓝屋建筑群的很多细节也发生了改变：破旧的木框窗户得以修复完整，过去被换成铝、钢材质的窗户，也被还原成了木框窗户，甚至木框的涂料也基本保留了原样；排水装置中，有历史价值的铸铁雨水管、水斗被修复，还连接了污水处理装置；房间露台损坏的金属护栏，也得以修葺或更换。通过对建筑内的木材进行安全检测，内部木结构板和木楼梯全面修复保留，解决了房屋腐朽、漏水等问题。重新上梁时将不符合安全标准的木梁进行替换，有白蚁蛀蚀的屋顶桁梁被替换，还安装了白蚁监察系统，以保证屋顶的木构件防虫。蓝屋四栋建筑屋顶上的违章构筑物都被拆除，还原建筑屋顶原有风貌。

如今，钢结构的外挂楼梯环抱蓝屋、黄屋和橙屋，将它们串联为一体。三组楼宇相通，相互关系紧密。蓝屋建筑群内阳台的铁铸护栏仍然维持20世纪20年代的几何图案装饰，为这组历史建筑增添了几分怀旧感。最特别的细节是，原本铺在地面上的地砖，大部分已经老旧，负责修复的工作人员保留了大部分地砖，并用干净的鬃毛、尼龙刷蘸清水清洗，以再现地砖上的花卉图案和几何图形。这些细节都是本着保留蓝屋建筑群的传统风格悉心实施，这也是历史建筑保育和活化需要的研究精神。而这些细节的落实，需要强化公众参与共同完成。

蓝屋建筑群三栋楼房围绕的公共空地保留着原有树木，通过提升成为居民的公共活动空间。社区活动都在此进行，这个公共活动空间成为促进社区邻里关系的重要场所。建筑群之间也有连接桥，让居民有更多活动空间和联系，促进居民与社区的互动。这里会经常举办不同的社区活动，如街坊共餐聚会、亲子活动、环保日、放映会和墟市*等，鼓励居民投入社区生活，共同活化社区。中秋佳节举办中秋晚会，新旧街坊聚首一堂，非常热闹。同时，社会企业通过创新设立价格相宜的食品店，不仅供应传统及健康的食物，创造基层就业机会，并为"活化历史建筑伙伴计划"带来额外收入。

蓝屋一楼开设了香港故事馆。香港故事馆的前身是"湾仔民间生活馆"，是一座非政府民间博物馆，于2012年易名香港故事馆，并于

---

* 在固定地方定期举行的贸易活动。

2016年下半年正式对公众开放，成为展示湾仔居民生活的博物馆。馆中主要陈列早期香港居民的生活用品。走进香港故事馆就会发现这里兼具中西建筑风格特色，横梁、楼梯和扶手等不少内部构件，同蓝屋建筑群的整体建筑一样，保留着原本的木质结构。香港故事馆规模不大，就像一间客厅。老街坊搬走前，总会到这里捐赠一些旧物，如冰箱出现前流行的带纱橱的方桌等。每件东西都有一段朴素的经历，民间民俗历史通过这种形式得到保留。

目前，香港故事馆由社区义工运营管理，每个星期四的晚上会有电影放映、音乐会等活动，还有制作纸灯笼、调制葡萄酒等各种DIY项目；周末有中环地区文化保育案例讲解活动，还有多姿多彩的展览活动，这些活动得到了社区居民积极参与和支持。可以说，在物质层面，蓝屋建筑群严格按照保育指引的要求，对历史建筑进行了保护性修复，让建筑特色和历史信息得以留存。在非物质层面，香港故事馆则通过私人物品和历史，记录了社区居民与传统文化的关系，增加了公众的参与感。

蓝屋建筑群内的"时分天地"，专门出售街坊制作的工艺品和各类二手日用品，如西装、文具、书本，甚至电器等。然而，这里并不流通任何国家的货币，而是以"时分"作为计价单位。"时分"系统以时间为交换单位，劳动者付出劳动、才能，每提供一小时的服务，则可获得60时分，用以换取他人相应价值的服务或店铺内的商品。劳动者的身份是平等的，衡量他们劳动成果的只有时间。比如一套八九成新的西服价值140时分，若你在这里做义工140分钟，便可以得到这套西服。通过"时分天地"，为基层创造更多就业机会。

在蓝屋建筑群通过设立"社区经济互助公所"，引入有热心贡献社区的新租户，积极参与并推展各项计划。新租户除了付与市值相近的房租外，还鼓励租户互相交换资源和技术，将生活经验、技能与社区分享。能为社区带来什么，是每个租户需要考虑的问题，如在活动中为大家贡献厨艺，有需要时为邻居提供维修等，无论技能大小，其目的都是希望租户拥有共同营建、管理蓝屋建筑群的意识，让租户真正成为社区的管理者。

随着时代变迁，社会不断发展，如何保留昔日的历史建筑，留住"那些年"的文化情怀，的确需要花上不少工夫。蓝屋建筑群保育和活化项目，确立"打破邻里隔膜，建立社区氛围"的构想，采用民众参与、自下而上的社会导向型历史建筑保护方法，为社区提供经济适用房、社会企业店铺。最为可贵的是，这些有着百年历史的建筑，在政府、专家学者、民间力量的合力下，没拆没迁，不仅"留屋"而且"留人"。居民依然生活在这里，随处可见最传统的湾仔生活模式。如今，这一构想已经变为现实，蓝屋建筑群变身充满活力的人居环境，成为湾仔地标之一。

2017年11月1日，在联合国教科文组织曼谷大会上，蓝屋建筑群获得文化遗产保护领域最高奖——亚太地区文化遗产保护奖卓越奖。联合国教科文组织的评审委员会在获奖评语中写道："蓝屋建筑群的复兴为真正包容的城市保护方式提供了成功的证明。在香港这个最有地产压力的城市，租户、社会工作者及保育人士仍付出努力，不仅保留了建筑物，还保留了当地小区活生生的历史及文化，这对该地区乃至其他陷入困境的城市地区是一种鼓舞。"

景贤里

2011年12月，赴香港参加"文物保育国际研讨会"期间，我考察了位于香港司徒拔道45号的景贤里历史建筑。景贤里原名"禧庐"，建于1937年，由广东商人及慈善家岑日初先生及其夫人岑李宝麟女士兴建。这组历史建筑既具有丰富细致的中式建筑特色，又在结构、用料和设计上兼具西方建筑风格，可视为香港仅存的战前具有中国文艺复兴风格的优秀建筑物。由于当时山顶向来是外籍人士聚居的地区，因此，景贤里是香港早期历史中半山区华人高级住宅的经典遗存。1978年，禧庐售予邱子文及其子邱木城，易名为"景贤里"。

景贤里占地面积4910平方米，采用西方建筑设计手法表现中国传统建筑形式，在建筑风格上，其三合院布局、歇山屋顶、传统脊饰、斗拱、额枋、雀替、琉璃瓦等展现出中国传统建筑特征。在建筑技术上，钢筋混凝土技术全面替代了传统木作技术。与传统建筑不同的是两翼稍为张开，使内院的空间得以扩展。门口朝南，南面建照壁，形成内院。景贤里建筑群由主楼、副楼、车库、廊屋、凉亭和游泳池等组成。主楼三层，设有游廊俯瞰庭院。副楼两层，由多个并联式房间组成，用过道连接主楼。主楼及两翼的屋顶饰有中国建筑特有的屋面装饰物，包括阁楼屋脊中央的一颗宝珠装饰，以及博古风格的脊兽。

景贤里主楼及副楼外墙以上乘的清水红砖筑砌，红砖碧瓦，古色古香，反映出中西建筑艺术的巧妙设计和非凡工艺技术。室内的地面铺有云石地砖、木地板，以及由嵌花马赛克砌成的图案。楼房各面的窗户均为中国图案的铁制格条和花岗石窗套。主楼各层正厅的大空间采用井格式梁架系统，地下的西侧圆厅则为同心圆放射状梁架系统，并装饰宫殿式的藻井天花。除传统中式建筑装饰外，建筑物也采用了先进的建筑技术，如隐藏式的综合地面排水系统设计，避免雨水冲击建筑物表面和挡土墙。此外，建筑物采用钢筋混凝土代替传统的木结构屋顶构件。

景贤里一直属于私人拥有。2004年4月初，景贤里在业主委托下进行拍卖出售，6月8日为截止日期。业内人士恐该建筑在出售后会被拆除，一直关注古迹保护的长春社宣布开展"挽救景贤里运动"，以600万港币投标，如果取得成功，将发起全港"一人一元"的筹款活动保护景贤里，引起广泛反响。业主迫于公众和媒体压力暂时取消了拍卖。但是2007年7月再次传出景贤里出售的消息，并最终于2007年8月售出，土地价值超过5亿港币。2007年9月11日公众发现景贤里遭人为破坏，建筑屋顶琉璃瓦片、石质构件及窗框遭到拆除，随即引起媒体和公众的抗议。

面对这一情况，香港发展局采取紧急行动，在咨询古物咨询委员会后，2007年9月15日，古物事务监督宣布景贤里为暂定古迹。随后香港发展局与景贤里的业主，就保护方案达成初步共识，即业主同意修复景贤里后，交予政府管理。政府则将景贤里西侧一块面积与景贤里用地相当的无树木人工斜坡，向业主进行"以地换地"方式补偿，补偿土地允许兴建五间独立屋宇，但是这块交换土地的发展，必须符合适用于景贤里用地的容积率0.5的标准以及高度不超过三层的限制。这个方式需要城市规划和历史建筑保护协调考虑，最终香港发展局与业主达成了换地协议，而暂定古迹制度为这个协商赢得了时间。

景贤里于2008年7月正式被列为法定古迹，获永久法定保护。从景贤里第一次拍卖，到被宣布为法定古迹经历了四年时间，社会公众一直持续关注事件发展动态，阻止破坏行为，政府也首次使用"以地换地"的方式解决私人历史建筑产权问题。一般城市在处理此类问题时，会由政府向私人业主购买建筑，将历史建筑变为政府产权再进行保育和活化。但是景贤里的做法，并不是用政府资金进行购买，而是保障私人业主的物业发展权，用另一块同样具有发展前景的土地作为交换，既保障了私人业主的合法权益，也使政府免于陷入"使用公币保育私人物业"的尴尬境地。

景贤里交换土地的做法，为香港私人历史建筑的保育和活化开了先河。随后香港特别行政区政府接管了景贤里，由于这组历史建筑遭到较为严重的损坏，2007年11月，时任香港发展局局长林郑月娥女士访问国家文物局时，希望推荐内地历史建筑维修保护专家，协助制订景贤里修复工程计划，为此我推荐了广州大学建筑与城市规划学院汤国华教授参加此项工作。景贤里维修保护工程于2008年9月展开。汤国华教授不辞劳苦，敬业地从残缺碎片及图片中找寻景贤里昔日的面貌，在内地找寻维修保护所需的材料，并带领施工队伍反复尝试修复所需的工艺。

历时两年多的努力，景贤里历史建筑终于在2010年12月完成维修保护。景贤里不仅是香港历史建筑保护的标志性项目，也展示了内地与香港合作保护历史建筑的成果。景贤里维修保护工程竣工后，举办了景贤里公众开放日，市民反映极为热烈，2万多张门票转瞬派发完毕，可见香港市民对历史建筑保护的日益关注。2011年4月4日，香港发展局局长林郑月娥女士来函表示感谢，并附上景贤里维修保护的相关资料，邀请我前往香港再次考察景贤里历史建筑，见证两地文物保护合作的成果。

景贤里曾被纳入第三期及第四期"活化历史建筑伙伴计划"，但是活化历史建筑咨询委员会认为香港社会已经为保护景贤里付出了很多努力，也对这个保育和活化项目抱有很大期望，希望为景贤里找到最合适的保育和活化方案，因此获选的"活化历史建筑伙伴计划"申请书必须在五项评审准则中获得高的评分，才值得政府将资金投入在申请机构的保育和活化项目。活化历史建筑咨询委员会希望通过切实可行和可持续的方式，对景贤里这组历史建筑及环境加以保护保存、活化更新。

鉴于过去第一期至第五期"活化历史建筑伙伴计划"已经累积了

较为丰富的经验，也有不少非常具有文化创意的项目正在实施，社会公众对于保育和活化历史建筑充满期待。2019年，香港发展局决定再次将景贤里纳入第六期"活化历史建筑伙伴计划"项目，希望通过民间的智慧及创意，为这组法定古迹历史建筑找寻最合适的伙伴和再利用方案。并于第六期"活化历史建筑伙伴计划"推出前，安排开放日及学校参观活动，让市民可以欣赏景贤里这座优秀历史建筑。经研究，景贤里保育和活化后，可考虑作教育机构、会议厅、研究所、设计及发展中心、商店以及服务行业等。

深化与拓展

把握历史建筑保护发展趋势

近年来，通过"活化历史建筑伙伴计划"的实施，诞生了越来越多新的观念，从对历史建筑的保育和活化，拓展到与保护相关的文化领域，使历史建筑保护发展为对自然环境、人工环境和文化特色加以保护的综合性概念。如今，历史建筑保护已不再是单纯的物质文化遗产的保护，而是更多地立足于对历史变迁轨迹、自然生态环境、人内心世界的尊重。因此，重新认识社会生活复合系统中的现有资源，不断丰富历史建筑的内涵和外延，已经成为新时期历史建筑保护的重要任务。准确把握历史建筑保护的发展趋势，树立正确的保护理念，是关系到历史建筑保护健康发展的重大课题。

"活化历史建筑伙伴计划"的实践表明，历史建筑是一个内涵十分深刻，并且不断发展丰富的概念。随着保护理念的发展和实践的深入，文化景观、历史街区、传统村落、文化线路、当代遗产、商业遗产、工业遗产、农业遗产、乡土建筑、非物质文化遗产和文化空间等，都已成为与之相关的保护内容和组成部分。历史建筑保护内涵的深化和外延扩展，也促使人们从更广阔的视野、更深入的角度分析和梳理历史建筑与现实生活之间的内在联系，探索新的保护类型，并建立相应的保护体系、方式和手段。

目前，历史建筑保护领域对传统保护对象的概念认识，呈现出新的发展变化，社会各界对历史建筑的认知理念日臻成熟，逐渐成为一种充满智慧的理性行为，更加鼓励多样化地理解历史建筑保护的意义、评价历史建筑的价值和完善历史建筑保护的理念。这就需要在实践中采取更加积极的方针、更加科学的方式、更加有效的方法来保护广义的历史建筑新成员。随着历史建筑保护领域的不断扩大，由此也引发了保护要素、保护类型、保护空间尺度、保护时间尺度、保护性质和保护形态等各方面的深刻变革，比较突出地表现出六个方面的综合趋势。在香港的历史建筑活化保育实践中，这些趋势也得到了明显的体现。

保留文化景观中的历史记忆

在历史建筑保护要素的深化和拓展方面，如今已经从重视单一文化要素的保护，向同时重视综合要素保护的方向发展。包括兼具文化和自然复合特征的双重遗产、由文化要素与自然要素相互作用而形成的文化景观，均成为加大保护的对象。考虑到历史建筑类型的多样性，保护的对象从历史建筑扩大到历史地区，扩展成为一片有生命的、正在生长和使用的区域；周边环境的价值进一步得到确认，并纳入城市规划的范畴；保护政策也与以往有了很大区别。

2005年10月，国际古迹遗址理事会第十五届大会暨国际科学研讨会在西安召开，主题为"背景环境中的古迹遗址——不断变化的城乡景观中的文化遗产保护"。会议通过了"保护历史建筑、古遗址和历史地区环境"的《西安宣言》。这是具有里程碑意义的国际性文化遗产保护文件，其重要性在于将文化遗产的范围扩大到了"环境"，认为文化遗产环境的含义有三点：第一，环境的自身物质实体和人们对这个环境的视觉印象；第二，文化遗产与周边自然环境的相互作用；第三，遗产环境的文化背景及与该遗产相关的社会活动、传统知识等方面内容。

香港特别行政区政府遵循联合国"绿色、环保、低碳"的要求，提出文化保育运动，创造了许多更新、活化的模式。这一历程使人们认识到，保护历史建筑意味着不仅要保护建筑实体，而且要保护人文环境，并使之与整个社会生活更加密切相关。

在香港，我惊叹于繁华的市区景观与幽静的郊野风光竟然如此贴近。香港陆域辖区面积为1000多平方千米，但是已建成区面积仅占了香港四分之一的面积，剩余土地则以林地、灌丛、草地、湿地、水体等为主。这些土地经过政府的经营打造，就形成了地质公园、湿地公园、郊野公园等文化景观，人们在此休憩、游览，感受生态环境的意趣。其中的一些文化遗产，包括历史建筑，也与环境相和谐，因地制宜发挥了重要作用。

香港地质公园

2013年7月，我考察了香港地质公园。香港地貌资源丰富，其中不少地貌极具学术研究、旅游及观赏价值。2009年9月，香港地质公园经国家地质公园评审委员会评定，成为中国国家地质公园，并在2011年加入世界地质公园网络。设立国家地质公园，有利于保护特殊地貌及岩石群，形成可供观赏的自然景观。通过加入世界地质公园网络，可以在保护珍贵的地质地貌方面汲取更多的经验，增进市民对地球科学的认识，并为绿色旅游活动增加新景点。

香港地质公园包括新界东北沉积岩和西贡东部火山岩两大园区，各有特色。两大园区共形成八大景区，占地约50平方千米。新界东北园区位于赤门海峡至东平洲一带，为沉积岩园区，包括东平洲、印洲塘、赤门和赤洲四个景区。其特色为变化多端的地质地貌，展现地质多样性。赤洲的红色岩石又名丹霞地貌，与内地丹霞山的地貌相似。

西贡园区北起万宜水库东坝，西至果洲群岛一带。西贡园区为火山岩园区，其特色为六角形岩柱群和海岸侵蚀地貌，包括桥嘴洲、粮船湾、果洲群岛和瓮缸群岛四个景区。分别展现香港在1.4亿年前，最后一次火山爆发后而产生的火山岩和罕见的六角形岩柱。这些六角形岩柱群是目前所知世界上面积和体积最大的岩柱群，类别为凝灰岩，由酸性火山灰构成。景区内六角形岩柱一字排开，岩柱体积粗大，直径平均达1.2米，高度超过100米。岩柱群大部分位于海底，露出海岸的数量约有20万条，构成一幅独特的天然景象，甚为罕有。

香港地质公园设立的目的，是在地质公园内实现保育、教育及可持续发展等目标。国家地质公园的工作重点包括推动地区公众参与、改善郊区乡村生活环境、推动科学普及和地质文化旅游，提高社会公众对于地质科学的认知。所以地质公园内所有景区的文化设施，均设在易于到达的地点。同时，香港地质公园内不得进行大型建设，仅仅设立为访客服务的游客中心，以介绍香港地质公园知识为主。园区内还设置旅游指南、地质公园标志牌，并设立了三条地质旅游参观步道，方便游客参观。香港地质公园的大部分区域，已被现有的郊野公园及海岸公园所覆盖。未被覆盖的主要为东南部的岛屿，包括横州、火石洲、沙塘口山和果洲群岛。香港渔农自然护理署把这些地方列入特别地区*，以加强保护。

香港湿地公园

2016年11月，我考察了位于天水围北部的香港湿地公园。香港湿地公园的原址只是一片普通的湿地，曾拟用作生态缓解区，以弥补因天水围区域城市发展而失去的湿地。1998年，香港渔农自然护理署和香港旅游发展局共同研究策划，希望将天水围这一生态缓解区，扩展成为一个湿地生态旅游景区，名为"国际湿地公园及访客中心"。这项研究的成果，促进香港首个生态环境旅游设施，即香港湿地公园的建设，同时又不削弱其生态缓解的功能。1999年，香港湿地公园动工兴建，耗资约5亿港币。香港特别行政区政府将香港湿地公园建设计划列为千禧年发展项目之一，2006年5月20日正式开园。

香港湿地公园的发展目标为推广绿色旅游、环境保护和湿地保育，将生态缓解区提升为集自然护理、生态教育于一体的世界级湿

---

* 指政府为保护自然生态，将市郊未开发地区划出，作为康乐、保育与教育用途的地方。

地公园，以此展示湿地生态系统的多样化以及保护湿地的重要性。同时，向公众提供以湿地功能及价值为主题的教育及消闲场地。

香港湿地公园拥有辽阔的自然景观，建有占地1万平方米的室内展览馆——湿地互动世界，设有野生动物模型展览、仿真湿地场景和娱乐教育设施以及超过0.6平方千米的湿地保护区，是亚洲首个拥有同类型设施的公园。湿地互动世界细分为三部分，包括苔原、热带沼泽和香港湿地，介绍不同地域的湿地生态，湿地保护区包括溪畔漫游径、湿地探索中心、生态探索区、湿地工作间、演替之路、河畔观鸟屋、泥滩观鸟屋、鱼塘观鸟屋、红树林浮桥、蝴蝶园和原野漫游径。其中最吸引游客的是三个不同的观鸟屋，原木搭就，内设望远镜，可以清楚地看到在湿地活跃的鸟类。同时，由于红树林区内潮沟发达，吸引深水区的动物来到红树林区内觅食栖息，生产繁殖。

在香港湿地公园，访客不仅能够欣赏自然美景，还能通过香港规划设计师匠心独具的设计，欣赏各种水的形态、体验水孕育生命的特质。湿地保护区包括人造湿地和为水禽重建的生境。香港湿地公园里有近190种雀鸟、40种蜻蜓和超过200种蝴蝶及飞蛾。坐落于人造湿地的湿地探索中心可以让游客亲身体验湿地生趣，分别位于河畔、鱼塘及泥滩的观鸟屋，引领游客走进不同的生境，寻访各式各样的有趣生物。

香港湿地公园访客中心设有三个面积800～1200平方米的展览廊，分别展出有关生物多样化、文明发展和自然护理的展品。另外还设有放映室、礼品店、湿地茶座、沼泽历奇及嬉水乐园供访客使用。香港湿地公园除了提供自然生态体验，还开展许多参与性的创意活动，如亲子湿地游、与萤火虫相遇展览等。

湿地向来与人类息息相关。香港城市的呼吸，一直依赖元朗农田、大屿山、狮子山等郊野生态环境。香港回归祖国以后，建成了香港湿地公园，成为一个新的"城市之肺"，也向访问香港的游客表明，香港不只是钢筋混凝土森林，还有广阔的清新生态之地。香港湿地公园凭其优秀的建筑设计，获得城市土地学会2007年亚太地区卓越奖，以及香港绿色建筑议会及环保建筑专业议会首届"环保建筑大奖"全新建筑类别大奖等奖项。

林边生物多样性自然教育中心

2017年12月，我考察了香港林边生物多样性自然教育中心，中心坐落于鰂鱼涌柏架山道50号的林边屋。林边屋建于20世纪20年代，又名"红屋"。日军占领时期林边屋受损，1947年～1951年进行了重建。林边屋初期主要是作为太古糖厂、太古船坞的欧籍二级管理层职员住所。后来由于糖厂关闭，林边屋也被空置，香港政府于1976年接管了林边屋。1985～2002年，林边屋曾租给国际文化事业协会使用，作为举办展览和音乐会的场地。此后，林边屋经维修保护交由渔农自然护理署管理，活化成为香港首个生物多样性自然教育中心，旨在推广自然保护。1998年，林边屋被列为二级历史建筑。

香港作为国际都市虽以人口稠密而闻名，但是因为有着漫长曲折的海岸线、绵延的山脉、风光怡人的郊野公园，同时由于香港位于热带及温带之间，具有满足生物多样性的条件，使得这里成为多种野生生物栖息的理想场所。据林边生物多样性自然教育中心介绍，香港已知物种总数约5600种，除3000多种植物外，还包括1000多种鱼类、500余种鸟类、超过50种哺乳类动物、超过100种两栖类及爬行类动物、236种蝴蝶和117种蜻蜓，这些物种均以香港为家，生息繁衍。

林边生物多样性自然教育中心于2012年6月1日正式启用。这座具有百年历史的老建筑，经保育和活化后重获新的生命，体现了文化与自然保护的完美结合。在林边生物多样性自然教育中心的地下，有三个展览廊，展示香港美丽的自然和生态环境：第一个展览廊主要介绍生物多样性的功能和价值，以高清影片展现香港多种动植物；第二个展览廊由树林、河溪、海洋和红树林四个部分组成，访客可通过展板、短片和多媒体互动游戏，认识栖息地和物种多样性之间紧密的关系，也可以近距离观察本地原生动物及其特征；第三个展览廊则回顾香港过去的生态研究及自然保育工作。在林边生物多样性自然教育中心的一层设有一个多用途会议室和两个活动室，作为举办学生和公众教育活动使用。林边生物多样性自然教育中心还定期举办电影欣赏、公众讲座、工作坊和导览团等活动，访客也可以参观中心外的鲫鱼涌树径，沿途欣赏本土树木。

龙虎山环境教育中心

2017年12月，我考察了经过保育和活化历史建筑后设立的龙虎山环境教育中心。香港环境教育的历史，可以追溯至1986年。当时香港民众对生态教育、环境污染等问题的认识不如今日深刻。为推动环境保护并取得公众支持，香港政府成立了环境保护署。1989年"世界环境日"，香港政府发表《对抗污染莫迟疑》白皮书，首次提及"以社区为本"的环境教育理念。1993年，香港环境保护署设立了首个环境教育中心，为社区环境教育揭开序幕。2008年4月，香港第三个环境教育中心，即龙虎山环境教育中心，由香港环境保护署和香港大学共同创立，这也是香港第一座由政府和高等院校共同创立的环境教育中心。龙虎山环境教育中心位于龙虎山半山腰，以此为起点，向西可至龙虎山郊野公园，向东可到达太平山一带区域。龙虎山环境教育中心建筑群的历史可以追溯至香港第一个储水库，即薄扶林水塘的兴建。香港开埠之初，饮用水主要来自山涧溪流或地下井水。随着城市发展、人口激增，饮用水短缺与水污染问题日益严重。香港政府选定薄扶林谷兴建水塘。水塘于1863年建成，供水给维多利亚城居民。

龙虎山环境教育中心内，前身为薄扶林滤水池看守人所住的平房，如今被用作展览厅；前身为厨房和佣人的住所，如今作为举办工作坊和讲座的活动室；前身为工人宿舍的房屋，如今被用作职员办公室。如今职员办公室的门虽然已经被漆上白色，但是通过门框仍然可以看到底层原有的蓝色，蓝色大门是当年这座建筑物的特色之一。据说维修保护这座历史建筑的部分木材，取自于本地退役电线杆。龙虎山环境教育中心本身是上百年的历史建筑，建筑外面是美丽的花园，空间开放、空气清新，前来参与活动的人们在此是一种享受。

龙虎山环境教育中心由政府负责历史建筑修复，由香港大学运营，以期通过香港大学在环境保护研究和社会教育的优势，更有效地传播环境保护知识。地处山海之间，上有龙虎山郊野公园和半山，下有香港大学和西营盘，这一特殊的地理位置，造就了龙虎山环境教育中心独特的运营模式。在龙虎山环境教育中心能看到的一些内容，并非独一无二，在其他地方也能看到，但是大量资料汇集在一起，可以使人们对于环境保护产生新的感悟。过去，环境保护被狭义地理解为垃圾回收、环境清洁。但是龙虎山环境教育中心希望将环境保护理念融入社区生活，使居民在深入了解生态环境对于日常生活的意义后，更加珍视和保护自身生存的环境。

作为龙虎山环境教育中心的发起方之一，香港大学经常和环境教育中心联合举办各类公共教育活动，将香港大学关于龙虎山周边区域和环境相关议题的学术研究，用较为轻松的方式传递给周边居民和社会公众。龙虎山环境教育中心的工作人员，多为香港大学历史或生态相关专业背景，对地区情况较为熟悉，他们主要以项目制形式开展工作，同时兼任龙虎山环境教育中心各类导览的领队。龙虎山环境教育中心还有100人左右的义工队伍，被称为"大使"，他们不仅为导览团、工作坊等活动投入热情和时间，还将龙虎山环境教育中心的信息传递给更多的人。

龙虎山环境教育中心的导览分为几类，既有环境教育中心历史建筑和花园导览，也有香港大学、龙虎山郊野公园等周边环境的导览，甚至还定期举办龙虎山夜行导览，带领公众了解夜间生物。2017年，龙虎山环境教育中心曾举办过一次为期24小时的龙虎山生态速查活动。10位学者各自带领一支10人小组进入郊野公园，带领民众体验如何作为一个科学家助手进行生态调查。期间，成员制作的昆虫标本完成后便在龙虎山环境教育中心展厅永久展出。龙虎山环境教育中心内有一株青果榕树，由当年屋主于20世纪90年代种植。动物们喜欢它的果实，常常在夜间进入花园，攀爬青果榕树游玩。龙虎山环境教育中心花园内的红外线摄像机，记录下了东亚豪猪、果子狸等生物夜间在花园活动的景象。

龙虎山环境教育中心成立10周年时，联合团队希望将文字、讲解、导览无法表达的内容，通过艺术形式呈现出来，进一步催化社区环境教育。为此他们举办了《感知西半山：就是自然》展览，尝试用共同学习和艺术表达的方式，引导人们思考环境保护的意义。在展场中，摄影、影像、绘画等视觉作品完整地呈现在展厅中。龙虎山环境教育中心还特别收集和考证了这座历史建筑，例如储水库的滤水池和平房建筑自1890年至今的历史档案和文献资料。

根据龙虎山环境教育中心提供的数据，在2019年2~6月《感知西半山：就是自然》展览举办期间，参观人数为平日的2~3倍。参观这项展览使人们有理由走进来参加相关活动。十年来，龙虎山环境教育中心所做的努力，就是将高等院校学术成果以平实的方式传达给社区居民，采用体验式环境教育，让人们认识、接近和享受大自然。通过文化和艺术的方式，将社区独特的历史建筑和环境历史做出全面呈现。正如龙虎山环境教育中心的建立目标所诠释的：空间、社区、伙伴、历史、专业。这不仅是龙虎山环境教育中心工作的关键词，也是香港保育和活化类似历史建筑非常重要的经验。

1945年以后，香港城市规划逐步体现郊野公园理念，并于1976年8月颁布了《郊野公园条例》。1977年，香港划定了第一批五个郊野公园：城门、金山、大潭、狮子山及香港仔。截至2021年，香港共有24个郊野公园，城市边缘地带的多数地区均被纳入郊野公园系统。香港地区虽然人口密度高，可利用土地少，但是仍然维护了高质量、大规模的城市郊野公园系统，所处的区位环境既包括风景怡人的山岭、丛林，也涵盖水塘和海滨地带。这些郊野公园在抑制城市蔓延、平衡开发与保护、提供康乐场所等方面发挥着有益作用，成为绿色生态空间建设的样本。

2018年5月，我曾考察过香港大帽山郊野公园。大帽山位于新界的中部，是香港最高的山峰，海拔957米，由于经常出现大雾，也被称为"大雾山"。在天气晴朗的日子，站在大帽山上，既可以俯瞰新界及港岛，北望深圳南部，还可以远眺大屿山和邻近岛屿的水光山色。

大帽山一带山峦起伏，是典型的生态旅游区。这里农业并不发达，昔日区内农民只能种植稻米和蔬菜作为自用。种茶曾是大帽山地区一种兴盛的行业。在大帽山高处的山坡，向下走的人字形梯田仍清晰可见，相传这是在17世纪曾经盛极一时的茶场遗址。这正体现了香港政府倡导的郊野公园在康乐休闲、科普教育及景观游览功能上的复合内涵。

　　市民与游客在郊野公园内开展的活动涵盖健身、远足、家庭旅行及露营等多种形式，显示出郊野公园功能组织的丰富性，成为时下最有益身心的户外康乐活动场所。其中，市民喜爱的长途远足径，通常串联几个郊野公园。目前，香港已经形成一套以《郊野公园条例》《海岸公园条例》为核心，以《郊野公园和特别区域管理规则》《野生动物保护条例》《林区及郊区条例》等多项法规作为补充的法律保障体系，在为市民提供良好的康乐用地的同时，规范了郊野公园规划、管理、运行与维护，确保香港生态环境的可持续发展。

传统街区村落中的现代生活

在历史建筑保护类型的深化和拓展方面，已从过去重视对"静态遗产"的保护，向同时重视"静态遗产"和"动态遗产""活态遗产"保护的方向发展。历史建筑并不意味着死气沉沉或者静止不变，它们完全可以是动态的、发展变化的、充满活力的和具有生活气息的。许多历史建筑仍然在人们的生活中发挥着重要的作用，甚至不断地吸纳更多的新鲜元素，充满着生机与活力。

早在1964年，《保护文物建筑及历史地段的国际宪章》中就强调"历史古迹的概念不仅包括单个建筑物，而且包括能够从中找出一种独特的文明，一种有意义的发展或一个历史事件见证的城市或乡村环境"。1976年，联合国教科文组织在内罗毕通过了《关于历史地区的保护及其当代作用的建议》，明确提出了"历史地区"的概念；1987年国际古迹遗址理事会在华盛顿通过了《保护历史城镇与城区宪章》，即《华盛顿宪章》，进一步将相关概念延伸到了历史城镇与城区。

《华盛顿宪章》归纳了保护历史地段共同性

的问题，列举了历史地段应该保护的内容：一是地段、街道的格局和空间形式；二是建筑物和绿化、旷地的空间关系；三是历史性建筑的内外面貌，包括体量、形式、建筑风格、材料、色彩、建筑装饰等；四是地段与周围环境的关系，包括与自然环境、人工环境的关系；五是该地段历史上的功能和作用。从这些内容看，历史地段保护更关心的是整体环境，强调保护和延续人们的生活，改善居民住房条件，适应现代化生活的需要；在历史地段安排新建筑的功能要符合传统的特色，不否定建造新的建筑，但在布局、体量、尺度、色彩等方面要与传统特色相协调。

1975年，日本在修订的《文化财保护法》中增加了保护"传统建筑物群"的内容，将与周围环境一体形成历史风貌的传统商业街、传统住宅区、手工业作坊区、近代西洋建筑群和历史村寨等，确定为"传统建筑物群保存地区"，由地方城市规划部门通过城市规划确定保护范围，制定地方保存条例；而后，国家择其价值较高的传统建筑物群，确定为"重要的传统建筑物群保存地区"。我在日本留学的四年间，考察了30余处"传统建筑物群"，撰写了关于《保护重要的传统建筑物群保存地区》的论文，对后来在北京推动"历史文化保护区"很有帮助。

在城市化高速发展阶段，大量人口涌入城市，需要大规模地建设住宅，当时普遍的做法是拆除历史街区和村镇，建起新楼盘项目。但是，不久后人们发现，这样做的结果是，历史环境被破坏，社区的历史联系被割断，文化特色在消失。历史街区和村镇的活化更新，可以有效提升高密度衰败旧区的物质环境条件，而且创造的收益可以补助历史街区和村镇正常的运行和维护成本。历史街区和村镇的活化更新中体现着多种价值，对于开发者而言，市场价值要远远大于其他价值，但是强调市场价值的活化更新方式，往往会破坏当地原有的本土特征和社会网络，不可避免地迫使原有居民搬离更新后的城市街区。

无论是城市中的历史建筑，还是村镇中的乡土建筑，均是地区发展的见证和公众集体回忆的载体。在城市更新的过程中，社区面貌发生改变，传统行业式微，居民生活网络被拆散，脱离了周边的自然和人文环境，历史建筑犹如一座孤岛，难以发挥它的历史价值和社会效益。人们逐渐意识到，除了保护历史建筑之外，还应保存一些成片的历史街区和村镇，保留社区的历史记忆，保持传统文化的连续性。在历史街区和村镇内，每栋建筑单体，其价值可能尚不足以作为历史建筑加以保护，但是它们叠加在一起形成的整体面貌，却能反映出社区历史风貌的特点，从而使价值得到升华，因此需要加以珍惜和保护。

油麻地

2012年6月，我考察了油麻地果栏和油麻地戏院。油麻地，位于香港九龙半岛南部，行政上属于油尖旺区。其实，油麻地之名与油麻地天后庙有密切关系。之前天后庙前的土地是渔民晒船上麻缆的地方，这里开设很多经营补渔船桐油及麻缆的商店，因此被称为"油麻地"。油麻地历史悠久，是九龙的早期属地。比起旺角来，这里更具有本土气息。根据1873年的差饷收册记载，在油麻地的人士除了经营船只维修、麻缆、桨橹、铁匠及木材外，还有人经营杂货、理发、米店、长生店、仪仗花桥等。这里的人们保持着香港传统的生活方式，是香港旧日生活的真实写照。

与香港其他旧区一样，油麻地多是地上一二层为商业用途，其余楼层是住宅的建筑。香港著名的传统街道——庙街就在此地，庙街因油麻地天后庙而得名。每天晚上，庙街的马路上都会摆满售卖各式各样货品和食品的摊档。由于货品价格比较便宜，这里成为市民和游客喜欢光顾的地点。实际上，油麻地历史悠久，有不少历史建筑，例如油麻地果栏、油麻地戏院、前水务署抽水站、油麻地警署等。

油麻地果栏于1913年落成，最初名为政府蔬菜市场，20世纪30年代开始有鱼类批发。1965年，这里的蔬菜和鱼类批发摊档相继迁出，此后只有水果批发商贩在场内经营，因此更名为油麻地果栏。油麻地果栏于2002年获评为二级历史建筑，目前仍然在经营。

油麻地戏院建于1930年，是九龙区仅存的战前电影院。昔日香港的戏院只放映无声电影，1935年才开始播放有声电影。到了20世纪60年代，观看电影已经成为热门的公众业余休闲活动，戏院业也进入全盛时期。油麻地戏院当年放映的电影都是极受欢迎的邵氏制作。1985年，油麻地戏院率先推出连环场来刺激票房，但是最终也不能"妙手回春"，于1998年歇业。油麻地戏院是20世纪30年代兼具古典主义与艺术装饰元素的建筑风格，具有的特征元素包括：正门入口两旁门柱、中式斜屋顶、极具装饰艺术主义的正立面及山墙、支撑屋顶的钢桁架及木檩条，以及原有舞台的拱门和侧墙。

前水务署抽水站是香港最古老的抽水站，建筑内配置了装有蒸汽机的燃煤设施。抽水站内有一间机器房、一间工作室、一组烟囱和一间工程师办公室，实用的设计反映出新古典主义建筑风格。其中红砖屋是前水务署抽水站工程师办公室，建于1895年。当中最具特色的除了砖墙外，还有斜屋顶的双层中式瓦面。20世纪初，随着九龙水塘以及其他水塘相继落成，这座抽水站逐渐失去其作用。在20世纪10年代以后，抽水站改作邮政局。2012年，油麻地戏院和红砖屋活化为香港康乐及文化事务署辖下的演艺场地，为粤剧新秀和新进剧团提供演出、排练和培训设施，延续油麻地赏戏、唱戏的地域传统文化。

荔枝窝村

荔枝窝村位于香港新界北区沙头角，毗邻船湾郊野公园及印洲塘海岸公园，曾因盛产荔枝而得名，区内风水林被划定为特别地区，是香港特别行政区政府划定的五个特别地区之一，也是联合国教科文组织公布的世界地质公园"荔枝窝自然步道"所在地。踏上荔枝窝自然步道，可以看到多样化的自然生态、奇特的地质面貌、历史悠久的客家村落、一望无际的田野及笔直的田间小径。

荔枝窝村背枕吊灯笼山岭，村旁有溪流，拥有风水林、红树林和泥滩等多种生态景致，树木品种繁多，动物种类丰富，是多种哺乳动物和蝴蝶的重要栖息地。其中风水树林茂密，当中更拥有热带雨林的景象。

荔枝窝村是新界东北地区历史最悠久，而且保存状况最好的客家村落，已拥有300多年的历史。自17世纪便有人在此定居，这里充满客家人历史痕迹。客家人是香港原住居民中的大族，荔枝窝村就是当时最大的客家村落。在数百年历史中，荔枝窝村因为客家人的风水文化而更显特殊，村内街道井然有序，房屋以三纵九横形式依山势排列，一栋栋青、棕色瓦顶的两层房屋，前低后高，在外围建围墙，群立于农田之间，充满乡土气息，成为香港少见的客家围村代表。

荔枝窝村是香港少有的双姓村落。这里的客家围村由曾、黄两氏族创建。荔枝窝村地理位置偏僻，只能绕着山路徒步进入，或者靠轮船抵达这里，特殊的地理位置使得当地的自然资源得以保护。然而，荔枝窝村的很多原住居民，随着城市化进程加快，在20世纪80年代陆续前往市区，客家村落日渐式微。荔枝窝村的大部分传统建筑由于年久失修，逐渐受到破坏。每逢节庆，居住在各地的乡亲们都会返回村落举行庆典，他们保留着客家人的传统习俗。然而，大部分当地原居民的后代却已经不了解客家习俗、语言，客家文化在荔枝窝村日渐消落。2005年，特区政府分阶段展开荔枝窝村自然步道的改善工程，在村后和银叶树林中铺设木栈道，并定出16个自然文化景点和解说牌，再沿路设有60个树牌，介绍村落文化和自然生态。荔枝窝村还设立地质教育中心，介绍荔枝窝的生态及乡村历史。

乡村旅游成为传统村落发展的新思路。乡村旅游是以农村文化景观、生态环境、农业生产以及传统民俗为资源，融观赏、考察、购物、度假等为一体的旅游活动。基于对绿色、自然以及休闲的需求，越来越多的城市居民加入乡村旅游的行列。由于乡村旅游起步较晚，发展过程中面临着保护与发展的问题。村落活化是基于遗产活化、建筑活化的基础上提出的，旨在强调资源的再利用，在保护的同时得到新发展，维系乡村生活方式、维护地方传统、增强地方认同感，最终实现村落可持续发展。

近年来，不少户外运动爱好者热衷于到荔枝窝郊游，感受当地自然风光，享受传统村落的淳朴。因此，荔枝窝引起社会各界的广泛关注。在当地社区、非政府机构以及科研机构的组织下，荔枝窝村成为香港传统村落保育和活化的项目。在地产开发商主导的乡村旅游发展中，往往由于缺乏社区居民参与，而引发开发者与社区之间的矛盾。而荔枝窝村的保育和活化中，非政府组织作为主导，建立与社区居民的沟通，缓解开发者与当地社区的矛盾，促进利益相关者之间的良性互动。

目前，"活化历史建筑伙伴计划"主要应用于单体建筑，对于遍布历史建筑的历史街区和传统村落的整体保育和活化，还在探索之中。在村落发展的过程中，普遍存在的问题是老建筑被拆建、改建，新建筑与传统村落在形式、尺度、材料方面都不协调。随着乡村的不断扩张发展，新的景观环境和建筑，已经逐渐取代传统风貌。为了解决历史村落保护与当地社区发展之间的矛盾，使传统文化得到传承，需要通过保育和活化，提高乡村的文化吸引力，形成有特色的文化旅游目的地。为游客提供休闲康乐、科研、教育的活动，同时发挥文化传承、村落保护的作用。同时，对于乡村旅游资源要避免过度开发、过度商业化和同质化。

荔枝窝村保育和活化项目，涉及的利益相关者主要是当地社区、非政府组织、高等院校以及政府组织。项目发起者是非政府组织香港乡郊基金，主要负责项目筹措、整体规划以及资金筹集。在荔枝窝村保育和活化的过程中，主导者是非政府组织，具备一定程度的公共性质，承担一定公共职能，具备非营利性、非政府性、公益性以及志愿性。非政府组织作为村落保育和活化的主导者，容易获取当地人的信任。项目推进过程中最主要的矛盾是土地矛盾。香港乡郊基金作为非政府组织在进入荔枝窝村时也遇到阻碍，原住居民对于外来者有高度警惕心，特别是涉及土地问题，因为当地居民不愿意荔枝窝村被开发成为大型游乐场。由此可见，原住居民对荔枝窝村有强烈的归属意识和保护愿望。经过真诚沟通和多次洽谈，最终达成共同促进村落良性发展的合作协议。

社区居民在村落活化的过程中具有决定性作用。荔枝窝村的原居民对村落土地、建筑有使用权，他们的配合与支持减少了不必要的矛盾，促进保育和活化项目的顺利进行。在这样的协作模式下，村落活化以及乡村旅游发展的过程中，利益相关者形成一种良性的利益关系，促进当地的可持续发展。香港乡郊基金获得社区的支持，关键是与原住居民有一致的发展愿景。原住居民不希望荔枝窝村被外来人占领，不愿被过度开发利用。香港乡郊基金的项目宗旨是可持续发展，恢复昔日淳朴的生活景象。通过耕作、艺术创作以及村落旅游发展，再现村落生活景象，为当地居民带来经济效益，并留住村民，传承当地文化，达成人类活动与自然的动态平衡。

在保育和活化项目推进过程中，也得益于各辅助组织机构。其中，绿田园是绿色环保组织，主要负责农田耕作；香港大学团队负责监测荔枝窝的自然生态状况，为农田恢复提供科学依据。绿田园联合高校科研组织，在项目推进中提供专业的技术支持，并且能有效地降低项目成本，保证项目进展的速度和质量。政府对整个项目进行支持和服务，使荔枝窝村保育和活化的实施，既减少政府的直接投入，又能充分发挥社会公众的作用。由于项目的公益性、非营利性，不涉及开发企业，没有强调商业化发展，没有建设过多的商店、饭店和人造景点，从而避免荔枝窝村发生过度商业化的情况。通过恢复村落景象，吸引游客、艺术家以及原居民，从本质上提升了荔枝窝村的旅游属性。

在保育和活化传统村落文化景观方面，由于年久失修，大部分传统建筑都失去昔日的特色，因此需要进行村落景观恢复，特别是对有特色的历史建筑开展修复保护。同时，村落景观不局限于传统建筑，还有农耕风貌。以绿田园为主导，在香港大学科研团队的指导下，荒废多年的农田得以恢复，开始种植水稻等当地特色农作物，成为市民回归乡野的目的地。农耕是村落最重要的经济命脉，是村落自给自足的重要产业，因此荔枝窝村保育和活化也突出农耕文化。一方面是恢复耕地，再现昔日的村落景象，同时能吸引城市人回归乡野，体验农耕乐趣。另一方面是传承农耕文化，通过展示、体验的方式向公众传播荔枝窝村的农耕文化。

荔枝窝村在恢复村落风貌的基础上，吸引本土艺术家进驻，把原有的村民建筑改造为艺术画廊、创意工作室等，丰富村落的文化色彩。村落活化的最终目的不是改变其原有的生活形态，而是加入现代的元素重现其生活景象。荔枝窝村虽然具备一定旅游吸引力，但是缺少了原住居民，就缺少了最鲜活的文化元素，也就失去了村落的真实性。无疑，荔枝窝村的活化是一个长期的过程，是一个循序渐进的过程。荔枝窝村保育和活化项目致力于引导村民回迁，唤起村民的自我认同感和归属感；在参与村落的重建过程中，传承村落风俗，成为自给自足、具有活力的客家生态博物馆。

荔枝窝村的保育和活化过程中，避免追求短期的经济效益，强调渐进性，重视村落的良性发展，实现自给自足，维持长远的可持续发展。保育和活化过程中衍生的旅游价值，为文化的传承提供保障。在恢复传统村落景观的同时，加入时代元素，发展乡村旅游，吸引原住居民的回迁，唤起原住居民的文化归属感，使原住居民主动成为荔枝窝村客家文化的传承者。荔枝窝村的活化模式是发展乡村旅游的可持续、可循环的良性发展模式，多方利益相关者的协作模式发挥了保育和活化过程中的沟通作用，有效地解决发展与社区居民利益矛盾。总而言之，荔枝窝村的保育和活化是发展乡村旅游的重要借鉴。

2020年，荔枝窝村乡郊风貌项目获得联合国教科文组织亚太地区文化遗产保护奖首次设立的可持续发展特别认可奖。联合国教科文组织亚太地区文化遗产保护奖设立于2000年，旨在表彰个人及公私部门在保护或恢复区域具有遗产价值的建筑、场所和不动产方面取得的成就，鼓励个人参与公私合作，保护本地区的文化遗产，造福后代。该奖项每年颁发一次，有助于改变人们对文化遗产的组成、文化遗产管理的利害关系，以及文化遗产对城市、社会、环境的可持续性贡献方式等方面的认知。获奖的项目是地区文物古迹保护技术的基准，也是地区文物古迹保护活动的催化剂，可以推动其他所有者保留历史建筑。

荔枝窝村乡郊风貌项目获得了可持续发展特别认可奖，被认为在所有评判标准方面都取得了瞩目成就，对促进可持续发展具有重大影响。评审团评语为："用开拓性的方式重新恢复了一度荒废的乡郊文化风貌的生命力。项目坚守可持续发展的三个关键方面，即经济、社会与环境的可持续，运用以自然为本的设计方案对客家古村落进行整体改造，令其焕然一新，并通过多管齐下的改造策略，将遗产保护的思维从传统的注重物质层面的保护，转变为全方位的生命文化传承。"荔枝窝村活化模式及其特点，可以为乡村旅游发展提供借鉴，也成为香港传统村落保育和活化的典范。

大澳渔村

2012年6月，我访问了大澳渔村。大澳是香港历史最悠久且硕果仅存的渔村聚落，位于香港新界大屿山西部，珠江出海口以东，与澳门之间是辽阔的伶仃洋。海湾水道是天然的避风港。由于位于珠江入海口的大澳有着特殊的地理位置，以前曾是香港的主要渔港和驻军乡镇。近百年来，大澳渔村是香港曾经的最大渔村和渔盐业重地。当地村民说，大澳渔业最鼎盛的时期，捕鱼的大尾艇一度多达300艘。

大澳渔村起源于18世纪，由当地的疍家渔民*所发明。大澳世代以来都是渔民及家人的聚居地。水上人家，以海为生，以船为家。虽然渔船可以提供的居住空间不多，但是渔民不习惯在陆地上居住，同时他们认为在平实的土地上居住缺乏安全感，因此大澳渔民便在岸边潮汐涨退的海床上搭建棚屋居住下来，后来搭建水上棚屋安置老人和小孩。水上棚屋有木梯通向水面，可以取水、洗衣服；棚尾用来晒咸鱼、海带，通过木道与渔村陆地相连。每一间棚屋都由许多深入水中的木柱、石桩支撑，木柱、石桩插在水中，上面铺一层木板，然后按照棚子的搭建方式搭建而成。就这样，在这都市一隅的世外桃源，有着200多年历史的水上棚屋，保留了香港开埠初期传统渔村的风貌。

棚屋都建在水上，是大澳渔村的标志，也是香港最为独特的景观之一。大澳的棚屋建在渔村中间一条河道的两旁，两边的棚屋区

---

* 广东、广西和福建一带以船为家的渔民。

由桥连接在一起形成水上人家。棚屋部分通道更会穿过邻居的客厅或厨房,造就了亲近的邻里关系。密密麻麻的棚屋、纵横交错的水道与桥梁,构成大澳渔村现今的面貌,展现着渔村文化的现实魅力。在如此繁华喧闹的大都市,还能隐藏着这样一个具有原生态景观的独特渔村,渔民的吃、住、行也都在水上,充满浓郁的水乡情怀和渔村风光。为了延续传统婚礼习俗,从2000年起,大澳乡事委员会每年都会举办一场水上婚礼。

访问期间,我参观了大澳乡事委员会历史文化室,它设于一所百年老屋内,是民间自发筹办的迷你型地区文物馆,成立于2001年。馆中展示过往大澳居民的生活照片及日常用品等,通过展品、文字及影像反映出大澳独特的历史。在香港,如此古朴的地方演绎着这个城市时光倒流的往事,让人感慨。在白天,各地访客纷至沓来,入夜后,公共汽车停驶、渡轮停航、繁华褪去,居民逐渐睡去。棚屋生活,就是这样平平淡淡。

盐田仔

2013年7月,利用赴香港参加故宫博物院展览开幕式的机会,我考察了香港西贡盐田仔。我们一行由西贡码头乘船前往。旧西贡码头建于20世纪80年代初,随着西贡旅游业的发展,旧西贡码头渐渐不能满足需求。新码头于2007年开始动工兴建,并于2009年竣工。一直以来,西贡是香港偏远的乡郊地区之一。人类在区内定居的历史最早可以追溯至宋代。西贡在300年前只是一个渔村，居民主要是客家人。到了现在，西贡共有50多个乡村，而低密度和中等密度房屋，则集中在西贡市和西贡腹地各个风景宜人的地点。

盐田仔也称盐田梓，是位于西贡海上的一个面积不足一平方千米的岛屿。岛上有盐田仔村，是一座有300年历史的客家渔村。早期的客家原居民以盐为主要贸易商品，靠晒盐、贩盐为生。当年海盗猖獗，外籍神父来到岛上传教时，海盗们见传教士身材高大、红须绿眼，便不敢再犯，由此全体村民便信奉天主教，这里也被喻为天主教在香港的发源地之一。20世纪70年代，盐田仔村还有村民约40户，但是随着盐业逐渐式微，村民们陆续迁往岛外，自1998年起，全岛已经没有村民常住。目前只剩下一些空置的房舍。

岛上的圣若瑟小堂充满异国情调，由奥地利圣言会传教士兴建于1890年，升格为主教座堂后成为盐田仔的地标。澄波书院位于圣若瑟主教座堂之侧，建于1846年，办学至1997年。其中一个校舍如今被改建为盐田仔村文物陈列室，展示农业、工业、日常生活及课室四个部分。一些荒废的村屋得以保存，村民昔日的生活痕迹依稀可见。登上码头行走不远，右方是已经荒废的盐田旧址，昔日的晒盐场得以保留下来，作为展示用途。位于盐田仔码头附近的村公所，改建成乡谊茶座接待访客，并售卖茶粿等各种小吃。

『文物径』展示香港城市历史肌理

　　在历史建筑保护空间尺度的深化和拓展方面，如今已经从重视文化遗产"点""面"的保护，向同时重视因历史和自然相关性而构成的"线性文化遗产"的保护方向发展，文化遗产保护的视野扩大到空间范围更加广阔的"文化线路"。文化线路是集文化遗产保护，以及生态与环境、休闲与教育等功能于一体的线性文化遗产元素。它们将人类活动的中心和节点联系起来，体现着文化的发展历程，是不同时期文化发展历史在大地上的烙印。只有通过文化线路才能将这些散落的明珠重新串联起来，构成区域尺度上价值无限的文化"宝石项链"，成为未来人们开展生态教育、文化休闲以及科学考察的最佳场所。

　　2002年12月，文化线路科学委员会通过了关于文化线路的《马德里共识》，首次明确了文化线路的文化遗产价值地位，为线性文化遗产保护理念的发展奠定了基础。2005年10月，国际古迹遗址理事会第十五届大会形成了有关《文化线路宪章》的决议，由此带动了对于线性文化遗产这一新型文化遗产的关注。线性文化遗产所展示的是具有起点和终点、拥有一定长度和宽度的线状或带状的文化遗产区域，涵盖的范围较大，其形式和内容丰富多彩，使文化与自然要素重新整合，并体现着地区文化的发展历程。

线性文化遗产是由"文化线路"概念衍生并拓展而来。根据功能可以划分为遗产廊道、休闲绿道、生态绿道等类型。线性文化遗产是近年来国际文化遗产保护领域提出的一个新的概念，即指拥有特殊文化资源集合的线形或带状区域内的物质和非物质的文化遗产族群，因其线状的分布和遗存的特性而称之为线性文化遗产。目前，线性文化遗产被认为是拓展文化遗产规模和复杂性趋势的新的发展成果，具有多维度的内涵。同时，线性文化遗产作为开放的、动态的概念，为深刻理解历史建筑环境保护提供了新的观念，对于历史建筑的外延拓展，具有开创性意义。

在香港，具有文化线路特征的潜在文化遗产项目十分丰富，汇聚了相关区域的文化之大成，也构成了对社会、经济、文化系统全面的见证。例如，2011年12月，在赴香港参加"文物保育国际研讨会"期间，我重点考察了孙中山史迹径。孙中山史迹径以叙述史事的方式，通过对孙中山先生在香港的活动地点进行介绍，突出他与香港的密切关系。孙中山史迹径以孙中山先生就读的香港大学为起点，串联15个孙中山先生活动过的地点，连同孙中山时期香港的介绍牌，一共有16个史迹点。孙中山先生不仅在香港完成学业，往后亦以香港为筹划革命的基地。这条史迹径的历史文化价值不言而喻。

文物径是将相关历史事件和人物的历史建筑与城市空间，通过步行道连接在一起，形成具有多层次成体系的路径，是香港展示城市历史肌理的重要方式。文物径建立后，不仅有利于保留原有良好的城市肌理和开放空间，也为创造新的城市绿色开放空间提供了契机。这样的理念通过"活化历史建筑伙伴计划"的推进，使越来越多地区通过文物径，逐渐形成具有特色的历史文化环境。

屏山文物径

2012年6月，我来到了位于新界元朗的屏山文物径。屏山文物径是香港首条"文物径"，于1993年12月12日开幕，长约1.6千米，蜿蜒于坑尾村、坑头村和上璋围之间。屏山文物径主要是典型的中国传统建筑，包括邓氏宗祠、洪圣宫、述卿书室、觐廷书室、清暑轩、愈乔二公祠、仁敦冈书室、杨侯古庙、聚星楼等历史建筑。

设立屏山文物径的建议由古物咨询委员会提出，费用由香港赛马会及卫奕信勋爵文物信托赞助，并由古物古迹办事处和香港建筑署负责筹备和安排。屏山文物径计划得以成功，最重要的是得到屏山邓族的支持。

元朗屏山是香港历史最悠久的地区之一，邓族则为新界原住居民中一个重要的氏族。北宋初年邓族祖先定居于元朗屏山乡，被尊为屏山派一世祖。邓族定居屏山后，先后建立了"三围六村"*，并兴建多所传统中式建筑，例如祠堂、庙宇、书室及古塔等，作为供奉祖先、团聚族群以及教育后人之用。他们还保存一些传统习俗，例如各项节庆仪式。这些传统习俗不仅象征邓族的民俗文化，同时也反映新界的传统风貌。邓氏家族不仅人才辈出，还曾积极抗英保卫家乡。邓氏家族在800年间陆续建造了很多建筑，因此才形成了如今富有中国传统文化特色的屏山文物径。

邓氏宗祠是元朗屏山邓族的祖祠，由五世祖冯逊公兴建，至今已有700多年历史。邓氏宗祠是三进两院式的宏伟建筑，为香港同类古建筑中的佼佼者。正门两旁是鼓台，各有两柱支撑瓦顶，内柱为麻石，外柱则为红砂岩。前院铺有红砂岩甬道，显示邓氏族人中曾有身居当时朝廷要职者。建筑物三进大厅上的梁架雕刻精美，刻有各种动植物和吉祥图案，屋脊饰有石湾鳌鱼和麒麟，为典型广粤样式建筑。宗祠现仍用作屏山邓族祭祖、庆祝节日、举行各种仪式及父老子孙聚会等用途，公众平日可入内参观。邓氏宗祠于2001年被列为法定古迹。

洪圣宫位于坑尾村，由屏山邓族所建。据庙内匾额上所载年份显示，庙宇建于清乾隆丁亥年（1767年）。现存结构于清同治五年（1866年）重修而成，并于1963年再次进行修缮。传说洪圣本名洪熙，是唐代的广利刺史。洪圣广受民众敬仰供奉，渔民及以海为生的

---

* 三围：上璋围、桥头围、灰沙围。

　六村：坑头村、坑尾村、塘坊村、新村、新起村及洪屋村。

供奉者众多。洪圣宫为两进式建筑，以青砖建成，中有天井，结构简朴。香港其他庙宇的天井多加建上盖，改作香亭，但是洪圣宫的天井仍然依照原来的开放式设计，所以采光及通风效果较好，这也是洪圣宫的最大特色。

述卿书室位于塘坊村，由屏山邓族于清同治十三年（1874年）所建，以纪念屏山邓族廿一世祖邓述卿。书室为邓氏族人接受教育的地方，以培育族中子弟考取功名。述卿书室原为传统两进式建筑，以青砖为墙及以麻石作门框，门楣石额刻有"述卿书室"四字。述卿书室在第二次世界大战后日久失修，为免危险，正厅（后进）于1977年拆除，前厅则保留下来，内部现今已变成民居。从前厅现存精美细致的屋脊装饰、壁画、木刻斗栱和檐板等，可见述卿书室昔日的华丽气派。

觐廷书室坐落于坑尾村，是屏山邓族廿二世祖邓香泉为纪念其父邓觐廷而兴建，于1870年落成，兼具教育及祭祀祖先的双重作用。1899年英军进占新界时，书室更曾用作临时警署及田土办公室。科举制度虽于20世纪初废除，但是觐廷书室仍担负起教育族中子弟的功能。直至第二次世界大战后初期，觐廷书室仍是坑尾及邻近村落青年读书学习的场所。觐廷书室曾于1991年进行修缮，费用由香港赛马会捐助，书室得以恢复昔日的光彩。觐廷书室是两进式建筑，中为庭院，以青砖建造，主要柱子用花岗石建成。室内的祖龛、斗栱、屏板、壁画、屋脊装饰、檐板和灰塑等别具特色，为当时工匠精湛的杰作。

清暑轩毗邻觐廷书室，比觐廷书室稍迟落成，曾作为到访宾客下榻居所。清暑轩的修缮工程于1993年年底完竣，费用由香港赛马会赞助。清暑轩楼高两层，呈曲尺形，虽是独立建筑，但是第二层设有通道与觐廷书室相连。除厢房和大厅外，更设有浴室和厨房等。建筑物由于用作客房，故装饰华丽，其木刻、壁画、灰塑、漏窗、斗栱等装饰充分显示出本地士绅华宅的气派。

愈乔二公祠位于邓氏宗祠之南，由邓族第十一世祖邓世贤（号愈圣）和邓世昭（号乔林）于16世纪初兴建。愈乔二公祠为三进两院式建筑，结构和规模与毗邻的邓氏宗祠相同。愈乔二公祠除用作祠堂外，也曾经是屏山各村子弟读书的场所。1931～1961年间，达德学校便于此开办。据祠堂正门石额所载，清光绪年间曾进行大规模修葺，但是仍基本保持原来的结构和特色。愈乔二公祠其后曾多次进行维修保护，而全面的修缮则是在1995年完成。愈乔二公祠于2001年12月被列为法定古迹。

仁敦冈书室又名"燕翼堂"，位于坑头村。书室确切的建造年份已难确定，但是据当地村民相传，书室是屏山邓族为纪念十四世祖邓怀德、十五世祖邓枝芳及十六世祖邓凤而建。仁敦冈书室原为两进合院式建筑，位于后方的两层附属建筑于20世纪50年代加建。仁敦冈书室仍保存不少精美的建筑构件，例如雕工精细的祖先神龛、驼峰、檐板和对联等，屋脊和正立面则饰有以吉祥图案为题材的灰塑装饰。除教学用途外，书室也作为邓族的祠堂。时至今日，仁敦冈书室仍用作邓族后人聚会和举行春秋二祭等节庆活动的场所。仁敦冈书室于2009年10月被列为法定古迹。

杨侯古庙坐落于坑头村，为元朗区六间供奉侯王的庙宇之一。相传该庙已有数百年历史，但是确切修建日期已不可考。据庙内匾额显示，庙宇曾分别于1963年及1991年进行维修，其后于2002年也进行修缮工程。杨侯古庙结构简单，只有一进，三开间，分别供奉侯王、土地和金花娘娘。有关侯王的来历说法颇多，村民认为侯王即宋末忠臣杨亮节，他因保护宋帝而捐躯，深受后人景仰而加以供奉，每年农历六月十六日为侯王诞。

聚星楼坐落于上璋围北面，是香港现存唯一的古塔。据屏山邓氏族谱所载，聚星楼由邓族第七世祖邓彦通兴建，已超过600年历史。聚星楼以青砖砌成，呈六角形，高约13米。塔分三层，各层之间建有造型独特的檐篷。上层供奉着魁星，据说魁星是主宰文运、掌握功名的神。聚星楼每层均有吉祥题字，由上而下分别是"凌汉""聚星楼"和"光射斗垣"。据邓族父老相传，聚星楼矗立的位置原是河口，面对后海湾，兴建聚星楼是用以挡北煞、镇水灾，而聚星楼与青山风水遥相配合，也可护佑族中子弟在科举中考取功名。聚星楼于2001年12月被列为法定古迹。

圣士提反书院文物径

2017年7月，我考察了香港圣士提反书院。1903年，圣士提反书院在西营盘西边街建校，是香港少数拥有悠久历史的中学之一，1930年迁往赤柱现址。书院由多位华人贤达所创立，目的是为华人幼童提供机会，让他们能获取高质量的教育，祈望能以教育救国。不久，圣士提反书院的优良教育便吸引了大量海外学生，其中以东南亚的华侨为多。如今，无数圣士提反书院的毕业生，分别在各个领域中成就斐然，实现了百年以前，圣士提反书院建校时的教学目标。

圣士提反书院的书院大楼为法定古迹，主楼建筑包括学校大楼及大礼堂，不但是香港一直提供寄宿服务的校舍建筑中历史最悠久的一栋，也是赤柱拘留营的少数遗址之一。书院大楼呈"H"型，以礼堂为中心，包括东、西两翼，由中座连接起来，主要根据当时英国及欧洲流行的西方风格建成。书院大楼的建筑具有晚期过渡时期的工艺美术运动风格特色，同时受现代主义风格影响。两层高的楼房配合巨大支柱和拱门，屋顶却是中国传统风格，以适应香港的亚热带气候。大楼宽阔悬挑的屋檐、拱形门窗和拱形回廊，均是典型的工艺美术风格建筑特色。

在圣士提反书院的校园内，有为数不少的历史建筑，其中有多处获评二级历史建筑。这些传统的西式建筑，在香港其他地方已经较为少见。2008年12月开幕的圣士提反书院文物径，是香港首个在学校校园内的文物径。成立文物径的灵感来自古物古迹办事处。文物径连接着校园内数个历史建筑物及遗址，共有九个文物点，都是学校发展的见证，也都是宝贵的文化资源，它们不仅是留给本校学生独特的文化遗产，更可以推而广之，是全香港学生共同的学习资源。圣士提反书院成立"文物径"的目的，是因为圣士提反书院的一个使命——要提高社会公众对文化遗产重要性的关注。

圣士提反书院文物径的第二文物点是学校大楼及大礼堂。1941

年12月15日，日军入侵前不久，学校大楼被香港政府改作紧急军事医院。1941年的圣诞日，日军闯进圣士提反书院，发生了"圣士提反书院大屠杀"。日军闯进军事医院，疯狂肆虐，负伤卧床的英国及加拿大军人，部分医护及本校职工被刺刀杀死。在这批死难者中包括圣士提反书院中文科主任谭长萱先生，他由于坚决留校保护滞留在校的莘莘学子，最后被杀害。

1941~1945年的日军占领时期，圣士提反书院连同邻近的赤柱监狱守卫宿舍被用作赤柱拘留营，近千战俘曾囚禁于校园，小学部曾短暂用作拘禁俘虏，但是不久转为守卫的营房。赤柱军人坟场作为英国驻军及其家属离世安息之所。这里也是第二次世界大战无辜死难者的安葬之地，其中包括香港义勇军团及英军服务团。赤柱军人坟场共安葬598名死难者。

第二次世界大战以后，圣士提反书院于1947年重新开启。小教堂于1950年3月4日揭幕。这座教堂建于校园内最高点，用于纪念日本占领时期的受难者。小教堂的橱窗内容不仅描绘了昔日人们在集中营的痛苦，也展示受难者凭着信仰、希望和爱，度过的那段苦难岁月。小教堂区域内有一座石碑，纪念"里斯本丸载"号事件的丧生者。1942年9月27日，日本军舰"里斯本丸载"号载有1816名战俘，由香港出发，先赴上海，再前往日本，途经浙江舟山东极岛附近时，被美国潜艇"鲈鱼"号鱼雷击中沉没。

马田宿舍建于1929年。在圣士提反书院历史的不同时期，曾分别用作男生宿舍或女生宿舍，目前绝大部分的地板，仍为原始的木条地板，而且保存良好。马田宿舍混合了欧洲不同的建筑特色。宿舍楼两至三层，以花岗岩石块建成，还有独特的拱门。这组建筑融合了中国和西方的建筑特色，例如游廊加上中式屋顶，以适应香港潮湿的亚热带气候。

圣士提反书院文物馆原为建于20世纪30年代的单层英式平房，用作圣士提反书院高级教职员的居所，因其建筑风格以及特殊的历史意义，而被古物咨询委员会评为二级历史建筑。圣士提反书院获香港发展局拨款维修保护，再得卫奕信基金资助，将这组平房作为文物馆，展示学校历史。圣士提反书院文物馆于1995年11月开幕，馆内保存有大量具有圣士提反书院历史纪念价值的文物，文物馆内容分为六个展区，涵盖日军占领时期的黑暗岁月以及圣士提反书院发展两大主题。

大潭水务文物径

2017年12月，我考察了香港大潭水务文物径。早在1883～1917年间，香港政府为解决市民对饮用水的需求，实行大潭供水计划和大潭笃供水计划，建造了多个容量较大的水塘以及一些更为复杂的供水系统。整个大潭供水系统共有四个水塘，包括1888年落成的大潭上水塘、1904年落成的大潭副水塘、1907年落成的大潭中水塘以及1917年落成的大潭笃水塘，这些水塘目前统称大潭水塘群，总容量达830万立方米。随着供水系统得到改善，都市的发展逐渐从中西区扩展至港岛东部，扩大了香港的市区面积。

大潭水务建设工程庞大，当年工程人员要克服地形、地质、建造技术等种种挑战。整个系统共历时35年完成，是19世纪末至20世纪初期港岛增加供水的重要来源，也是香港公共供水系统发展的重要里程碑。2009年，在古物咨询委员会的建议下，香港发展局局长林郑月娥女士以古物事务监督身份将大潭水塘群以及其他五个战前水塘，即薄扶林水塘、黄泥涌水塘、九龙水塘、城门水塘及香港仔水塘在内，一共41项具有历史价值的水务设施，一并列为法定古迹，并与香港水务署署长和古物咨询委员会主席一同主持了大潭水务文物径的开幕。通过大潭水务文物径方便市民游览，并推广这些水务古迹和历史建筑。

一是输水道和石桥。大潭上水塘石砌输水道位于水坝西南面的小山丘后，以厚混凝土板建成，并以特制模塑石墩及柱子承托。输水道横跨昔日的河床，把来自间接集水区的雨水引入大潭上水塘。大潭上水塘石桥作为水塘项目的一部分，石桥与输水道成直角兴建，横跨昔日的大潭上水塘的溢洪道。石墩及柱子也以模塑柱顶或托臂加固，为石桥提供更大的承托。大潭笃水塘石桥，沿桥顶饰有飞檐，护墙上有粗啄石或磨光石作盖顶。各座石桥不但确保前往水塘群的通道畅通，而且也是整个大潭郊野公园的部分通道。每座石桥均属花岗石拱形结构，并以多条顶部修窄的巨柱承托。沿大潭笃水塘西岸兴建的四座石桥穿越多个大型河床。

二是水坝。大潭上水塘水坝通过高耸的花岗石墙及混凝土水坝，围挡水塘储水。基座上的水坝高30.5米、长121.9米、宽18.3米，当时是香港有史以来最大的水坝建筑物。在重力作用之下，水塘储水经由2.2千米长贯穿山岭的隧道，以及5千米长的地面输水道，输送至中环。大潭副水塘水坝为混凝土重力建筑，以砌石铺面，沿水坝大部分地方均建有溢洪道，另设上落踏板通往水位测量计。大潭中水塘水坝是围绕大潭整个系统的水坝，侧墙以混凝土建成。大潭笃水塘水坝为石面混凝土重力坝，筑有装饰护墙及应付溢流的12条大型溢洪道。溢洪道上筑有由半圆形花岗石柱支撑的12个拱券，以承托连接赤柱及大潭与柴湾及石澳的繁忙道路。

三是水掣房。大潭上水塘水掣房沿水坝顶部约三分之一位置兴建，为一座简单的方形构筑物，原来的庑殿式屋顶已由平屋顶取代，突出的飞檐由雕饰托臂承托，依然完好无缺。大潭副水塘水掣房为小型水掣房，位于副水坝的中间，设计呈长方形。行人道沿着水坝而建，方便日常检查。大潭中水塘水掣房建于突出的平台上，可经行人天桥到达，建筑特色包括门窗上的半圆形拱形顶盖。大潭笃水塘水掣房位于大潭笃水塘水坝南端位置，建于突出的平台上，前面设有钢制悬臂式露台或狭窄的行人道。水掣房属长方形设计，墙壁以石面粗琢花岗石兴建，护墙饰有突出的模塑飞檐，整幢建筑物四面均有盖顶。

四是抽水站。大潭笃原水抽水站的作用是将港岛最南端集水区的饮用水，通过泵送到位于半山的输水隧道进水口。当中的机器房是具历史价值的罕有工业建筑物。这座仓库式建筑物以红砖为墙，铺有中式瓦片的屋顶将机器房覆盖在内，机器房运作最初的数十年仍装有蒸汽推动的抽水机，每日可输送1.4万立方米饮用水。大潭笃原水抽水站烟囱建于1907年，目前依然保持原貌。烟囱为方形设计，以红砖砌成，经排烟道连接至机器房，以排走蒸汽锅炉因燃煤而产生的烟。如果将机器房归入乔治复兴时代的建筑，则烟囱可归入实用主义一类。

五是大潭上水塘记录仪器房及隧道进水口和纪念碑。这组建筑标志着隧道的进水口，这条隧道穿越山岭，将大潭的储水经由湾仔的宝云输水道，输送至半山区，满足港岛中西区居民及各界所需。隧道进水口位于水坝南面，外装有铁栅，其上建有狭窄的行人道防护栏。这条隧道展现了大潭计划的雄心，以及当时采用的先进工程技术。30年后，当局在隧道进水口上加建小型记录仪器房监测水流，墙壁以层列花岗石筑成。大潭笃水塘纪念碑竖立于水坝顶部南端的位置，纪念碑上刻有"大潭水塘计划于1918年落成"。

大潭水务文物径全长5千米，范围涵盖21项已列为法定古迹的水务历史建筑，行走全程需要两小时左右，大潭水塘内多条古老石桥，是整个大潭郊野公园的部分通道。拥有百年历史的石桥、输水道、水坝，充满异域风格的红砖抽水站、水掣房，坐落于大潭郊野公园的山水美景之间，令人赞叹。香港水塘景色宜人，是近年市民的郊游热点。游客沿大潭水务文物径行走，除了茂密的树木环抱，还能欣赏到平静如镜的山水倒影，观赏法定古迹和历史建筑，探索大潭水塘百年以上的香港水务历史。

站在大潭水塘水掣房处，远眺由花岗岩及混凝土建造而成的大潭上水塘水坝，感受气势磅礴的建设成就。大潭上水塘水坝建于1888年，是当时香港规模最大的水坝建筑物。大潭笃原水抽水站是砖砌建筑，上百年来未做任何重大改动。香港大学建筑学院曾举办"大潭笃水塘落成一百周年"展览，重塑昔日被称为"亚洲第一坝"的大潭笃水塘水坝的建筑面貌。大潭笃水塘的主水坝，于1917年竣工，历时五年。通过展览回顾当年水塘的建造历史，感受前人宏大的水利古迹和历史建筑。今天大潭供水系统依然为香港的供水事业作出贡献，未经处理的水由大潭水塘群输送到红山滤水厂处理，再供应至红山半岛和赤柱地区。

现代建筑同样承载着历史

在历史建筑保护时间尺度的深化和拓展方面，如今已经从重视古代文物、近代史迹的保护，向同时重视当代遗产的保护方向发展。当前，社会经济的快速发展，使社会生活的各个方面都在发生急剧变化，原有的生产生活方式及其实物遗存消失速度大大加快，如不及时加以发掘和保护，很可能将在极短的时间内，就会忘却刚刚过去的这段历史。只有留住这部分文化遗产，城市才具有丰富年轮，才会充满记忆。正因为如此，近年来香港特别行政区政府在保护法定古迹的同时，格外重视现代建筑遗产的保护。

国际社会最初关于文化遗产保护的立法，通常是为了保护史前时期的古老遗物，19世纪中后期，人们对于数千年来的文化遗址、历史建筑表现出了日益浓厚的兴趣。进入20世纪，保护对象逐渐扩展至20世纪初、两次世界大战期间的文化遗存。近年来，1945年以后的各类文化遗产也日益受到关注。上述文化遗产保护的趋势和进程表明，文化遗产的年代界定范围正在逐渐延伸，指定保护的文化遗产类别正在逐渐拓展，判断文化遗产的价值标准正在逐渐深化，成为国际文化遗产保护的趋势，而将更多的当代遗产纳入文化遗产保护范畴，必然是一个永久的趋势。

现代优秀建筑，是历史建筑大家庭中不可忽视的重要成员，它们直观地反映了人类进步与社会发展的重要过程。这一时期人们的建造理念更多强调功能性和实用性，在空间的分割、整体的造型、体量的控制、材料的使用和装潢的布置等方面，力求经济、适用和高效。加之现代社会快节奏的生产生活需求，无论是居住设施、生产设施、公共设施，还是纪念设施，尽量回避华丽、繁缛和张扬的风格，普遍较为朴素、简洁和庄重。这些现代建筑同宏大壮美、富丽堂皇的纪念性建筑，以及教堂、庙宇等古代建筑相比，表现出明显的时代差异。

每一个历史时期都有自己独特的文化背景，并形成独特的文化风格。仅就现代而言，不同时期展现出不同的特征，都不可互相替代。从古到今，文化发展演变形成完整的文化链条，不应在现代发生断裂。虽然这一时代与我们相距时间不长，与古代文化遗产的悠久历史无法相比，但是由于这一时期文化多元、技术多样、形式多变，而具有特殊的时代价值，成为文化记忆的重要组成部分。因此，不应让它们随着城市化的发展和时间的流逝而消失，必须予以认真鉴别，充分关注，加以保护。

现代建筑遗产一般指20世纪中期以后建设的、能够反映城市发展历史、具有较高文化价值、体现这一时期城市建设历程的建筑物和构筑物。进入21世纪，人们越来越清晰地认识到现代建筑遗产，也是人类共同遗产中不可忽视的组成部分，它们直观反映了人类社会变迁中最剧烈、最迅速的历史发展进程。但是现代建筑遗产相对于历史更悠久的历史建筑而言，较少得到人们的认同和保护。人们往往认为这一时期刚刚离我们而去，而没有将这一时期的文化遗存列入保护的范畴。因此，如果没有公众的支持，现代建筑遗产可能会面临比早期文化遗产更严峻的保护局面。

对于相当一部分的现代建筑遗产来说，往往是仍在使用过程中的"动态遗产"，其生命历程尚未终结，发展状况尚未成熟，自身价值尚未充分彰显，其文化内涵和象征意义往往仍在塑造过程当中，而且使用者为满足当前需要而对其经常加以变动，这些变动往往会影响整体建筑风格和质量。此外，面对数量庞大的现代建筑，如何加以选择，建立和运行保护和修复体系也是一个新的课题。为此，需要通过开展保护实践，并对已有案例进行分析，界定现代建筑遗产的多重价值，探索和提炼科学的保护理论和方法。

现代建筑遗产保护还存在着不能回避的技术难题，其中最典型的当属混凝土材料。虽然混凝土早已成为最广泛使用的建筑材料之一。但是，直到20世纪70年代，规范其使用的技术标准才完全制定出来，而在此之前施工的一些建筑物或构筑物，往往因为不符合相关标准，造成典型的腐蚀问题，导致混凝土材料过早退化。而一旦出现混凝土的腐蚀，整个建筑结构的稳定性就会出现问题，从而威胁到现代建筑本体。同时，新颖的设计和某些新技术的尝试应用，也使得现代建筑更为脆弱，易于受损。因此现代建筑相对老化的速度较快，材料性能寿命较短。

事实上，没有哪个历史时期，能够像进入现代社会以来这样，慷慨地为人类提供如此丰富、生动的建筑类型。面对如此波澜壮阔的时代，也只有建筑遗产才能将这段历史进行最为理性、直观和广博的呈现。以这一时间维度所提供的观察城市的全新视角，反思和记录这一时期社会发展进步的文明轨迹，发掘和确定这一时期艰辛探索的历史坐标，对于今天和未来都具有重要的意义。所不同的是，现代建筑遗产往往未经历漫长岁月的洗礼，更为当代人所熟悉和了解，因而缺少了一份沧桑和几分神秘。

对于现代建筑遗产的判定，也不能完全套用古代遗产的标准，不应简单地从艺术形式和审美角度鉴定其价值，而应注重考察它们为适应社会生活变化，而在功能、材料和技术手段以及工程建设等方面所作出的积极贡献，从中分析出现代建筑遗产对于今天经济社会发展的有益借鉴。与那些历经千百年沧桑，早已被剥离了实际应用，只作为历史遗迹接受研究与观赏的古代建筑不同，现代建筑往往是功能延续着的"活着的遗产"，其产生背景、建造过程、修缮状况等均有据可查，基础资料相对较为完备。

现代建筑遗产在文化遗产大家庭中最为年轻，正因为如此，人们往往忽略它们存在的重要意义，使其不断遭到损毁和破坏。由于在保护理念、认定标准、法律保障和技术手段等方面，尚未形成成熟的理论和实践框架体系，使现代建筑遗产保护充满了挑战。同时，现代建筑遗产的生态系统相对比较脆弱，特别是一些新结构、新材料和新技术的尝试应用，使现代建筑更加易于受损。因此，现代建筑遗产的保护、修复、研究和价值认定，需要多学科合作，需要全新的知识结构支撑，及时实施抢救性的保护。

实际上，留存至今的现代建筑遗产数量，与曾经拥有的和已经遭到破坏的现代建筑遗产数量相比，实在是微不足道。而如今许多现代建筑遗产处于人口稠密地区，其背景环境从未停止过变化，特别是随意改变现代建筑遗产的周边环境，在一定程度上丧失了原有历史信息。一些开发者和建筑师急于创造新的建筑作品，而忽视已有现代建筑的存在。历史建筑的价值在于它的真实性和完整性，现代建筑遗产的保护同样要求其周边环境与本身的历史氛围相协调，形成和谐的整体，需要对文化遗产背景环境提出控制要求。

20世纪作为社会变迁最为剧烈的文明时期，各种重要的历史变革和科学发展成果，都以各种特有形式折射在现代建筑遗产身上，它们整体形成了这一时代的全记录，见证了每一阶段、每个角落发生的不平凡的故事，这就是现代建筑遗产的重要价值所在，它们详细书写着历史的每一篇章。保护现代建筑遗产要具有前瞻性，把目光放远。人类历史本身就是动态过程的记录。认真阅读优秀的现代建筑遗产，思考它们与当时社会、经济、文化乃至工程技术之间的互动关系，从中吸取丰富的营养，成为当代和未来世代理性思考的智慧源泉。

历史不仅是写在书本上的文字，还由活生生的实物与记忆交织而成。历史建筑既是历史的，也是现实的；既是物质的，也是精神的；既有真实的感受，也有理性的思考。即使一些现代建筑遗存或它们昔日的主人，在历史上扮演过不光彩的角色，但是作为难得的反面教材，也不应妨碍其成为现代建筑遗产的组成部分。文化遗产是有生命的，这个生命充满了故事，而现代建筑遗产更是承载着鲜活的历史事件和人物故事，随着时间的流逝，故事成为历史，历史变为文化，长久地留存在人们的心中。

现代建筑遗产形成于过去，认识于现在，施惠于未来。现代建筑遗产，与其他历史时期的文化遗产相同，都是一座城市文化生生不息的象征，也是代表不同历史发展进程的坐标，当代人们以此为参照，辨认日新月异的生存环境。事实上，在每一座城市中，特别是近代以来持续发展的城市，都保有一些作为城市标志的特色建筑，它们不应随着城市的改造和时间的流逝而消失。具有非凡意义的场所和事件对公众教育具有特殊价值，应纳入现代建筑遗产保护标准之中，并对其保护策略加以重新思考。

由于绝大多数现代建筑遗产仍然处于日常使用的状态，保护管理必将面临更多新的问题，使用过程中的修缮、维护、内部更新在所难免。因此，必须对实施维修保护可能采取的措施、更新可能允许的尺度提出明确要求。在积极探索保护方式和技术手段的同时，还应系统建立适用于现代建筑遗产的相关保护管理办法，从保护目标、保护原则、保护内容等方面，提出适应不同对象的分类标准、导则和要求，通过对每一处现代建筑遗产的历史演变、特征要素、原有功能进行系统分析，形成具体的保护目标。

志莲净苑与南莲园池

　　2011年12月，赴香港参加"文物保育国际研讨会"期间，我再次考察了志莲净苑，同行的还有中国文化遗产研究院的张之平教授，她一直以来都在指导志莲净苑的木构建筑营造工程。

　　志莲净苑位于香港九龙半岛中部的钻石山脚下，始创于1934年，是以"弘扬佛教，安老福利，文化推广，教育服务"为宗旨的非营利慈善团体。志莲净苑原址为一座古老大屋，最初计划在这里建造一所传统形式的寺院，以供僧众清修。后因内地移民大量涌入香港，社会对福利服务需求甚为殷切，因此决定暂时搁置建寺计划，将原有的古老大屋建筑改为佛殿，主要致力于教育及福利服务。宏智法师于1946年出任住持，正式确定志莲净苑为"女众十方丛林"，为比丘尼提供安心修道的地方，任何专心出家的女尼均可于此挂单，安身立命。

　　鉴于第二次世界大战以后儿童失学情况严重，志莲净苑于1948年开办免费学校，为附近贫穷的失学儿童提供受教育机会。当时九龙城至钻石山一带，仅有志莲义学一间学校，虽然杯水车薪，但是可见志莲净苑尽力为民众提供就学机会的苦心。1950年，志莲义学申办为获得政府津贴的志莲学校；继而于1957年又开办了非政府资助的非营利机构孤儿院及安老院，收容无依无靠的孤儿及老人；1982年，再开办1万平方米的志莲图书馆，馆内藏有佛学、哲学、建筑及艺术书籍4万余册，并公开提供图书借阅、期刊阅览及佛学资料查询等服务。

20世纪80年代末，一方面社会经济形势好转，慈幼服务需求锐减，慈幼院随即停办；另一方面由于香港人口不断老龄化，志莲净苑便致力于发展安老服务。同时，香港政府推出市区重整计划，改善钻石山区的环境。1989年，志莲净苑启动整体重建计划，从策划至完成，历时逾十载，建筑费用超过8亿港币。重建工程共分为六期进行，在志莲净苑重建委员会，以及多位法师、国内外专家、志愿者和热心人士的推动下，将极具创意及远见的构想付诸实行，先后兴建安老院、大礼堂、露天剧场、佛寺建筑群、公园以及一所特别技能训练中学等。

志莲净苑于1993年开办幼稚园，1995年成立文化部门，与各地佛教团体及学术机构开展交流，并举行佛教文化艺术展览等。1998年开设技能训练中心，并常年开办佛学夜校教育，设四年制佛学和哲学文凭。在护理安老方面，经重建和扩建，志莲护理安老院成为香港最大的护理安老院，可容纳350多位老人。并有日间护理中心及物理治疗中心。志莲净苑与其他一些寺庙有所不同，这里不许参观者、香客、信徒在寺内烧香、大声喧哗，也不为私人做佛事，而强调为社会和公众服务。

1998年1月6日，志莲净苑经过整体重建，唐式佛寺举行重建圆成佛像开光典礼。志莲净苑为四合院形式，分为三进，顺依山势而建，南面为山门所在，气势开扬；东边有洄游式山水园景，曲径通幽；西边有唐式枯山水庭园，禅味盎然。在寺院东北面高地，矗立着一座楼高七层的万佛宝塔。这一布局尽显中国建筑艺术中虚实互济、天人合一的精神。中路由山门、天王殿及大雄殿组成，四周以回廊环绕整座寺庙。志莲净苑的整体规划，以盛唐时期敦煌莫高窟壁画中的唐代佛寺建筑为蓝本。

志莲净苑是一座古朴典雅的寺院，布局层次分明。建筑沿中轴线作主次分布，内有天王殿、大雄殿等殿堂，庭院深深、斗拱交错、钩心斗角、出檐高远、殿阁嵯峨、流水潺潺。大雄殿是佛寺中最庄严、最重要的殿堂，面阔五间，单檐庑殿顶，正中供奉释迦牟尼佛。佛像以铜铸，铺金，高三米，重1500千克。各殿堂依据佛经描述供奉的佛菩萨像，均参照盛唐造像风格，厚重端丽，其造型、手印、执持法器各异，彰显诸佛菩萨特有的愿力和德行。佛像以铜铸、木雕和石雕，并铺上金箔，或漆上淡彩、重彩等，通过艺术手法，表现出佛菩萨像的庄严。

2003年7月，占地约3.5万平方米，耗资6亿多港币的"南莲园池"开工兴建，南莲园池是政府与志莲净苑合作的项目，由政府拨款1.7亿港币用作主要基本建设，而园内的唐式园林开发、建筑小品、景点石的建设及古树种植、维护的费用均由志莲净苑捐助。南莲园池利用志莲净苑毗邻的空地，建造一个符合佛寺建筑风格的传统中式花园，目标是"成为本地及海外游客极佳的旅游热点"。公园兴建完成后，移交政府全权拥有，并开放给市民游览。如今，南莲园池与志莲净苑构成了一组完美的组合，相得益彰，相互映衬。

2006年11月14日，南莲园池正式开园，是都市中难得的一座清雅园林。园内建有各式仿唐建筑物，包括龙门楼、松茶榭、香海轩、唐风小筑和奇石屋等，设计匠心独运，尽显唐代建筑特色。园内广植古树花木，并缀以石景、水景，古意盎然。同时，园内设有多功能活动室，供市民利用举办活动；小食亭暨小卖店、素菜馆和茶馆等餐饮设施，供游人使用。南莲园池的启用，不仅为广大市民提供了一个可以休憩的幽美环境，同时也创造了一个旅游观光的胜地。志莲净苑与南莲苑池将佛寺、园林两者合二为一，组成完整的木构建筑群。

2012年6月，我第三次访问志莲净苑，同行的还有吴志华博士。我们一行考察了志莲净苑内的中国木结构建筑艺术馆，馆内展示着佛光寺、南禅寺、应县木塔、独乐寺等现存的中国唐宋古代建筑模型。事实上，历史上有很多优秀建筑和临摹画作也都是仿古作品，也已经传之后世，具有相当的文化价值。重构的古代建筑虽然使用新的材料，但是只要遵循《营造法式》等古籍中的古代建筑的建造法则，还原出古建筑的神韵和真谛，就可以成为文化遗产。因为这里的仿古营造，实际上仿的是建筑技艺，恢复的是文化传统。

以往大多数人脑海中对于香港的印象，是高楼林立、华灯璀璨、购物天堂、金融中心。然而，香港的志莲净苑独立于闹市之中，在钢筋混凝土的环境中"闹中取静"，创造出宁静、优美、典雅的环境，是土地利用的典范。志莲净苑的设计和布局表现出自然和谐的气氛，既展现中国古建筑文化和艺术的精粹，也应用现代的科学技术，成为文化传统和宗教精神共同创造的杰作，也是社会祥和、团结和友善的象征。志莲净苑的实践表明，优秀的仿古建筑也是对历史文化、营造法式和传统技艺的保护与传承。

2013年7月，赴香港访问期间，我在香港志莲净苑做了专题报告，就申报世界文化遗产和保护进行了交流。志莲净苑以宏勋法师为首的尼众，渴望通过申报世界文化遗产，加强对志莲净苑及南莲园池的保护和管理，以及对周边环境景观的控制。时任国际古迹遗址理事会副主席郭旃先生认为，只要在人类各阶段历史上有独特的代表性意义和成就，就有可能被列为世界遗产。建于20世纪60年代的澳大利亚悉尼歌剧院、同时期巴西首都巴西利亚的城市设计和成就，早已成为世界遗产。因此，可以探讨以世界文化遗产的相关标准，争取将香港志莲净苑与南莲园池列为最年轻的世界遗产，这是很有意义的项目。

在2012年11月17日召开的全国世界文化遗产工作会议上，国家文物局公布了更新后的《中国世界文化遗产预备名单》，其中包括香港特别行政区的志莲净苑与南莲园池。按照世界遗产申报的要求，尽量吸纳遗产价值突出、保护管理状况良好的遗产项目，以充分发挥预备名单作为世界遗产申报项目储备的重要作用。志莲净苑与南莲园池是香港唯一列入《中国世界文化遗产预备名单》的项目，彰显出其所具有的突出普遍价值。

志莲净苑与南莲园池是20世纪末，香港一批虔诚的佛教尼众在香港回归祖国之际，发愿回归优秀传统文化的义举，受到社会广泛支持和捐助，募得巨额资金精心制作完成。这是佛教尼众为了追寻中华民族悠久历史，复兴中华传统文化而创建的一处唐风寺院和园林，是对信仰与传统的坚持与传续。两岸三地普遍存在重建、复建、仿建佛寺的现象，然而志莲净苑是通过精心设计、精选材料、精工细作，采取传统工艺完成的唐代寺庙再创造，是一种文化复兴和回归。志莲净苑在2000年获得香港十大优秀建筑奖，2002年获得香港优质工程奖第一名。南莲园池在2008年获得中国风景园林学会颁发的优秀园林工程金奖。

赤柱邮政局

2017年7月，我考察了香港赤柱邮政局。赤柱邮政局是香港130间营运的邮局之中最古老的一所。实际上，今天看到的赤柱邮政局是在20世纪70年代重新建设并改装成现代的邮政局，其面积只有33平方米，是全港最小的邮政局之一。这里提供一般邮政局都有的服务，包括寄信和缴费等。香港邮政于2007年8月对赤柱邮政局开展维修保护工程，包括保存和恢复赤柱邮政局的旧有建筑特色。赤柱邮政局作为"邮政历史的时间囊"，一直是一处特色及旅游景点，在这里可以看到香港仅存的昔日红色铸铁邮箱，在正门墙上更有人手操作的铜制邮票售卖机。

赤柱邮政局维修保护项目，包括重设原有的人手操作邮票售卖机和附有英皇佐治六世标记的铸铁邮箱，以作陈列之用，同时又翻新嵌有英皇"GR"徽章的原装窗花，这些均是赤柱邮政局历史的一部分。目前，赤柱邮政局的柜位已经重新装上格栅，恢复当年的面貌，原有旧日常见的水磨石地板也已经被细心复原。另外，经过一番努力，建筑物顶部已被妥善修复，包括除去假天花以展示屋顶结构原有的木制桁梁和横梁，赤柱邮政局最初建成时的面貌得以再现。赤柱邮政局于2009年12月被确定为二级历史建筑，至今仍然运作。

在文化遗产的保护性质方面，如今已经从重视重要史迹及代表性建筑，如庙堂建筑、纪念性史迹等的保护，向同时重视反映普通民众生活方式的民间文化遗产，如传统民居、乡土建筑、老字号遗产以及与人类有关的所有领域的文化遗产保护的方向发展。因此保护对象也从传统意义上的历史建筑扩大到民间传统建筑。《威尼斯宪章》提出要保护的内容不仅包括"伟大的艺术品"，也包括"由于时光流逝而获得文化意义的在过去比较不重要的作品"，这种文化遗产保护理念，至今仍然具有非常重要的现实意义。

民间传统建筑过去常常被认为是普通的、一般的、大众的而不被重视。但是它们却是涵养了一代又一代民众的生活文化，反映了民众最真实的生活状况，具有广泛的认同感、亲和力和凝聚力。从文化内涵来说，任何区域的文化都是由两个部分所组成。一方面是精英文化，另一方面是民间文化。前者往往是历史创造的文化经典，而后者则是前者的载体，是养育民众的生活文化。因此，民间文化遗产可以从真实生活的角度形成对原有文化遗产的补充，把社会生活的诸多要素作为文化基因保留下来，以达到教育后人的目的。

民间传统建筑与平民百姓的日常生活息息相关，对于城市和乡村的未来发展都具有潜在的价值。无论在城市还是乡村，具有鲜明地方特色的大量民间传统建筑，反映了源远流长的历史和丰富多彩的民族、民间和民俗文化。因此，民间传统建筑在使人们了解自己以及生活的意义等方面，扮演着越来越重要的角色。这些充满生活气息的民间传统建筑，如果不能受到应有的重视，不能在法律上确定其获得保护的权利，不能采取切实有效的保护措施，不能建立资金筹措渠道和维护机制，它们将难以避免被拆除或被遗忘的命运。

1999年10月，在墨西哥召开的国际古迹遗址理事会第十二届大会通过了《关于乡土建筑遗产的宪章》。该宪章指出在全球化趋势下乡土建筑对表达地方文化多样性的意义和价值，认为乡土建筑是依然保持着活力和现实生活功能的社会历史演变的例证，同时强调乡土建筑的保护能否获得成效，关键在于社区对于这项保护的理解、支持和参与。由此看来，随着经济和社会的不断发展，国际社会逐步认识到文化遗产并非仅仅局限于名胜古迹、宗教设施和纪念性建筑，乡土建筑的研究和保护在国际文化遗产保护领域也日趋活跃。

2007年4月，国家文物局在无锡召开"中国文化遗产保护无锡论坛——乡土建筑保护"会议，来自全国文化遗产保护领域和相关专业的全体代表共同签署了《关于保护乡土建筑的倡议》，呼吁动员并依靠全社会的力量，加强乡土建筑的保护。同时决定成立乡土文物建筑专业委员会，广泛吸收社会各界人士加入乡土建筑遗产的保护中来，搭建跨学科、多层次的保护研究平台，构建起联系过去、现在和未来的纽带，加强与国际相关组织的交流与合作，更加科学有效地保护乡土建筑遗产。

民间传统建筑遗产是一个社会文化的基本表现，是社会与其所处地区关系的基本表现，同时也是文化多样性的表现。可以说民间传统文化是"最有泥土芬芳的文化，最富亲情的文化"。民间传统建筑的文化内涵，来自历史街区和村落生活之中，来自人与自然的亲密接触之中，来自世世代代的文化积淀与传承。每座传统建筑遗产都有它动人的故事，人们在这些传统建筑里久居，使这些建筑具有了灵魂，因此对于民间传统建筑的保护，也要考虑到人们的情感价值，要维护人们的珍贵记忆。作为一个时期人类文明进步的见证，民间传统建筑储存着丰厚的历史文化信息，它们是城市整体发展不可缺少的功能组成，失去了它们，历史街区和村落就会失去历史真实性和完整性。

今天，民间传统建筑作为极富吸引力的文化资源，正成为许多地区，特别是历史地区提升经济文化水平的重要手段。保护民间传统建筑遗产是为了民族文化的传承，为了使保护成果惠及当地民众。因此，在民间传统建筑保护过程中，应格外重视当地民众生活水平的提高和生态环境的改善。对于这些文化资源的合理利用，不但可以使社区和民众从中得到实实在在的收益，民间传统建筑也能够得到更好的保护。

西港城

西港城位于上环德辅道，建于1906年。大楼最初是船政署总部旧址，当年船政署总部因为地方狭窄，不足以应付日益增多的船政管理，因而搬往中环新的填海区域。此后旧建筑物改建为街市，为香港最古老的街市建筑，一百多年来一直是附近居民购物的集市。1983年上半年，街市南座因兴建地下铁路港岛线工程而迁出，原址兴建上环市政大厦。街市北座于1989年1月起空置，直至1991年，由市区重建局的前身土地发展公司对街市北座大楼进行全面维修，开始进行保护再利用。

街市北座大楼原本只有两层，每层面积约1120平方米。在改建后，利用曾经是菜市场，建筑层高的特点，以独立装嵌方式在两层之间增建夹层，并打通一楼的天花板，成为共四层的建筑，使改造后的大楼增加了内部使用空间。场内部分商铺原为附近一带的老字号，包括古玩、特色手工艺品店等。由此将这座历史建筑改建为具有香港文化特色的传统行业及工艺品中心，并更名为西港城，为周边环境注入新的经济活力。

西港城采用英国爱德华式建筑风格。为适应香港气候及配合建筑物料的供应，西港城建筑的斜屋顶以中国式卷状瓦片铺设，表现香港早期西式建筑物所融合的东方色彩。大楼外形古朴，对称轴线设计，空间宽敞实用。以红砖及花岗石砌成主要结构，利用石块色彩及纹理制造多色效果，而角楼外墙附有带状砖饰。面向街道的一楼建有拱廊，正门上方立有大型圆拱，配合拱形大窗台及典雅的百叶窗，设计雅致。铸铁大柱的结构、屋顶的钢梁架及花岗石梯阶，凸显当时卓越的建筑技巧。西港城于1990年被古物古迹办事处列为法定古迹。

市区重建局于2003年对西港城再进行改建工程，通过公开招标及遴选程序。运用历史建筑活化再利用的概念，合理使用公共资源，并鼓励私营机构参与，采取具有灵活性的运作程序，最终委任时代生活集团属下的德艺会有限公司作为西港城的管理机构。德艺会有限公司在法律上有责任维修和保养西港城历史建筑，使其达到指定标准，同时还要保证市区重建局的基本回报。因此，西港城历史建筑的长远维修保养不仅无须使用政府公共资金，还可以有一定的收益保证。这是市区重建局较早进行的历史建筑活化再利用案例。

目前，在西港城这座古雅的历史建筑内，有各种售卖特色工艺品和怀旧收藏品的商店，又增添了主题餐厅及几家特色商店，二楼还有布匹专卖店，让游客感受香港昔日情怀。尽管如此，西港城也面临着一些难题。虽然西港城在宣传中强调"铺""布""食""艺"四个主题，但是现场整体感觉较乱，特别是二楼布匹专卖店，怀旧的感觉单调，影响了历史建筑活化的效果。当年由花布街迁入的布匹经营商户，虽然长期以来享受了优惠的租金，但是由于市场的变化，经营方式的陈旧，已经越来越缺乏竞争力。

市场持续萎缩，经营状况日益艰难，在一定程度上影响了西港城整体的运营。目前西港城中经营最红火的是顶层的以怀旧为主题的婚宴热门选择地——怀旧舞酒楼。但是受场地限制，该酒楼无法广泛满足市民需求。为解决这些问题，香港发展局与市区重建局达成共识，批准市区重建局委任德艺会有限公司管理西港城，期限三年，期间做大规模维修保护，而西港城未来用途要再咨询社会公众后做出决定。将最终的决定权交还给社会公众，这是实施保育和活化政策以来，历史建筑保护的正确途径。

发达堂

2013年8月，我考察了位于新界沙头角下禾坑的私人历史建筑发达堂。发达堂建于1933年。李氏宗族的先祖李德华于17世纪80年代从广东迁到香港，并在后称为新界的地方建立上禾坑村，其后裔后来定居下禾坑。正如沙头角许多在19世纪末远赴海外谋生的年轻人一样，李氏宗族的后裔李道环年轻时前往越南谋生，后与家人衣锦还乡，在下禾坑村定居。发达堂由"李道环祖"（李道环的四个儿子组成的受托人）兴建。

发达堂名称意指"富贵大宅"，这里不但见证区内一个显赫的客家家族的悠久历史，也是折中主义住宅建筑的典型实例，这种建筑风格在20世纪初期广为香港海外归侨所采用。发达堂楼高两层，建有长长的客家式瓦顶，正面有平顶外廊、砖砌装饰护墙、楼梯、木制栏杆以及正面外墙上的灰塑对联，厨房内建有传统的炉灶和烟囱等。建筑物以传统的青砖、木材以及现代的钢筋混凝土建成。为加强安保，大宅所有正门均设金属制的中式趟栊门，楼下多排窗户也装有金属窗罩。

2013年12月，香港特别行政区政府将具有80年历史的发达堂列为法定古迹。自落成以来，发达堂很少经历改建，原有的建筑设计以及部分具历史价值的建筑特色、室内文物均保存完好。时至今日，发达堂仍是李道环后人的居所。发达堂能否对公众开放，如果开放涉及的范围、时段以及相关开放细节香港古物咨询委员会需要与业主商讨。虽然了解社会公众对开放发达堂古迹有期望，但是为了避免影响居民生活，政府争取实现发达堂局部开放，在保障居民正常生活的同时，满足公众期望。

前香港皇家游艇会会所

2016年11月，我考察了由前香港皇家游艇会会所活化再利用后的视觉艺术展览及活动中心。前香港皇家游艇会会所位于北角油街12号，于1908年落成，为一栋两层红砖白墙建筑物，会所地下设有两个划艇棚及一个健身室，一楼则设有一条长游廊及会所设施。直至1946年，香港皇家游艇会会所搬离北角旧址。旧址北角油街12号被香港政府收回，改为职员宿舍，并在旁边兴建了政府物料供应处仓库。后来宿舍空置，会所建筑被更改兴建为临时文物仓库。前香港皇家游艇会会所于1995年被列为二级历史建筑。

前香港皇家游艇会会所历史建筑群沿电气道的主立面组成了一个地标式街景，而后立面则面向当时的维多利亚港。整个建筑群由一栋主楼及两栋附属建筑物组成。建筑物形态及其空间设计的不同层次，反映着内部原来的不同用途及活动。这组建筑为工艺与艺术风格的典型实例。工艺与艺术风格在香港为罕有的建筑风格，前香港皇家游艇会会所能够展现出这一风格的精髓，例如不规则的建筑布局、将建筑体积分拆的手法、采用多种屋顶的形式、以红砖及粗灰泥外墙造成鲜明的对比。保存完好的格外显著的烟囱、水管，更增加了这组历史建筑的罕有程度。

2012年3月，香港康乐及文化事务署投入1890万港币，将前香港皇家游艇会会所成功活化为"油街实现"。"油街实现"是粤语油街12号的谐音，也是这座百年历史建筑的新名字。"油街实现"艺术空间设施包括两座面积分别为190平方米及92平方米的展览厅，以及一座面积为300平方米的户外花园。此次保育和活化过程尽量保留了历史建筑原貌，又注重带给来访者全新感受，希望任何人在此都能方便交流。"油街实现"于2013年5月正式开放，成为一座推广视觉艺术的公共艺术空间。

王屋村古屋

2017年12月，我来到了圆洲角西南端的王屋村，考察历史建筑王屋村古屋。王屋村古屋于清乾隆年间由原籍广东省兴宁县的王氏族人建立。19世纪时，从广东南下九龙的旅客和货物均以圆洲角为交通枢纽，王屋村也就成为商旅的贸易站，直至19世纪末叶才开始式微。随着沙田不断填海以发展沙田新市镇，王屋村很多古老建筑已荒废及拆除。仅存的这间古屋于1911年由王氏第19代祖先王清和兴建，为传统中式乡村民居，属两进一天井三开间式两层建筑，内有精美的壁画和传统装饰，是圆洲角的历史标记。

王屋村古屋主要用青砖和花岗石砌筑而成，墙身支撑着木椽、桁梁及中式屋顶。建筑物墙基以大量花岗岩石块建造，这是当时较为昂贵的建筑材料，反映了当时王氏族人经济富裕。古屋内天井右边的房间是浴室，左边是厨房，内有连灶的烟囱。两进的次间为睡房和储物间，建有以木托梁和板条支撑的阁楼。正面墙身可以找到精致的灰塑、壁画和巧手雕刻的檐板。前后进明间*的墙身均绘有精美的吉祥图案壁画；前后进的系梁则分别雕刻了"百子千孙"和"长命富贵"等吉祥语句，反映了当时屋主的愿望。王屋村古屋为香港法定古迹。

第二期"活化历史建筑伙伴计划"项目中曾有王屋村古屋，但是因为没有选出合适的保育和活化方案，最终没有推出。有意申请王屋

---

* 相连的几间屋子中直接跟外面相通的房间。

村古屋项目的团体在考察后认为，政府要求的保育和活化条件严苛，项目营运成本高，加上地理位置交通不便、人流稀疏，没有可能自负盈亏。由此可以看出，选择"活化历史建筑伙伴计划"项目时，除了考虑历史建筑的文化、科学、社会，以及传统工艺、建筑权属等方面的价值之外，还要考虑历史建筑保育和活化的现实可行性，例如历史环境、市场条件、财务状况等，综合进行可行性研究。

在文化遗产的保护形态方面，如今已经从重视"物质要素"的文化遗产保护，向同时重视由"物质要素"与"非物质要素"结合而形成的文化遗产保护的方向发展。将文化遗产的内容由物质的、有形的、静态的，延伸到非物质的、无形的、动态的，显示了当今人类对于文化遗产认识的进步。实际上，物质与非物质文化遗产的区分只是其文化的载体不同，二者所反映的文化元素仍然是统一、不可分割的。因此，物质和非物质文化遗产必然是相互融合、互为表里，必须更积极地探索物质与非物质文化遗产保护相结合的科学方式和有效途径。

在着力保护历史建筑物质载体的同时，必须重视发掘和保存其蕴含的精神价值、思想观念和生活方式等非物质文化遗产。随着保护历史建筑的实践及理论探讨的日益深入，人们发现人类的文化财富无限丰富，除了那些物态化的文化遗存，大量存在的是活态的文化，像民间文化、民俗文化、民族文化等等，它们通过一代代口耳相传，生生不息，在人类的社会生活中产生着巨大的影响。同时，与那些物态化的历史建筑相比，它们是活态的、非物质的、口头传承的，往往更能体现出人的存在价值，但也更容易消逝。

2003年10月，联合国教科文组织第三十二届大会通过了《保护非物质文化遗产公约》，这是迄今为止联合国有关非物质文化遗产保护最重要的文件。在《保护非物质文化遗产公约》关于非物质文化遗产的定义中，出现了一个重要的概念，即文化空间。无论是一个集中举行流行和传统文化活动的场所，或一段通常定期举行特定活动的时间，都分别可以看作一种内涵丰富、形式独特的文化空间。文化空间是指传统的或民间的文化表达方式有规律性进行的地方或一系列地方。

在城市中，保留至今的非物质文化遗产主要集中在历史街区和村落。文化空间兼具空间性、时间性、文化性，为三合一的文化形式。设立文化空间的目的表明，仅仅对文化遗产进行原状保护或是生态保护是不够的，还要大力保护这种特殊文化的存在空间，维持社区文化的存在环境，通过扶持、指导，使当地的礼仪、习俗等民俗传统文化，继续保持在人们的生活方式中，在现实生活中自然传承和发扬。由此可以看出，某些重要的传统文化表现形式存在和展示的文化空间，应作为文化遗产中的一个重要类别加以保护。

自2011年开始，香港特有的四个传统节日被列入第三批国家非物质文化遗产名录，分别是长洲太平清醮、大澳龙舟游涌、大坑舞火龙和潮人盂兰胜会。从文化遗产存在形态来看，非物质文化遗产包含着较多随时代变迁和人群迁徙而易于湮没的文化记忆，因此具有保护的紧迫性。当前，非物质文化遗产的生存、保护和发展遇到很多新的情况和问题。由于文化生态的改变，非物质文化遗产正在逐渐失去赖以生存和发展的环境基础，许多非物质文化遗产正处于生存困难或已处于消亡状态。特别是一些依靠口传心授方式加以传承的非物质文化遗产正在不断消失，许多传统技艺濒临消亡。

因此，历史建筑保育和活化应该更加关注历史记忆的保存和活态文化的传承，关注民众文化主人意识和文化价值认同，关注社区的文化进步。

长洲太平清醮

长洲位于大屿山东南方，是距离香港岛西南方约10千米的岛屿。岛上人口3万左右，是离岛区中人口最稠密的岛屿。1898年6月，清政府与英国订立《展拓香港界址专条》，将长洲在内的200多个离岛及新界租予英国99年。英国接管后，于1919年曾在长洲中部立界石15块，以划出外籍人士专享的高级住宅区域。在20世纪80年代，古物古迹办事处曾派员寻找长洲界石，迄今只寻回其中10块。如今，除了传统的捕鱼业和造船业外，长洲岛上的旅游业有较快的发展。岛上有不少观光名胜，例如长洲石刻和北帝庙等。

根据考古出土文物以及在1970年于长洲东南部发现的长洲石

刻，可以推断至少在3000年以前，已有先民到达长洲。与香港其他地方发现的史前石刻一样，长洲石刻可能与商朝先民祭祀天气和祈求风平浪静有关。最早在明朝的时候，长洲已经发展成为渔船集散的地方，及至清代乾隆年间发展成为墟市。长洲在乾隆年间得到很大的发展，现时岛上的主要庙宇，如北社天后庙、大石口天后庙、西湾天后庙、玉虚宫，都是在那个时期得以兴建。

2011年12月，赴香港参加"文物保育国际研讨会"期间，我曾考察过位于长洲湾附近北社新村的天后庙。天后庙坐落在长洲安老院内，这是长洲历史最悠久的庙宇，这里每年都会庆祝天后诞和举行太平清醮，当中的"飘色"和"包山节"极具地方特色。天后庙于2010年被确定为二级历史建筑。我还考察了香港长洲玉虚宫。玉虚宫又名北帝庙，位于长洲东湾北社街。1777年港岛暴发瘟疫，于是本地的惠州及潮州人从乡下请来北帝神灵建成这所庙宇，祈求北帝庇佑本地渔民和村民，驱走瘟疫。玉虚宫每年都会庆祝北帝诞，举行太平清醮和包山节。玉虚宫曾于2002年重建，于2010年被确定为一级历史建筑。

2015年6月，我考察了香港长洲太平清醮飘色制作。太平清醮飘色制作是香港的非物质文化遗产。昔日长洲太平清醮只为超度亡魂，较为单调。20世纪30年代，长洲北社新村老一辈的师傅到中国内地考察各地会景巡游活动，吸收了一些相关的制作技术，创作出飘色来丰富整个醮期活动。飘色主要在长洲太平清醮会景巡游时（农历四月初八日）演出，由长洲建醮值理会统筹有关活动，由长洲五个街坊社团，包括中兴街、大新街、兴隆街、新兴街及北社街，以及一些其他社团组织负责设计与制作。

飘色的命名，主要是给人一种"飘然欲飞"的视觉效果。以往小朋友由工作人员抬扛着"色柜"不停地摇摆前进，并穿梭于长洲的大小街道，角色人物被绑在钢铁支架上"摇曳生姿"，仿佛在空中飘动，给人一种"凌空漂浮"的感觉，既神奇又美妙。长洲飘色制作是一种传统的制作工艺，一板飘色就像一座流动的小舞台，表现出精彩的特写镜头。长洲每年太平清醮会景巡游的飘色表演，均由当地居民自行设计制作，每个街坊会或社团组织，都会安排飘色制作师傅，设计自己独特的题材。

一台飘色分为上色心、下色心和色柜三部分。上色心是坐在铁架上的小朋友，下色心是坐在铁架下的小朋友，色柜则是镶嵌铁架的柜。铁架的座位用布包住，当小朋友坐上后，会将其固定于座位上。上面的小朋友像踏在一些小装饰品上，飘在空中。传统巡游时会以人手抬飘色，达到"飘"的效果。制作一台飘色，包括打铁及找小朋友，需时约3~4个月。作为色心的小朋友都是4~5岁的幼稚园学生。太平清醮飘色制作表演，体现了香港民众追求幸福的美好愿望，给我留下了深刻的印象。长洲每年均会举办盛大的太平清醮，这项活动是长洲最大型的传统节目，每次均吸引大批人士慕名参观。

布袋澳村

2013年7月，我考察了位于九龙清水湾道的布袋澳村。布袋澳是新界的一个美丽海湾，因其三面环山，而出海口相对狭窄，远看仿佛是一个大大的布袋，因此被称为"布袋澳"。布袋澳村是香港现存少数的渔村，有几十户村民，多以繁殖渔业为生，经营海鲜生意、开海鲜菜馆、售海产品、租船游海、捕鱼维持生计，村里有许多鱼排，洋溢着渔港风味。香港素有"美食天堂"之称，这座由渔港发展成的城市，以海鲜最具代表性。香港人讲究饮食，正如坊间流传的"不时不食，不鲜不食"，意思是每种食材一定要按照时令，在最新鲜的时候食用最佳。人们来到布袋澳，就可以享受地道风味的时令海鲜美食。

虽然经历上百年的转变，生活环境已经发生巨大变化，但是布袋澳村仍然坚守传统的渔村文化，保留着独特的传统习俗特色。村中有洪圣宫，供奉的"洪圣"洪熙是中国南方有名的神祇，洪熙为官清廉，致力推广学习天文地理以惠泽商旅及渔民，过世后曾被封为"洪圣"，至宋代则成为渔民守护神。每逢农历新年、冬至、清明节和婚宴，布袋澳村村民都会齐集洪圣宫参拜。每逢洪圣诞，村中必有庆祝活动。除了庆祝洪圣诞外，洪圣宫也会在天后诞时参加大庙湾的天后诞。20世纪30年代前，庙宇曾作教学用途。洪圣宫于2010年被确定为三级历史建筑。

围村文化

　　历史上的香港，有很多由小村落和集市所组成的围村，村民依赖土地为生。在围村的墙内，村民过着传统的生活，形成独特的围村文化。如今在香港不需要远离市中心，也会发现有一些感觉时光倒流的地方。例如在新界北部的粉岭、上水以及元朗，依然可以感受到过往那种传统氛围，感觉仿佛回到过去居住的围村，生活在以祠堂为中心，由家族成员集体议事的年代。那些村落绝非停止发展，冻结在过去的时光里，只是当地居民仍然保留古老的传统，也继续奉行较为简朴的生活方式。

　　2013年8月，我考察了位于香港新界粉岭龙跃头的老围。历史上，由于内地战争纷扰不断，众多的宗族前来香港北部边界避难。明代时期海盗猖獗，居民们便在村落周围筑起砖墙，来维护自身安全。龙跃头邓族于14世纪由锦田移居龙跃头，先后建立了"五围六村"*，老围兴建日期已不可考，但应是五个围村中最早建立的。老围建于小丘之上，四周筑有围墙，围门窄小，围内的房屋排列整齐有序，还有独特的防御措施，即在四面围墙的正中部分建有高台，用于监察防盗，加上围门和入口处的高塔，就可以保护中央的祠堂以及邻近的住宅。村内还设有水井，以确保在遇到盗贼突袭的情况下，闭门坚守仍

---

* 五围：老围、新围、麻笏围、永宁围、东阁围。
　六村：麻笏村、永宁村、新屋村、祠堂村、小坑村、觐龙村。

有足够的水源供应。

在围门的门口有一副对联为"门高迎紫气 围老得淳风",红底黑字非常醒目。老围的围门原先是北向,但是由于风水原因,围门被改建为东向,门前有石条梯解决因地基高出地面而带来的出入问题。老围虽然经历过多次修建,但是无论是围墙结构还是围村的布局都保存完整。1991年,老围部分围墙进行紧急维修。1997年年初展开全面修复工程,由古物古迹办事处及建筑署古迹复修组监督,香港赛马会慈善信托基金资助400万港币工程费用,并于翌年完成。目前,围墙结构和村内布局大多保存完整,但是为了保护居民的隐私,围村内部并不对外开放。1997年1月31日,老围门楼及围墙被列为法定古迹。

据介绍,在香港新界至今仍然留下600多处原住居民的传统文化村落,也成为香港保留传统文化最丰富的区域,占整个香港的九成之多。

香港围村文化不仅在历史上具有重要地位,即便在现代社会,依然可见那些世代相传的习俗。祠堂是围村生活的中心,既是村民祭奉祖先、社交聚会以及商讨村内重要议题的地点,也是孩子们上课的地方。虽然随着家庭成员外出工作,村民的生活早已不再局限于围村之内,但是每逢传统节日和特别活动,老一辈的村民仍然会相聚在这里,一起分享"盆菜"来庆祝。"盆菜"是一大盆装满层层堆叠的肉类、海鲜及蔬菜的传统菜肴,最重要的是使用本地种植、新鲜时令的食材。即使时至今日,在新界北边的几个区域,都还维持这种自耕自食的传统习惯。

随着社会现代化的脚步，某些古老传统也随之做出调整、创新，甚至有更广泛的应用。除了依靠土地维生、自给自足的生活方式，现在一些有生意头脑的村民也将农产品对外销售，带动一股"在地食材、产地直送"的趋势，风行全香港。粉岭的宝生园养蜂场就是一家致力于维护环境的企业。宝生园是香港第一间养蜂场，最初于1923年设立于广州，在20世纪50年代晚期搬迁到香港，生产蜂蜜和相关产品已有90多年。养蜂场的整体规划就像个公园，来访者既可以漫步其中参观，还可以在入口处的茶馆，品尝新鲜的蜂蜜饮品，也可以把香甜的蜂蜜带回家。现场有专家解说养蜂的相关知识，指导游客如何使用蜂蜜。

整合与互动

保护具有共同价值遗产要素

在考察香港历史建筑的过程中，给我留下深刻印象的还有对于"系列遗产"的保育和活化实践。系列遗产概念是世界遗产体系近年来的创新点之一。这一概念强调以整体的视角，关注文化遗产组成部分间的内在关联，并认知各组成部分特定的贡献，共同塑造出超越原有个体的整体意义。这一理念与实践促进了跨时空化互动和多维度文明对话，使遗产保护工作以一种更系统和全面的视角去理解和认知人类社会的发展机理和趋势。

系列遗产是世界遗产体系中在遗产界定、价值认知、要素构成以及保护管理等方面较为复杂的遗产类型，包含相互关联的组成部分，这个关联指它们属于同一个历史和文化组别；具有地理区域特征的同一类遗产；同一地质、地貌形态，同一生物地理区域或同一生态系统类型；并且前提是整个系列作为一个整体，而无须每个个体具有突出普遍价值。

系列遗产认知与保护管理的核心，是对遗产进行界定、价值评价及要素组合原理分析和体系建构。这一技术路线通过价值与要素、整体与个体、关联与代表三种线索的交叉互证，力图达到对系列遗产更为系统和全面的认知。系列遗产的界定原理对研究与保护管理工作提出了极具发展性和创新性的要求。系列遗产组成部分的权属多样化，也对跨部门协调管理机制的建设提出了更高要求。系列遗产所推动的理念创新和方法创新，有利于推进文化遗产保护的广泛社会共识与能力建设，是对文化遗产保护目标的积极贡献。

需要说明的是，系列遗产并不是遗产节点的简单打包和数量叠加，也不是主观归纳简单叠加，而是真实完整地反映了某种客观存在，是随着遗产保护理念发展而出现的一类遗产类型，体现了人类对遗产保护的更高水平。系列遗产可以是系列文化遗产、系列自然遗产，也可以是系列文化景观遗产。系列遗产为与其他遗产类型交叉复合，提供了一种更为多样的构架体系。系列遗产概念推进了遗产认知的方法，有助于洞察关联、认知系统。

从2005年对系列遗产概念的讨论，到2019年对系列遗产定义达成普遍共识，对系列遗产的认知与保护方法成为文化遗产专业领域的重要议题。系列遗产保护经过了学术研究与保护实践的发展过程，逐步掌握文化遗产整体及其组成部分之间价值线索与构成体系的建构方法，揭示了突出普遍价值可以存在于一系列不相邻的地点所构成的整体中。系列遗产概念的设立促进了区域生态环境改善和旅游业发展。基于这样的认识，文化遗产保护不再局限于对已有历史建筑进行保育和活化，而是突出系列遗产的唯一性和特殊性，以现代设计方式来诠释历史，使历史建筑与周边环境一同创造适宜的人居环境。

在我看来，香港历史建筑中的系列遗产大致可分为考古遗址系列、寺庙系列、教堂系列、警署系列、军营系列和城市设施系列六大类型。

考古遗址系列

　　考古遗址的发现与保育，对提高香港社会的文化遗产保护意识起到了重要作用。2011年12月，赴香港参加"文物保育国际研讨会"期间，我考察了龙津石桥遗址。龙津石桥位于九龙城岸边的登岸码头，建于1873～1875年。这座石桥原长约200米，宽2.6～4米。至1892年，因泥沙淤积，海岸后退，改建木桥。其后，石桥因20世纪20年代启德滨填海工程及日本占领时期机场扩建而被埋没。2008年，龙津石桥遗址在香港启德发展计划环境影响评估所进行的考古调查中被发现。在咨询公众和深入研究后，龙津石桥实施原址保存，设立启德龙津石桥遗迹保育长廊，实现了公众欣赏。

　　一系列考古遗址的发现证明，香港之前并非只是一个普通渔村。2013年7月，我考察了香港西贡东龙洲炮台遗址。东龙洲炮台是香港昔日一座海岸炮台，位于新界西贡区东龙洲东北面，俯瞰佛堂门海峡，现已荒废。东龙洲炮台建于1719～1722年，是为了防御海盗由两广总督杨琳下令兴建，建成后一直驻有守军。19

世纪初，海盗猖獗，东龙洲炮台位处孤岛，补给和支援困难，因此1810年，东龙洲炮台被位于九龙半岛的九龙炮台取代。东龙洲炮台呈长方形，外墙长33.5米，宽22.5米，高3米，北墙设有出入口。炮台设有15所营房以及8门大炮。1979～1982年，古物古迹办事处对炮台进行了系统的考古发掘及维修保护，出土器物数量甚丰。东龙洲炮台于1980年被列为法定古迹。

2018年8月，由香港海事博物馆主办，广东省博物馆合办的"东西汇流——十三至十八世纪的海上丝绸之路"展览，打破人们对于香港历史地位的认知。通过200余件海底出水文物以及香港收藏家珍藏的香港古地图，展示了商品贸易、宗教发展、文化交流、古代史迹和水下考古等多方面内容，还原出古代香港的商贸全景。通过海上丝绸之路水下考古成果还证明了早在宋代时期，香港就已经有繁忙的海上贸易，在海上丝绸之路的中转补给、商贸交易方面发挥重要作用。

东湾仔北遗址

东湾仔北遗址地处香港荃湾区马湾乡马湾村。背靠一小山丘，北、西、南三面为底丘环抱，东面临海，是典型的海湾遗址。遗址南北长约100米，东西宽约30米，总面积近3000平方米。东湾仔北遗址的考古工作始于1981年，当时香港古物古迹办事处曾对此进行过考古调查，1983年和1991年又进行过复查。1993年东湾仔北遗址被确定为一处汉代和新石器时代晚期遗址，1994年，发掘出青铜时代和汉代的遗存，还发现新石器晚期的墓葬。

1997年开始，采用系统发掘单元法，对东湾仔北遗址进行了全面发掘，揭露遗址面积1400余平方米。遗址中发现了三个时期的文化遗存。第一时期距今为4900～5700年，遗存包括少量柱洞和陶片。陶片均为夹砂陶，饰绳纹和划纹，器类有釜、钵和器座等。

第二时期遗存年代距今为3500～4200年。遗存包括墓葬、柱洞、灰坑、陶器等。墓葬均为单人葬，葬式有仰身直肢葬、侧身屈肢葬和二次葬。人骨经鉴定与华南地区，特别是珠江流域的新石器时代晚期人骨的体质特征有明显共性，说明香港和珠江流域的先民是同一种属。随葬陶器以釜、罐、壶为主，石器有锛、镞、矛头、砺石等，装饰品有玦、环、镯、管等，表明这一时期的石器以磨制石器为主，有生产工具、武器和装饰品三类。遗存还发现了在中国东部和南部史前时代广泛流行的拔除上门齿习俗。第二时期陶器仍以夹砂陶为主，出现了泥质软陶，流行圈底器、带流器、折肩折腹器和凹底器等日用器皿，也有少量生产工具如纺轮等。泥质陶上多饰有拍印曲折纹、方格纹、叶脉纹、复线菱格凸点纹等。

第三时期遗存距今2500～3500年，以C1044墓葬为代表，该墓未见人骨，随葬品有陶器、玉管饰及石玦，陶器风格在香港地区极为少见，属于粤东和闽西南地区的浮滨文化。

东湾仔北遗址的发掘是香港考古的一个重大突破，为建立香港地区史前文化发展序列、研究史前时代香港和内地的关系提供了宝贵资料。对这处重要的新石器时代至青铜时代遗址进行深入研究，将会为香港乃至整个珠江三角洲地区考古学上的许多学术问题提供有价值的资料。2021年10月18日，香港东湾仔北遗址被评为全国"百年百大考古发现"。

九龙寨城遗址

九龙寨城位于香港九龙城东头村道和东正道交界，邻近侯王古庙，历史悠久。九龙寨城始建于1843年，建成于1847年，当时九龙成为中国边防的最前线，为了加强防御，清政府将官富巡检司改为九龙巡检司，并将驻地迁入九龙寨，筑城建署，依山而筑，驻兵数百，以加强九龙地区的海上防卫。九龙寨城工程历时五年建成，四周城墙用花岗岩石条构筑，城墙上筑有六座瞭望台和四道城门，另有副城墙，沿北面山丘向上伸延。九龙寨城南门面海，因而立为正门，城门上刻有"九龙寨城"四个大字。城门前有一条小河，名曰龙津河，河面有石桥横跨，是九龙城寨出海的主要通道。

光绪二十四年（1898年），英国强迫清政府签订了《展拓香港界址专条》，租借新界。双方同意九龙寨城仍归中国管辖。在香港历史上，九龙寨城是唯一没有割让或租借给英国的香港领地。自清兵1899年撤出后，九龙寨城渐渐变成民居，盖了不少寮屋。九龙寨城长期处于失管状态，与外界发展隔绝，城内人口激增，非法占地乱拆乱建现象严重。随着九龙寨城日趋破落，城墙也遭到毁坏，城内沦为贫民区。1942年，日军占领香港后，为扩大启德机场作为军用，把九龙寨城的城墙完全拆除，将拆下来的石材，建机场跑道地基，九龙寨城由此变成一个没有城墙的城寨。

1984年12月，中英《关于香港问题的联合声明》正式签署，为解决九龙寨城问题提供了良好的基础。1987年1月，香港政府宣布在三年内清拆九龙寨城，并将之改为公园。九龙寨城公园面积约3万平方米。拆迁前，九龙寨城内约有几百栋10~14层高层建筑，包括工商业企业、牙医诊疗所、西医诊疗所，可以说各行各业包罗万象。因为这里环境特殊，成为城市管理的薄弱区域，甚至一些犯法的人也逃到这里，九龙寨城曾一度贩毒、走私、杀人、抢劫乱事不断。

九龙寨城公园在执行迁拆时经历了很多波折，一直到1994年春季才开始动工，耗资6000多万元。香港政府派遣了五位建筑师前往内地实地考察，以清初江南园林为模式，结合九龙寨城实际情况加以设计。公园共分为八个各具特色的景区，巧妙地整合在统一设计之中，并聘请国内专业工匠团队，运来大量传统建筑材料精心建造。九龙寨城公园于1995年12月22日开放，由康乐及文化事务署负责管理，供市民和游客免费参观。人们在此欣赏园林美景的同时，还可以通过遗存下来的混凝土废墟，了解当年九龙寨城内居民简陋的居住环境。

在九龙寨城清理拆迁期间，曾进行考古勘查，发现寨城东门和南门的墙基和石板通道保存完好，并在南门原址发掘出分别刻有"南门"及"九龙寨城"的花岗岩石额。于是昔日南门遗址原地保留，供市民参观，目前已经被列为法定古迹。此外，城墙残存的墙基、一条沿内墙建造的排水沟以及旁边的石板街也先后出土。九龙寨城中早年在清末民初时留下的衙门、宅院也在考古发掘时陆续被发现。为保留九龙寨城的历史精神，原有的护城河、古井和围墙都尽量保留原有的建筑特色和文化景观，并一一重现，力求把历史融合于园林之中。

九龙寨城衙门于1847年建成，为大鹏协府及九龙巡检司衙署所在地，是九龙寨城内唯一保留下来的古建筑。其为一座三进四厢的建筑群，墙身和柱础用青砖及麻石建造，而屋顶梁架则为传统木材结构，上铺素烧的筒瓦和布瓦。自1899年驻军撤离九龙寨城后，衙门曾被用作多种慈善用途，其中包括广荫院、老人院、孤儿收容所和诊所等，在九龙寨城清理拆迁前曾作为老人中心，收容及照顾贫苦无依的老人。衙门前庭两侧展示两尊古炮，西侧尚存一方古井。衙门内陈列着一些在九龙寨城中发掘出土的文物，包括与寨城历史有关的石碑。衙门大堂还展示着1902年九龙寨城的平面图，介绍九龙寨城的历史图片和建园工程始末的图文等。

九龙寨城公园除衙门、南门古迹外，还有石匾、大炮、柱基、清朝官府碑铭以及战前的混凝土废墟等丰富的历史遗迹。这些遗迹在清理拆迁过程中仍然保留，置于九龙寨城公园内陈列，展示沧桑变化。公园全区仿照明末清初的江南园林建造，力求把历史融合于园林之中，其窗棂、楼阁和荷花池等很有朴质古意。游人沿着园中蜿蜒曲折的小径，既可前往不同的景区，也可欣赏沿途景观。根据公园植物景观分区布局，全园共设置了八条长短不一的植物径。虽然公园面积有限，但是远借宏伟的狮子山作背景，视野开阔、远山近水、互相辉映、步移景换、各具特色。

九龙城衙前围村遗址

　　衙前围村位于香港九龙新蒲岗东头村轨道。根据已经公布的历史文献和考古资料，衙前围村建于南宋时期，至今已有约700年历史。2007年市区重建局启动衙前围村重建计划，搬迁及赔偿尚存村民，并提出了"保育为本、新旧交融"的方针。重建后保留衙前围村门楼、石匾、天后庙、围村中轴线及其两旁结构较为完整的八间具代表性石屋。自2016年考古工作开始以来，在衙前围村地下1.5米深处先后发现了地基和地砖层，经推断为明代更楼遗迹，此外还发现了护城河地基遗址。这些发现使香港宋元明清时期的历史联系得到进一步丰富和充实。

　　有关衙前围村的最新发现，在香港考古工作中不算是具有特别重大的价值，但是有关发现显然并非孤立。事实上，衙前围村遗址与九龙城宋王台一带的宋元明清考古遗址和历史文化联系，早已成为香港最具历史价值的一道考古文物风景线。2020年在九龙城沙中线土瓜湾的港铁站工地，发现了宋朝方井，这是整个华南地区迄今为止发现的唯一方形水井，更独具历史文物价值。这些相关发现强有力的反驳了香港在英国人到来前只是一座偏僻的小渔村，与内地并无什么历史文化联系的论调。

　　事实上，早在东汉年间，香港这座岛屿已经有人群居住，20世纪50年代出土的李郑屋古墓即为明证。自宋室南渡之后，南宋末代皇帝与群臣曾逃难到香港，后再转赴福建。九龙城宋王台一带，实际上成为跟随宋室南下臣民的聚居之地，房屋地基、方井及大批瓷器、钱币的出土，更说明了当时的经济贸易活动相当兴盛，已完全具备了一个城镇的规模。所有这些古迹遗址的发现，不仅在考古文物上具有重要价值，对香港的历史身份的认证更具有不可替代的重大意义。事实胜于雄辩，香港自古以来就是中国悠久历史和灿烂文化的一部分，这是不可磨灭和否定的事实。

中英街

2013年8月，我再次来到中英街考察。与过去不同的是，此次由香港和深圳两地同仁共同参与。中英街位于香港特别行政区北区与深圳市沙头角街道交界处，背靠梧桐山，南临大鹏湾，由梧桐山流向大鹏湾的小河河床淤积而成，长约250米，宽3~4米，香港和深圳各占一半。自清代以来，沙头角一带的居民基本上以客家人为主，他们居住在此已有300多年历史。当地民众为追忆先祖迁徙跋涉之苦，建立客家宗祠成为祭祀场所。当地居民以海上捕捞作业为生，因自然条件变化莫测，危及生命财产安全，因此沙头角原住居民修建了天后宫和吴氏宗祠，这两处建筑是当地民风民俗的重要历史遗存。

《展拓香港界址专条》签订后，有人在边界一带搭建房屋，摆摊做生意，这里逐步形成了一条小街的雏形，也就是中英街前身。1951年2月，开始实行边境管理，中英街变成了边防禁区。

20世纪80年代初开始，中英街以毗邻香港的特殊地理位置和免税店物美价廉的优势，吸引了来自各地的游客。此后中英街修建的建筑为低层和中层。中英街两侧的房屋建设不均衡，深圳一侧建筑以多层为主，香港一侧建筑以一层为主。香港回归祖国之后，中英街定位为商贸旅游区，计划建成历史氛围浓厚的商贸旅游街区。中英街街边商店林立，20世纪90年代初创下日接待游客近10万人的纪录。

中英街有八块界碑石，界碑石西侧为香港特别行政区，东侧为深圳市。《展拓香港界址专条》签订后，1899年3月，中英两国的勘界人员来到了沙头角，从海边开始沿着河道进行测量和勘界，在测量好的点位竖立了木质界碑。沙头角勘界结束，界碑在沙头角一条干涸的河道上一字排开，向前延伸，把沙头角一分为二，东侧为"华界沙头角"，西侧为"新界沙头角"。此后，中英两国代表在香港签订了《香港英新租借合同》，记录了中英界碑石的走向和位置。从此沙头角中英地界形成。

1905年，界桩换成麻石界碑石，八块界碑石均用青灰色花岗石凿制，石质较为粗糙。外观上小下大，纵剖面呈梯形。这是香港历史上有明确记录的中英街第一次竖立界碑石。中英街的八块界碑石，无声地述说着100多年来的坎坷历程，也是英国展拓香港界址，并在新界北部地区实施勘界后，至今保留下来的最具有历史价值的文物。界碑石不仅涉及中英关系史，也是粤港关系史中的重要物件。世界上像这样的历史物证比较罕见，不可多得，极其珍贵。

目前，位于中英街上的界碑石共有七块，编号为1～7号，从1号界碑石到7号界碑石的总长度为429.11米。1号界碑石埋设在中英街西南端的街心，2～6号界碑石沿中英街中线，即街心位置布置，各碑石之间相互间隔的距离从30.06～101米不等，7号界碑石埋设在中英街东北端的鸿福桥桥头的街心位置。8号界碑石，则位于鸿福桥下的河床中心。沿着沙头角界河向西北方向延伸的河道及河岸已经发现了9～11号界碑石，由于界碑石多年深藏草丛之中，被植被保护，界碑石立面的字迹清晰可辨。

由于特殊的历史和地理原因，中英街界碑石有的属于深圳市管理，有的属于香港特别行政区管理。就文化遗产保护管理体制而言，内地的不可移动文物保护级别分为国家级、省级和市级，香港特别行政区的不可移动文物保护将保护对象界定为"法定古迹"。由于这些界碑石位于不同行政区域，因此，涉及"一国两制"背景下，两种文化遗产保护体制的协调与合作。1989年6月，广东省政府将"中英街界碑"公布为省级文物保护单位。1998年，深圳市建设了中英街历史博物馆，同时承担中英街界碑的保护任务。1999年5月，位于深圳一侧的中英街历史博物馆建成开放，是一座反映中英街百年历史沧桑的地志性博物馆，展楼总建筑面积1688平方米。中英街历史博物馆的主要职责是负责中英街文物的保护、收藏、展示与研究，开展爱国主义教育。2012年，中英街荣膺中国历史文化名街。

主教山配水库遗址

香港深水埗区的窝仔山，因附近有许多基督教堂，又称主教山。山顶有一个1904年建成的配水库，是当时九龙供水计划的一部分，即主教山配水库。九龙供水计划包括兴建九龙水塘、相关的集水区设施、滤水池、输水管以及主教山配水库。20世纪70年代，主教山配水库停止使用后，一直处于荒废状态，而水库附近则是市民散步和运动的小公园。

由于主教山配水库结构出现裂缝，存在安全隐忧，水务署计划将土地交还地政总署用作其他用途，交还前先需要清理拆除地下减压缸和相关设施，回填土地，并进行斜坡加固工程。2021年年初，香港水务署开始对停止使用已久的深水埗主教山配水库进行清理拆除，在清理拆除过程中，意外发现内藏一个具有百年历史的地下蓄水池。这处蓄水池原为食水减压缸，根据水务署的文件显示，食水减压缸直径约为47米，深度约为7米，容量约1.2万立方米。这座地下蓄水池属古罗马式建筑结构，蓄水池的巨大地下空间由百条麻石柱支撑，顶部用红砖砌成圆拱，再支撑最高的拱形水泥池顶，最后以泥土覆盖，具有浓郁的欧洲中世纪建筑风格。

香港不少水务设施历史悠久，现存一些配水库多为战后兴建，全部为钢筋混凝土建筑，例如何文田、乐富以及北角云景道等配水库。主教山配水库，是一座战前建成的地下蓄水池，结构设计方式十分罕见。随着发现地下蓄水池建筑一事披露，文物专家和市民们为之兴奋。数以百计的附近居民闻讯前来，并自发组织起来呼吁保护。香港特别行政区行政长官林郑月娥女士在社交平台发文表示，期待在古物咨询委员会的支持下，这个水务遗址也可保育成为一处可供市民欣赏游玩的地方。

有的文物专家表示，主教山配水库是"亚洲独一无二地下储水库公园"，历史价值非常高，更称其足以媲美土耳其伊斯坦布尔的古老地下水宫殿。一些区议员也发起联合署名，要求把主教山蓄水池列为"暂定古迹"。实际上，香港水务署在2017年实施这项饮用水减压缸重整工程前，曾咨询古物古迹办事处。基于当时的资料和分析，这处水务设施被理解为一个"水缸"。因此，古物咨询委员会在2017年3月将这处水务设施评为"不做评级的构建物"，判断为"毋须跟进"。但是随着地下古迹的发现，文物保育专员开始与水务署、古物古迹办事处人员进行勘察，古物古迹办事处也展开详细研究及评估。

香港水务署马上停止了清理拆迁和有关饮用水减压缸重整工程，对蓄水池和整个工程范围实施保护，同时对历史建筑损毁情况进行现场勘察。经过检查，在此前的施工中，有20米×10米的天花板被拆除，100根柱子中的4根被拆除。在这100根柱子中，有22根柱子在蓄水池内，有78根柱子外露。对古迹造成的破坏需要尽快进行修复、加固。同时，香港水务署会同古物古迹办事处向公众进行了情况说明，强调正在安排专家研究评估，然后交由古物咨询委员会进行评级。

2021年3月11日，古物咨询委员会公开会议上，主教山配水库被评为一级历史建筑。该项目及其他获评估项目的相关数据和拟议评级，包括位置图、相片及文物价值评估报告上传至古物咨询委员会网页，进行为期一个月的公众咨询。同时在这次会议上，油麻地配水库也被评为一级历史建筑。油麻地配水库是整个九龙半岛首个以水塘为本的供水设施，油麻地配水库的石柱由红砖砌成，具有欧陆特色，而且历史悠久，已建成100多年。

香港水务署于2021年3月推出主教山配水库的虚拟导览。公众可以凭借360度虚拟导览，游览配水库和欣赏其内部结构。水务署希望通过导览加强公众对配水库的认识，以便他们参与古物咨询委员会就主教山配水库评级进行的公众咨询，体现了评审过程中公众意见的重要性。水务署也继续为主教山配水库进行其他改善工程，包括提供内部照明及通风设施。待完成所需的加固及改善工程，并确保配水库的结构安全后，将有限度地对市民开放主教山配水库历史建筑现场。香港发展局也在水务署完成临时加固及临时整理工程后，研究水务设施的长远保护和活化方案，力求让香港市民可以享用这个地方。

宝莲禅寺

2012年6月，我考察了宝莲禅寺。1906年，在江苏镇江金山江天寺参学的大悦、顿修、悦明三位禅师辗转游历至大屿山，喜见高山之上有一大片平原，虽然长满荆棘荒草，人迹罕见，却清幽宁静，认为这是修行办道的理想地点。三位禅师披荆斩棘，合力建小石室。自此，出家僧众向往这处清幽的道场，闻风而至，盖搭大茅蓬，自耕自食，用功修道，因此宝莲禅寺初期命名为"大茅蓬"，香港禅门十方丛林的规范也从此创立。至1924年正名为宝莲禅寺，纪修和尚出任第一代住持，迄今约100年历史。1963年，由于上山参拜的信众日渐增多，旧有佛殿不能满足应用，开始筹建大雄宝殿。大雄宝殿楼高二层，大殿下层为观音殿和罗汉堂。

1979年，源慧法师、智慧法师率领香港佛教僧团一行20人访问内地，受到时任中国佛教协会会长赵朴初的热烈欢迎。此行对两地宗教正式建立联系具有重要的意义。中国佛教协会赠给宝莲禅寺大藏经珍本《龙藏》一部，共7173卷。1982年10月，中国佛教协会《龙藏》护送团抵达香港。宝莲禅寺与香港佛教联合会举行了盛大的迎接大藏经仪式，并同时举办了《龙藏》公开展览。1993年，天坛大佛建造完成，举行了开光庆典，宝莲禅寺逐渐成为世界闻名的寺院。2000年宝莲禅寺开始筹建万佛宝殿，完善为集宗教、佛教文化、园林景观、雕塑艺术、传统与现代于一体的佛教圣地。

慈山寺

　　2015年12月，我参观了位于新界大埔的慈山寺。慈山寺是一座汉传佛教寺院。慈山寺建筑设计理念力求延续中国佛寺建筑传统，借鉴盛唐建筑的风格，并谨慎结合现代科技与创意，兼具传统特色与现代功能。寺院建筑依自然环境布局，山门、弥勒殿和大雄宝殿均坐落在主中轴线上，体现出传统寺庙均衡对称之美。慈山寺东区以户外观音立像为核心，两侧共栽18棵古罗汉松，至观音殿形成自然辅轴线，体现因地制宜的建造智慧。殿堂间以开放式回廊相连，整体设计和谐庄严，与四周自然环境融为一体，返璞归真，既保持内庭园的宁静，也令四方美景收于眼底。

　　慈山寺寺院整体建筑设计力求以简洁流畅的线条，体现寺庙殿堂的沉实稳健。大雄宝殿的制式比例参考现存五台山的唐代寺庙建筑佛光寺大殿设计。70米高素白观音圣像立于6米高圆形平台之上，以超过600吨锡青铜铸造，法相慈悲，清净庄严。石筑阶基、木造柱墙、灰瓦屋顶，高18米；飞檐宽5.7米，四角微扬，充分展现古诗中"如翚斯飞"的意境。大殿主结构建造推陈出新，以混凝土配合钢材，坚实有力。殿内支柱由传统的12根减至8根，以非洲紫檀包裹，兼具空间感与亲切感。通过移除装饰性斗拱，使殿堂空间雄伟，殿堂檐下配以高窗、自然光照，也体现出环境保护理念。

东莲觉苑

2016年4月，我考察了香港东莲觉苑。东莲觉苑是1935年落成的佛寺，由虔诚佛教徒何张静蓉与丈夫何东爵士一同创立，为弘扬佛法、推动教化提供永久之所。20世纪30年代初，何张静蓉为提倡女子教育创办宝觉义学校及宝觉佛学社，这两个教育机构均在东莲觉苑的苑舍开幕时迁入。东莲觉苑自创立以来致力于兴办女学及弘扬近代中国佛学，对香港华人社会的宗教及教育发展作出重要贡献。时至今日，东莲觉苑仍是重要的佛教道场，在培育尼众人才方面，担当着举足轻重的角色。

东莲觉苑由本地建筑师冯骏设计，是20世纪20～30年代中西合璧式建筑的典范。这种建筑风格大体采用西方结构和施工方式，兼具传统中式设计、建筑细节及装饰，如飞檐、斗拱和琉璃瓦顶等。东莲觉苑内部装饰的用色和设计，包括走道栏杆、墙上和天花板的灰塑、门框门板、彩色玻璃窗等细节均极富中国色彩。东莲觉苑的平面布局呈箭嘴形，外形有如把众生载到彼岸的巨船。苑舍依照中式佛寺的格局建造，殿堂依次分布，以山门为首，随后是韦驮殿和大雄宝殿。2009年，东莲觉苑被确定为一级历史建筑。

侯王古庙

2015年12月，我考察了位于九龙城的侯王古庙。根据庙内铸于清雍正八年（1730年）的古钟推算，九龙城侯王古庙大概建于1730年或以前。朝廷在1847～1899年驻军九龙寨城期间，寨城的官将多曾到侯王古庙参拜。侯王古庙建筑群坐落于石砌高台之上，包括庙宇主体建筑及其后加建的厢房、凉亭和刻石等。神坛设于庙宇的后殿，是敬拜侯王和其他神祇的地方。后殿的山墙采用了"五岳朝天式"设计，在香港甚为罕见。此外1888年的"鹤"字石刻至今仍可见于庙后的巨石上。侯王古庙于2010年被确定为一级历史建筑，并于2014年被列为法定古迹。

铜锣湾天后庙

铜锣湾天后庙由戴氏家族兴建，建庙年份已经难以考证。天后庙现存历史最悠久的文物是一口古钟，钟上铭文所刻的年份是清乾隆十二年（1747年），正门门额的题字和两旁的门联则是同治七年（1868年）重修时所立。庙宇内还有牌匾、对联、香炉、石狮和石案等其他文物，皆从清代保存至今。天后庙是两进式建筑，两侧建有偏殿，正殿供奉天后、包公和财神。庙宇的屋脊装饰华丽，脊上的人物陶塑是以中国传统戏曲场景为题。庙内装饰和对联所采用的剪瓷工艺，在香港甚为罕见。铜锣湾天后庙于1982年被列为法定古迹，现在仍然运作，供信众参拜。

黄大仙祠

　　2011年12月，赴香港参加"文物保育国际研讨会"期间，我曾考察了黄大仙祠。黄大仙祠位于九龙狮山下竹园村，是香港著名庙宇，信众多，香火鼎盛，游人如织。黄大仙本名为黄初平，东晋人，得道后号称"赤松仙子"，民间流传其法力高强，羽化升天之后，以"药方"度人成仙，因此得到人们的信仰和崇祀。1915年，道士梁仁庵等人奉接赤松仙子宝像来到香港，最初在湾仔开坛阐教，1921年，选择九龙狮山下竹园村的龙翔道建祠。初期只为道侣私人修道场所，1956年正式向公众人士开放。

　　黄大仙祠主要供奉黄大仙，庙内的黄大仙像两侧分别安放着齐天大圣和药神两尊神像。每逢农历大年初一，信众都会争相进入庙内上头炷香，希望来年行好运。此外，信众每年都会到庙宇庆祝黄大仙诞。黄大仙祠为大众提供免费的中医服务。同时，黄大仙祠是全港唯一获得政府认可举办道教仪式婚礼的庙宇。黄大仙祠内最具特色的是其"五行"建筑布局，祠中的飞鸾台、经堂、玉液池、盂香亭及照壁，分别代表金、木、水、火、土五行。另外，祠内还有其他富有中国传统色彩的建筑，如三圣堂、大殿及从心苑等。黄大仙祠于2010年被列为一级历史建筑，现今仍然作为庙宇供参拜。

文武庙

2011年12月，赴香港参加"文物保育国际研讨会"期间，我考察了位于上环荷李活道的文武庙。该庙宇由华人富商兴建，于1847～1862年间落成，是一组庙宇建筑群，由文武庙、列圣宫和公所三座建筑物组成。文武庙主要供奉文昌及武帝，列圣宫则用作供奉诸神列圣，公所为区内华人议事及排难解纷的场所。三座建筑物以两条小巷分隔。1908年，政府制定《文武庙条例》，正式把文武庙交予东华医院管理。时至今天，东华三院董事局和社会贤达每年仍会齐聚庙内举行秋祭典礼，酬拜文武二帝，同时为香港祈福。文武庙对香港具有重要的历史和社会意义，反映出昔日香港华人的社会组织和宗教习俗。

文武庙为两进三开间建筑，正立面有两座花岗石鼓台。庙宇按照传统中式建筑布局设计，后进院落较前进院落高出几级，设有供奉诸神的神龛。两进院落之间的天井已被重檐歇山顶覆盖，屋顶由天井四角的花岗岩石柱支撑，两侧为卷棚顶的厢房。位于文武庙左侧的列圣宫原为三进两院式建筑，其后两个天井加筑钢架屋面。公所现为简单的一进式建筑，其花岗岩石门框至今保存完好，上面刻有公所的建筑年份，甚具历史价值。文武庙组群属典型的传统中式民间建筑，饰有精致的陶塑、花岗石雕刻、木雕、灰塑和壁画，尽显精湛的传统工艺技术。文武庙于2010年被列为法定古迹。

广福义祠

广福义祠俗称百姓庙，建于19世纪50年代，用以供奉远道来香港谋生，而客死异乡的华人灵位。祠内正殿主祀地藏王，使亡魂得以安息，也供奉济公活佛，后殿是坊众的百姓祠堂。广福义祠原用作市民安放先侨灵位的地方，后来成为流落无依人士及垂危病人的居所。之后，广福义祠的卫生环境日益恶劣，引起政府及香港市民的关注，最终在1869年由政府下令封闭。华人医疗服务问题，直至1872年东华医院落成后才得以解决。东华医院成立后，广福义祠也拨归该院管理。广福义祠于2010年被确定为二级历史建筑，现仍作庙宇用途。

伯大尼修院

2011年12月，赴香港参加"文物保育国际研讨会"期间，我还考察了伯大尼修院历史建筑。伯大尼修院位于薄扶林道，其对面有另一幢名为纳匝肋修院的建筑。这两座修院被视为法国外方传道会在东亚地区的两大支柱。纳匝肋修院为静修之地，而伯大尼修院则为疗养院。伯大尼修院为新哥特式建筑风格，主要由小教堂、疗养院和雇工区三部分组成，最突出的是尖头窗、尖拱柱组游廊、飞扶壁、小尖塔，以及矮墙上的花形浮雕和类似三叶草形的建筑装饰。建筑物四面均有外廊，外墙由基座的毛石及砾石墙、装饰扶栏以及尖拱柱组游廊构成。整幢建筑物以其美轮美奂的小教堂最具特色。建筑物北端半圆形墙则筑有石室和水井，上半部分墙身和支柱以砖砌成，下半部分墙身则以细琢砖石兴建。

伯大尼修院在过去一百多年间，曾进行过多次加建及改建工程，但是大致上仍保持原貌，

1896年，伯大尼修院进行第一次扩建并于翌年竣工，在疗养院顶层加建了睡房，以应付越来越多患病传教士住院的需求。同时，在疗养院东北部建设了新的餐厅，并建了小教堂。1941～1945年日本占领香港时期，伯大尼修院被日军征用。战后，伯大尼修院与香港许多其他幸存的欧洲式建筑物一样，只剩下空壳，并无任何家具遗留下来，甚至连浴缸也被拆除；另外电力系统也被毁坏，花园严重损毁，大部分树木均枯萎。1949年2月，疗养院经翻新后，重新开放，随后一些传教士在伯大尼修院居住。1961年，伯大尼修院在原有的结构上又加建一层，屋顶改为平顶。

1974年，伯大尼修院关闭，并售予香港置地公司，其后由政府接管。1978～1997年，伯大尼修院由香港大学租用。2002年，特区政府决定修复伯大尼修院，并将与之毗连的旧牛奶公司牛棚建筑，一并租给香港演艺学院，改建为电影电视学系的校舍，作为教学用途。2003年12月，香港演艺学院在伯大尼修院举行动工仪式，历史建筑维修保护及改建工程于2006年完成，伯大尼修院自此成为香港演艺学院的第二校舍。2013年，伯大尼修院被定为法定古迹。

圣安德烈堂

2017年6月，我考察了香港圣安德烈堂。圣安德烈堂是九龙区历史最悠久的基督教教堂，专门为九龙英语信徒而设立，1906年落成启用。这所教堂经过多次扩建，1909年加建牧师楼，女佣宿舍和管理员宿舍则在20世纪10年代初相继落成。圣安德烈堂于1941年被日军占据，教堂的主任牧师被囚，教堂也被改为日本神道教的神社，战后才恢复教会服务和礼拜活动。圣安德烈堂最早兴建的三座建筑物，属哥特复兴式风格，筑有红砖外墙，拥有尖拱形的窗户、曲线窗花格和彩色玻璃窗等。2006年，圣安德烈堂获得联合国教科文组织亚太地区文化遗产保护奖优秀奖。圣安德烈堂为一级历史建筑，目前仍在运作。

盐田梓圣若瑟小堂

盐田梓圣若瑟小堂位处香港西贡盐田梓。盐田梓也是香港早期天主教发源地，早于1841年天主教教士已在香港传教。1861年原属广东省新安县的西贡地区归香港教区管理。1866年，西贡盐田梓陈氏家族有30人领洗入教，并捐出一大块空地给天主教会，兴建小圣堂和学校，奉圣若瑟为盐田梓主保。1875年，盐田梓全岛居民领洗。盐田梓圣若瑟小堂于1890年落成，取代原有小堂。圣堂内的一端设有弥撒用的祭台，在祭台的中心供放了主保圣若瑟的圣像。

盐田梓圣若瑟小堂全堂长24米，宽9米，由米兰外方传教会的神父设计，因此教堂的外观设计为罗马式。在原先的设计中，祭台上圣像的光照来源主要是东墙高处的玫瑰窗，以及圣像后方的祭坛壁孔穴的日光，但是在教堂重修后已改为使用射灯照明，玫瑰窗则于2005年重修之前被封。祭坛的后方为祭衣房，楼上阁楼则为宿舍，可供神父或朝圣人士使用。盐田梓圣若瑟小堂分别于1948年、1962年及2004年进行过修复工程，并获得2005年度联合国教科文组织亚太地区文化遗产保护奖，现仍作宗教和社区用途。

道风山基督教丛林

2017年12月，我考察了位于香港新界的道风山。道风山历史建筑坐落在沙田村的小山上，这是以道风山基督教丛林命名的山，是在远离城市喧嚣的山上建设的颇有特色的古典建筑群，是一组汇集中西文化的场所。其特色之一在于将基督教元素融合于中国古典建筑和中国园林特色，是20世纪30年代中西合璧教堂的典型实例。

道风山基督教丛林由挪威传教士艾香德牧师创办。他于1904年抵达中国湖南宁乡小城传道，次年拜访了沩山佛教寺院，对中国的宗教兴趣日浓，萌生改变西方传教方法的革新概念。此后数年他专心钻研中国宗教，特别是佛教，旨在让那些已经立志投身宗教生活的人得到福音。1922年，艾香德牧师终于参照中国佛教寺院制度，在南京创立景风山基督教丛林，招待佛教和道教徒学道。后因战争原因，1930年，他由内地迁至香港，在沙田创办道风山基督教丛林。为了吸引佛、道教徒前来道风山学道，他邀请丹麦建筑师艾术华设计了中国式建筑群。艾香德牧师于1952年3月13日逝世，遗体葬于道风山基督教坟场。

道风山是突破宗教文化藩篱的修道场所，培育和发展了基督教本土化艺术和礼仪，致力于建立文化和宗教之间的交流和合作。道风山建筑群古色古香，富有中式寺庙特色。而且名称中的"道"字，令人联系中国的宗教，因此也常常被误以为是一座中国传统庙宇建筑群。在历史建筑东面立着一座建于1930年、高12米的十字架，是该处的地标。

　　道风山基督教丛林包括一所教堂，一个祈祷处，一所图书馆，一个专门制作和售卖有中国特色的基督教艺术品、陶瓷、书籍的艺术轩。距艺术轩不远处是云水堂，可接待40人左右，供个别信徒或教会团体租借作会议之用。圣殿是道风山的主要建筑，建筑呈八边形，重檐八角攒尖顶，尖顶中央竖立十字架，垂脊有简化的瑞兽装饰，每一个檐角上各竖立了四个僧侣道士像。圣殿外挂着一口从景风山搬来的大铜钟。殿内有讲课室，是牧师讲道的地方，可容纳70人进行礼拜。授课语言分别为粤语和英语。

　　圣殿底层的静室名为莲花洞，供个人或小组默想。静室内悬长明灯，十字架下安放莲花座，仿如佛堂静室。在牌匾下方的窗户上刻有莲花十字架标志。莲花出淤泥而不染，又比君子，象征人的高尚品格和中国文化；莲花又是佛教圣花，象征圣洁无染的心灵，与基督教的十字架结合，表述希望基督教在中国落地生根，并且与其他宗教呈现开放和相互丰富的远景。在圣殿外围的树林中，有一条石头窄路。通过博爱门楼是只供一个人通行的牌楼式窄门"生命门"，进入"生命门"后可见横批为"博爱"，题字的人是孙文，即孙中山先生。2000年，道风山全面改组工作完成，被重组为三个独立机构：道风山基督教丛林、汉语基督教文化研究所和道风山服务处。

早前政府部门有意将道风山基督教丛林列为香港法定古迹，但是教会有两方面担忧：一是担心开放给社会人士参观，将会影响清静环境；二是担心历史建筑不可做任何改动，将会影响未来的发展，因此没有同意政府部门的要求。但是，经过几十年的风雨侵蚀，这组历史建筑亟待保护，1999年一场大火把道风山基督教丛林侧堂烧毁，其他历史建筑也被白蚁严重破坏。为此教会决定对道风山历史建筑进行全面维修保护。2009年3月，香港特别行政区政府首次推出向私人评级历史建筑提供维修资助计划。2009年12月，道风山基督教丛林被确定为二级历史建筑。随后获批60万港币，用作云水堂和会议厅的维修保护经费。

警署系列

旧赤柱警署

　　旧赤柱警署位于赤柱村道88号，建于1859年，是香港现存历史最悠久的警署，也是香港最古老的英式建筑物之一。这座警署早期作为港岛最南端的前哨站，战略地位重要，因此常供警队及英军联合使用。日本侵占香港期间，日军曾征用旧赤柱警署作为分区总部，并加建验房。战后，恢复其警署用途，直至1974年。此后至1991年，旧赤柱警署先后用作多个政府部门的分区办事处。旧赤柱警署楼高两层，建造简朴。建筑物正面外墙饰有柱廊，具有古典建筑风格。目前，这座历史建筑内仍然保留原有枪房的砖砌圆拱形天花板和壁炉。1984年，旧赤柱警署被列为法定古迹，现活化再利用为惠康超级市场。

旧屏山警署

　　旧屏山警署位于屏山坑头村东面的小山岗上，能俯览屏山村落，是英军于1899年接管新界后兴建的。旧屏山警署曾供警务处多个部门使用，包括分区警署、培训中心、警队及新界北交通部等，以管理青山湾与后海湾之间乡村和谷地的治安事务。旧屏山警署于2002年年底正式移交香港康乐及文化事务署管理，并改建为屏山邓族文物馆暨屏山文物径访客中心，于2007年开放，主要用来介绍屏山邓族的历史文化和屏山文物径的历史建筑。屏山邓族文物馆由三座建筑物组成，主楼是一座拱形长廊的双层建筑物，屋顶设有瞭望台。2010年，旧屏山警署被确定为二级历史建筑。

赤柱监狱

2017年7月，我考察了香港赤柱监狱。这所监狱于1937年投入服务，为高度设防的监狱，主要用于囚禁成年男性还押及定罪在囚人员。赤柱监狱内有香港惩教博物馆，坐落于赤柱惩教署职员训练院操场一侧，楼高两层，面积约480平方米，藏品多达600余件。博物馆内共设10间展览室，一座模拟绞刑台和两间模拟囚室。香港惩教博物馆顶部有模拟的监狱瞭望塔，以凸显博物馆的主题。惩教博物馆设有社区教育中心，介绍赤柱惩教署的惩教及更生计划，并展示在囚人员的手工艺品。

军营系列

威菲路军营

　　2011年12月，我考察了现为香港文物探知馆的威菲路军营。威菲路军营于19世纪60年代初开始建设，至1892年成为正式营地，并命名为威菲路军营。英国在19世纪中叶占领香港岛及九龙后，先后兴建多个军事建筑以加强防御，尖沙咀威菲路军营是其中之一。

　　威菲路军营的设计是典型的20世纪英式军营风格，与香港及其他东南亚地区的同类建筑风格无异。香港早期的建筑物均模仿英国建筑，但是会稍做修改，以配合本地的技术、物料和炎热潮湿的气候。威菲路军营正是一个结合英国建筑风格和本地环境的实例。S61座及S62座军营是一式两幢的双层军用建筑物，风格朴实，没有华丽的装饰。斜屋顶以中式柏油瓦铺盖，两边筑有宽敞的扁拱柱廊，并采用木制百叶窗，以降低室温和湿气。建筑物南向的窗户面积较大，北向和西向的则较小，以改善光线及空气流通，并减少受恶劣天气的影响。建筑楼底较高及地库半悬，有利于通风。

截至1910年，军营内有85座建筑物。1967年，香港政府收回这片军事用地，用作文娱康乐用地。1970年发展成为九龙公园，原有的军事建筑只保留九龙西第二号炮台和四座营房。2003年，威菲路军营交予古物古迹办事处进行修复，其中S58座用作香港历史博物馆的藏品库，而S4座则成为卫生教育展览及资料中心。

自1983年开始，威菲路军营的S61座和S62座营房用作香港历史博物馆的临时馆址，直至1998年启用尖沙咀东部的新馆为止。在这期间，1989年在两座营房之间增建了展览大楼。经修复后，这两座历史建筑与现代设施融合，成为香港文物探知馆，于2005年10月起对公众开放。馆内主要设施包括常设展览厅、专题展览厅、演讲厅、教育活动室以及参考图书馆等，用以进行文化宣传及教育活动。同时，古物古迹办事处的办公地点也在这组历史建筑内。

旧域多利军营卡素楼

旧域多利军营卡素楼建于1900年左右，原为已婚军人宿舍。日军侵港期间大楼曾遭猛烈轰炸，受到破坏，到战后才得以修复。卡素楼楼高三层，为爱德华古典复兴风格建筑，建筑物像楼梯般由四个阶级组成，以迁就陡斜地势，这种建筑形式在香港十分罕见。卡素楼东西两面原设有拱形列柱组成的阳光廊道，但是目前阳光廊道被玻璃窗所封闭，以增加楼面可用面积。砖砌外墙现被涂上灰色及粉红色。卡素楼已被列为香港一级历史建筑。驻港英军在1979年将域多利军营交还香港政府。后来前市政局决定将军营改建为金钟香港公园，卡素楼则于1989年保育和活化为香港视觉艺术中心，以取代位于中环大会堂的旧址。

2016年11月，我访问了香港视觉艺术中心。这座视觉艺术中心隶属于香港康乐及文化事务署的香港艺术推广办事处，于1992年4月28日启用。香港视觉艺术中心既是集陶瓷、雕塑及版画三项活动的专业艺术研习场所，也是全力推广香港艺术发展和培训的场所。中心设施占地159.5平方米，设有陶瓷室、雕塑室、版画室等九个艺术工作室，还有演讲厅、展览厅和多用途活动室，欢迎艺术工作者及团体利用，并提供优良设备以方便艺术工作者从事创作，举行多种类型的艺术活动，包括课程、展览、示范、讲座、艺术家留驻计划及艺术品展销等。同时香港视觉艺术中心也是视觉艺术家互相观摩学习，促进艺术交流、实景艺术创作、培植新秀发展的地方。

香港视觉艺术中心内有两间陶瓷室，可以开展不同形式的陶艺创作活动，有站立式与坐式电动拉坯机，以提高拉坯及捻制陶泥的工作效率，另设有先进电、混泥机、炼泥机等多种器材以及良好的通风系统，力求使艺术工作者置身于一个舒适的工作环境中。雕塑室，可供制作金属焊接、陶土和石膏、木和石的雕塑作品，工作室内有先进的电力及气动工具，如电动钻床及床，方便雕塑立体艺术作品及雕琢切割各类木材、金属与石材。金属室内更设有电弧、氩弧焊接机，可高效率地焊接铁、铜及铝片等不同种类的金属。版画室可供制作凹版、平版、孔版、凸版的作品，工作室内设有气压式张网机、吸气式手动印刷机、电热版、飞尘箱、真空曝光台、纤维搅碎机、凹版、凸版及平版压印机等，方便大量的版画印制活动。

在香港视觉艺术中心的五楼，设有一个两室相连的展览厅，是举办不同类型展览的理想场地。展览厅面积为218平方米，除所有墙身均可供悬挂平面作品外，中心亦提供展览台陈列立体作品。四楼的演讲厅提供70个舒适座位，备有幻灯机和录像放映机等影音播放系统，以供做演讲、研讨、电影欣赏及教学等活动。香港视觉艺术中心在开放日举办一系列艺术活动，包括艺术创作示范、儿童工作坊、展览、参观工作室、即兴艺术活动、艺术品陈列摊位、综合表演、街头舞、电影欣赏等，使到访市民和访客可以从中享受文化艺术氛围，并有专人指导小朋友们学习艺术品创作。

前三军司令官邸

2012年6月，赴香港考察期间，我参观了现为茶具文物馆的前三军司令官邸。这座大楼建于1844～1846年，是香港现存历史最悠久的西式建筑之一，在1846～1978年，用作驻香港英军总司令的官邸及办公大楼。在第二次世界大战期间，这组建筑屋顶曾受战火摧毁，维修后成为日本军官居所，战后为英军复用。前三军司令官邸高两层，属希腊复兴建筑风格，并根据香港气候环境，建有宽阔的游廊。1978年香港政府收回这组建筑并进行维修保护，于1984年改为茶具文物馆，主要用途是保存、展出与研究茶具文物及有关的茶艺文化。茶具文物馆分为不同展区，展览介绍中国人的饮茶历史，展出由唐代至近代的各式茶具，茶具文物馆的基本藏品由已故罗桂祥博士捐赠，其中以宜兴茶具最富代表性，亦有展出中国陶瓷及印章。该馆定期举办陶艺示范、茶艺活动及讲座等活动，以推广陶瓷艺术和中国茶文化。1995年，大楼南面加建一栋两层高的新翼，命名"罗桂祥茶艺馆"。

旧域多利军营军火库

旧域多利军营军火库位于金钟大法官9号，曾经是域多利军营的一部分。2012年6月，我在位于旧域多利军营军火库内的亚洲学会香港中心做了专题演讲。2013年7月，访问香港期间，我再次考察了旧域多利军营军火库历史建筑。

域多利军营于1843~1874年正式建立，是英军最早在香港兴建的军营；19世纪中期，英军曾在这里生产及储存炸药和炮弹；到了20世纪初，由英国皇家海军接管并扩大使用范围；第二次世界大战期间曾被日军短暂征用。当年兴建军火库的目的，主要是为域多利军营贮存和混合火药。1979年，英军迁出域多利军营，香港政府便在域多利军营旧址兴建香港公园，军火库旧址也成为各个政府部门的工作间及仓库。

旧域多利军营军火库在香港的历史、文化中扮演着重要的角色。军火库的上层平台有三个爆炸品贮存库，为一级历史建筑，包括于1868年落成的军火库A和旧实验室，以及于1901～1925年落成的军火库B和南北贯堤*。下层平台的军营GG座建于20世纪30年代，用作军事物资的补给前哨站和火药库，为二级历史建筑。军火库自20世纪90年代起荒废，1999年这座杂草丛生、险遭拆除的历史建筑引起亚洲协会香港中心的注意，协会提出将军火库旧址活化成为一个集艺术、文化和教育于一身的场地。

2005年，亚洲协会香港中心正式接管旧域多利军营军火库，研究如何进行活化利用，使这组历史建筑转型为社区民众参与活动的多用途设施，并于2001年组织了活化选址的国际竞赛。旧域多利军营军火库占地面积1.4万平方米，其地理位置和建筑风格，有大隐于市之感，连接军火库上、下区的天桥，被绿意包围，走到空中花园更豁然开朗，完全让人忘记身在闹市之中。2012年，"连接过去、现在和未来"的旧域多利军营军火库，历经100多年沧桑后，作为亚洲协会香港中心新会址首次对外开放，提供讲座、表演、影片欣赏、展览及古迹导览等多元文化活动，让学生及公众能深入探讨古迹、艺术、文化和教育等多个范畴的课题。

如今，驻足军火库旧址，人们感叹推动活化历史建筑机构和团

---

* 分隔两个军火库的防爆破安全堤。

队的真知灼见。旧域多利军营军火库经过香港赛马会慈善信托基金，以及香港与海外人士、企业的共同努力，共集资2亿港币，进行了重新设计与修复。修复工程出色地遵守历史建筑保护原则，保留了原有历史建筑的特色，修复历史建筑原有的外观以及结构。例如，军火库的拱顶房间、外墙砖块、长廊火药轨道等被保留的同时，也引入现代要素，使荒废的旧军事用地，转化为闹市中清静的文化绿洲。

旧域多利军营军火库被树丛环绕，跨越了由一条水道分割的两片绿化场地。设计团队在考虑如何构建历史与当代的联系时，利用历史建筑在半山的独特地理环境，完整地表达出新与旧、现代和过去的联系。新的多功能场馆插入场地，整个融入自然的设计，使建筑物沿着地形纵横交错，加上多个垂直透视的空间，展现出"简单而纯粹"的设计思路，成为一个人工与自然和谐相融的世界。这里历史建筑、文化活动与自然环境结合的非凡魅力，在置身这片文化绿洲后更能增添感知的厚度。

近年来，亚洲协会香港中心的展览和公共教育活动、导览服务，接待了数以万计的学生和社会公众。作为展览场地，亚洲协会香港中心定期举行以传统与当代亚洲艺术为主的展览。虽然展品不多，却巧妙结合这组历史建筑室内外空间设计，在这里欣赏隐藏于树林中的艺术品，多了一份沉浸式的体验。双层天桥及空中花园为大型艺术装置、展览、表演艺术活动提供了可能。这组历史建筑从过去的军事建筑，演变成为象征国际和平、交流、对话的文化艺术建筑，成为历史建筑最好的当代传承。2012年旧域多利军营军火库修复及活化利用项目获得亚洲文化设计特别奖。

鲤鱼门炮台

香港海防博物馆位于香港岛筲箕湾，其前身是具有百年历史的鲤鱼门炮台。鲤鱼门地区控制维多利亚港东面入口，位居要冲，英军早于1844年便在鲤鱼门水道南岸的西湾地区修筑兵营，但是由于疫病流行，不少兵员病死，于是该兵营被弃置。在其后的40年间，英军虽多次计划在鲤鱼门兴建炮台，但迟迟未有落实。直至1885年，为防御法国及俄罗斯的威胁，英军决定在鲤鱼门水道南面的岬角修筑鲤鱼门炮台。堡垒是整个防卫体系的核心，由英国皇家工程兵设计和建造。他们首先从鲤鱼门岬角的最高点移走面积达7000平方米的泥土，然后建造18间地下室，辟作士兵营房、弹药库、炮弹装配室及煤仓等，最后再填回泥土，将堡垒完全隐蔽起来。所有工程在1887年完成。

鲤鱼门炮台堡垒中央建有露天广场，供士兵集散之用。堡垒内配备两门"隐没式"大炮，四周并建有壕沟。英军另于堡垒附近修筑多座炮台，包括反向炮台、中央炮台、西炮台及渡口炮台，依山势由东至西分布于岬角上。各炮射程不一，可完全覆盖整个鲤鱼门水道。1890年，英军更是在岬角海边建成布伦南鱼雷发射站，配备有当时世界上最具威力的水下武器。

在随后的30多年间，香港并没有受到攻击，鲤鱼门的海防武器一直无用武之地。到了20世纪30年代，由于武器技术的改进以及其他新炮台相继落成，鲤鱼门炮台在香港海防上的重要性逐渐减退。

直至1941年12月8日，日军入侵香港。在占领新界及九龙后，英军即加强鲤鱼门的防卫，防止日军从对岸的魔鬼山渡海登陆。守军虽曾多次击退日军的偷袭，但是由于双方实力悬殊，炮台最后于12月19日被攻陷。战后，炮台已失去防卫作用，但是仍被英军用作训练基地，直至1987年才开始撤走。

前市政局鉴于鲤鱼门炮台的历史价值及建筑特色，于1993年决定进行维修保护，并改建成香港海防博物馆。整项计划耗资约3亿港币，曾于2000年荣获香港建筑师学会周年大奖的银奖。香港海防博物馆于2000年7月正式开放，接待市民和游客参观。香港海防博物馆展出了精选藏品400多件，另有超20件是向内地及香港文博单位借展的珍贵文物，均与香港的海防历史有关。

香港海防博物馆全馆面积约3.42万平方米，由三个主要部分组成，分别为接待区、堡垒及古迹径。接待区为博物馆的主要出入口，设有停车场、接待大堂、升降机及演讲厅。堡垒是博物馆的主体建筑物，用特制的帐篷覆盖。堡垒分为上、下两层，下层为常设展览厅，陈列常设展览《香港海防六百年》；上层为专题展览厅，并设有儿童角，可让儿童自由创作，寓学于游戏。鲤鱼门岬角上各项军事遗迹经适度修复后，开辟为文物径，沿途有10多处景点，可让参观者亲身体验昔日鲤鱼门炮台的要冲位置。

为确保建筑文物在适当的环境下保存及展示，建筑师选择用帐篷覆盖于堡垒上，以免堡垒受风化侵蚀，亦可有效地控制室内温度和湿度。由聚四氟乙烯制成的圆形帐篷直径约42米，由四根位于大堂中央的柱子支撑，并有21个三脚架在四周以绳缆来固定，可阻挡风雨及阳光。白色帐篷是早期军队行军时用作栖息的临时居所，具有代表性。堡垒顶层建有以玻璃屏密封的星形观景廊，让日光可透进馆内，可观赏维多利亚海港景色。馆址内其他原有的军事遗迹，如炮台、鱼雷发射装置、沟堡及弹药库等亦做适当修复，让参观者亲身体验这些设施昔日如何负起守卫鲤鱼门海峡的重任。如今，鲤鱼门炮台已建成为一所现代化的博物馆，并保留原有建筑特色。

城
市
设
施
系
列

香港天文台

2017年6月，我考察了坐落于九龙一个小山丘上的香港天文台。在香港设立一个气象观测台的构想，最初是由英国皇家学会于1879年提出。英国皇家学会认为香港的地理位置优越，"是研究气象，尤其是台风的理想地点"。事实上，随着当时香港人口逐渐增加，台风造成的破坏已经广受社会关注。香港政府也对英国皇家学会的建议表示赞同。经过详细的探讨和研究后，英国皇家学会的建议最终在1882年被接纳。随着第一任天文司（首任天文台台长）杜伯克博士于1883年夏天抵港，香港天文台也于同年创立。

天文台早期的工作包括气象观测、地磁观测、根据天文观测报道时间和发出热带气旋警告，这些饶有价值的服务备受重视。1912年，天文台正式命名为皇家香港天文台。1997年7月1日香港回归祖国，复称香港天文台。随着附近新建大楼落成，天文台各技术及职能部门迁往新址。不过，旧香港天文台大楼仍为台长办公室及行政中心。香港天文台楼高两层，呈长方形，外墙经过粉饰，拱形窗和长廊别具特色。香港天文台目前仍然运作，于1984年被列为法定古迹。

东华三院

2015年12月和2016年11月，我先后两次考察了香港东华三院。东华三院即东华医院、广华医院和东华东院。东华医院的前身是近代最早的中医医院，1851年由华人集资建设，是香港第一家中医医院。1869年6月，东华医院委员会成立，筹备华人医院的兴建和运作事宜。香港政府同意拨出土地，医院的日常开支则通过华人捐款维持。1872年2月，东华医院建成，开始服务社会，可以收容80～100名患者。医院的医生全部是华人，用中医手法治病。东华医院以往由东华医院董事局管理，医院总理多由本地深具影响力的华人担任。创院之始，医院的宗旨就是为香港华人提供免费的中医中药服务。目前东华医院的六层大楼建于1934年，取代了原来的两层古老木楼。2009年，东华医院被确定为一级历史建筑。

广华医院由东华医院总理及九龙区的华人领袖兴办，于1911年落成，是首座在九龙区兴办的医院，启用后一直为社区提供中西医疗服务。1929年，东华东院建成后，也开始为社会提供服务。1930年，东华医院、广华医院和东华东院，这三家接收华人病人的医院纳入了统一的体系，合并为东华三院。目前，东华三院所辖的医院已经发展到五家，还包括东华三院黄大仙医院、东华三院冯敬尧医院。

2016年11月，我还考察了香港东华义庄。义庄是先人棺骨下葬前暂停之所。19世纪的香港，华人乡土观念非常浓厚，很多从内地来香港暂居的华人都渴望死后落叶归根。据《东华医院1873年征信录》所载，当时东华医院已经设有义庄，目的是为先人安排运返原籍安葬，或为本地居民选择墓地安葬先人期间，提供棺骨暂存服务。1875年，文武庙将其出资修建的位于西区牛房附近的一所义庄，交由东华医院管理。1899年，鉴于牛房义庄地方狭小，而且设备简陋，于是东华医院向政府申请，并获批于香港西区依山地段另建义庄。1900年义庄落成，命名为"东华义庄"。

东华义庄落成以后，由于建筑结构简陋，经常需要修葺，特别是台风或大雨后，损毁尤为严重，部分建筑甚至曾被吹倒。1913年东华义庄进行首次重建，搭建棚屋贮存棺骨。由于海外华人寄存的棺骨日渐增多，东华义庄不断进行各种大小规模的增建庄房工程，又建造码头方便运送棺骨。20世纪30年代后期，由于多种因素，东华义庄无法运送棺骨返回内地。至1960年年初，东华义庄积存的棺骨已近万副。东华三院为配合整体服务发展，以及让先人入土为安，再三登报要求市民领回先人棺骨，最终无人认领的棺骨，都被永久安葬在沙头角边境的沙岭公墓。

20世纪70年代，政府大力推行火葬，东华义庄于1974年把部分义庄花园范围改建为骨灰安置场所，提供900多个龛位安放先人骨灰，于1982年再增设龛位5700多个。目前，东华义庄曾经为华人提供原籍安葬的数目已经无法考证，但是从现存东华三院文物馆的档案估计，数目当以10万计。原籍安葬服务是东华三院善业中非常特殊的一项。东华义庄通过香港特有的自由港地位、毗邻中国内地的地理环境以及董事局成员的人脉，独立承担起转运各地棺骨回乡的重任，成为20世纪全球华人慈善网络的枢纽。

2003年，东华医院为东华义庄进行全面修复保护工程，不同年代建成的东华义庄历史建筑得以保持原来面貌。这项历史建筑修复保护工程于2004年获得香港政府古物古迹办事处颁发的文物保存及修复奖荣誉大奖，又于2005年获得联合国教科文组织颁发的亚太地区文物修复奖优越大奖，表扬修复保护计划的成功以及东华医院在文物保育上的成就。东华义庄现为香港一级历史建筑，东华义庄不仅体现了善行义举，更是香港乃至海外华人社会守望相助、自觉传承中华文化的峥嵘历史。

如今，东华三院仍然致力于发展医疗服务，在香港推广中医、资助基层家庭学生学习。此外还有学校、安老、历史文化教育等机构。东华三院凭借良好声誉，还发起各类募捐活动，这些活动得到各界的热切响应，很多甚至成为香港民众生活的一部分。其中规模最大的当属一年一度的"欢乐满东华筹款晚会"，筹得的善款数额已经从1979年首次活动的26万港币，发展到2017年的1.2亿港币，善款数额连续三年突破亿元。东华三院从一个在庙宇内的小中医诊疗亭，逐渐成为香港规模最大的慈善机构之一。

石鼓洲康复院

2017年6月，我考察了香港石鼓洲康复院。石鼓洲位于大屿山芝麻湾半岛以南，茶果洲以东，长洲以西。石鼓洲上有一座香港戒毒会住院式戒毒治疗中心，名为石鼓洲康复院。香港戒毒会于1961年成立，是香港最大规模的志愿戒毒机构，一直致力于协助不同性别、年龄、宗教背景、国籍的各方戒毒人士，摆脱毒瘾。香港戒毒会以开展健康新生活为使命，以医疗及社会心理辅导模式，免费为自愿戒毒人士提供多元化的戒毒治疗及康复服务。

石鼓洲康复院于1963年4月开始运作，已经投入服务近60年。就接收的病人数目而言，是全香港最大的自愿戒毒治疗中心和戒毒康复中心，设有350张床位。康复院院友各属不同的训练工场，接受不同的技能训练。例如，毅社院院友接受木工训练，德社院院友则学习安装及维修水管。康复院曾吸引多位名人探访，但是石鼓洲是香港禁区之一，须先申请才能获准前往。自1999年起，每年11月石鼓洲康复院均举行开放日，吸引学校或社团到岛上参观，宣传及推广禁毒教育。

石鼓洲康复院内有20多项历史建筑或构件，包括接待室、康复门、凉亭、职员宿舍、行政楼及礼堂、办事处、训练场、康复社等。石鼓洲上水源缺乏，因此这里有自建的仿罗马式水池储水库。储水库四周建有长廊及圆柱拱门，除储水的功能外，更具观赏价值。储水库足够整年大部分用水需要。旱季时仍有不足的情况，便需向长洲购买食水。石鼓洲康复院善用可再生能源，建有风力发电机组和太阳能发电机组，也有一组自动运行的小型气候站。

香港动漫基地

香港动漫基地位于湾仔茂萝街与巴路士街的"绿屋"。1905年，香港置地投资有限公司拥有这一地段的业权，并在20世纪初的20年，在该地段分两批兴建共10栋四层建筑，成为香港少数仅存的典型唐楼建筑，呈现出湾仔在香港历史上曾经扮演的角色。当时湾仔是洋人聚居的地方之一，许多欧洲人来此居住，所以在这一带兴建了很多兼具中、西方风格的建筑。其中绿屋屋顶保留传统金字顶，是中国传统建筑的伸延，而起居室和厨房设有法式大窗采光，充分呈现出西方建筑风格。绿屋本来没有名称，政府收购及维修时，将茂萝街的3号、5号及7号建筑，以绿色的油漆美化外墙，绿屋因而得名。绿屋现为二级历史建筑。

这组拥有百年历史的唐楼为传统"上居下铺"楼宇，设置装有花式铁栏杆悬臂式露台，用杉木制作的地台、天花和楼梯。面向茂萝街共六栋历史建筑得以保留，绿屋可发展的总建筑面积为2140平方米。面向巴路士街的四幢唐楼因内部结构过于残破而被拆除，只能保留富有特色的楼宇外墙，以"大三巴"形式保留供人们欣赏。为了使巴路士街的唐楼建筑结构更坚固，加装了一对横向结构支撑，并于三楼提供一条空中行人走廊，连接巴路士街及茂萝街两幢建筑，可以满足人们从高处欣赏在公共空间举行的活动。同时，为符合《建筑物条例》设计要求，提供升降机及消防楼梯等设施。

香港市区重建局于2005年计划将绿屋发展为创业工业场地。2007年11月，香港地政总署宣布根据《收回土地条例》，收回茂萝街及巴路士街的私人土地业权，以便市区重建局进行市区更新计划。由于绿屋项目以文化创意为营运主题，为了寻求最理想的营运模式，以达到最佳的活化效果，2009年6月市区重建局委托"文化及发展顾问有限公司"团队，进行营运模式的业务计划研究。通过研究、访问和分析，并借鉴一些海内外类似项目的经验，建议采用艺术小区的运作模式。2013年7月，市区重建局宣布完成活化绿屋，并命名为"香港动漫基地"。

绿屋作为香港动漫基地保护活化后，地下用作零售、画廊及美术馆，并引入文化消费元素，如与动漫艺术主题相关的零售空间和餐饮设施。一楼用作展览空间及零售，二楼和三楼用作动漫艺术工作室，内墙采取垂直绿化式种植，并提供空间供艺术家摆放艺术品，举办短期展览。同时，举办兴趣班以及提供20个独立空间，出租给文艺团体，适应不同用途。整个历史建筑由香港艺术中心获批五年营运和管理合约。香港艺术中心可以获得市区重建局按月投入的一笔费用，用于管理、营运和推广的支出。市区重建局也以实报实销的形式支付项目的保安、维修保养和清洁等开支，使营运机构可以专注项目的筹划和推广。

根据市区重建局的规划蓝图，香港动漫基地作为香港与世界各地动漫艺术的沟通重要平台，展现本土动漫的相关作品以及其他衍生的产品。通过保育和活化使绿屋成为公共休闲、文化及创意工业的现代公共场所，并努力将这个以动漫作为主题的人文艺术设施，成功发展为湾仔区一个重要文化地标项目，为香港及海外的动漫艺术家提供一个创意平台，进一步推动香港动漫行业的发展。这项保育和活化项目获得2013年香港建筑师学会年奖、2014年亚洲最具影响力设计优异奖，入围2015年香港建筑师学会两岸四地建筑设计奖等诸多奖项，以表彰活化再利用历史建筑的成功案例。

2016年11月，我考察了香港动漫基地。香港动漫基地历史建筑保育和活化项目，通过最佳的保护复兴设计与技术，见证香港建筑历史发展的价值，创新建筑设计重新演绎传统空间运用以及物料使用的智慧，改进原有结构及设施，彰显和延续战前都市唐楼的建筑使命。为符合现时建筑及防火条例的要求，项目的活化设计中需要对历史建筑做出适当改动，设计残疾人士使用的升降机、消防通道和其他消防及楼宇设备。此外，保育和活化项目也尽量保留楼宇内有特色的建筑元素和物料，其中包括项目范围内的外观、露台、砖墙、楼梯、楼板、瓦顶、法式木窗户、金属栏杆和室内木楼梯等。

市区重建局和香港艺术中心成功地将富有历史价值的建筑，活化成为香港动漫文化的新地标，让不同年龄的动漫爱好者，特别是年轻人，通过这些极具代表性的建筑，能够深入探索香港20世纪初的历史和文化，将文物保育与流行文化这两个看似互不相干的概念紧密地联结在一起。这个设计开辟了新的庭院，将公共空间与建筑形态融为一体。垂直绿化墙可以变更为电影屏幕或装置艺术房间，玻璃幕墙后的木条百叶可以随意调整，配合中庭的活动或天气的变化，让各层室内的游人同时欣赏内庭院的景色和表演，创造了互动空间。香港动漫基地经常举办公众文化艺术活动，让市民参观及参与香港漫画动画创作。

绿屋经历了周边环境的百年变迁，承载着不同时期的建筑特色和香港记忆，标志着香港文化的足迹。香港动漫基地不但将动漫艺术带入社区，丰富了湾仔的地区特色，也肩负起作为本地与海外的动漫爱好者、业界人士和艺术家凝聚交流的平台这项重要的责任和功能。香港动漫基地能让社会公众更深入地了解动漫文化，并孕育更多本地动漫人才，推动香港创意工业，为有志投身动漫创作的年轻一代提供更多的发展机会，致力于香港文化产业的持续发展，使香港城市文化，不但多元，而且有潮流动感。

市区重建局与香港艺术中心的合约于2018年7月31日届满。自2018年8月1日起，茂萝街项目由市区重建局自行营运及管理，项目也命名为"茂萝街7号"。市区重建局继续依据2009年委托顾问就项目的运作模式研究所得的建议，以推动艺术、文化和创意产业为方向营运项目。"茂萝街7号"提供展览、小区工作坊、表演、电影放映会等各式各样的小区文化活动，并设有约300平方米的公共空间，以及展览室、多功能室等地方供市民租用，同时提供商店和餐饮等设施。

T·PARK "源·区"

　　T·PARK "源·区" 位于屯门曾咀，是一所先进的污泥处理设施。它采用流化床焚化技术处理源自全港主要污水处理厂的污泥，每日可处理2000吨。经焚化处理后所剩余的灰烬及残余物只有原来污泥体积的一成，大大减轻堆填区的压力。

　　T·PARK "源·区" 的T寓意 "转焕"，以表达实践 "转废为能" 策略的决心，使公众对废物处理设施有 "焕然一新" 的感觉，以及提倡绿色生活的理念。T·PARK "源·区" 结合了污泥焚化、发电、海水化淡及污水处理等多项先进技术于一身，是一所独一无二、自给自足的综合设施。当中更设有休闲、教育、自然生态设施及绿化园景区，为到访者带来更丰富的体验，访问者更可预约导览团服务。

　　T·PARK "源·区" 流线和波浪形的设计概念源自四周的山峦海岸。T·PARK "源·区" 展现可持续的建筑设计，善用日光、自然通风和屋顶平台绿化，有效发挥节能作用。这项建筑设计在2016年香港工程师学会和英国结构工程师学会合办的年度卓越结构大奖中，获最高级别的奖项。T·PARK "源·区" 包含五个不同元素的园林花园、屋顶花园和雀鸟保护区，还设有三个不同温度的水疗池，均以污泥焚化过程中的余热保持恒温。

探索与经验

香港特色的保育和活化之路

香港特色的保育和活化之路

"活化历史建筑伙伴计划"是香港特别行政区政府以历史建筑保育和活化为前提的一项保护、利用和发展计划。特别是通过明确的相关政策，不断探索历史建筑的适应性更新模式，以现实性和可操作性为出发点，进行一系列创新性尝试。希望通过历史建筑保育和活化，既保留建筑的历史、文化和艺术价值，又保留其实用功能，使历史建筑在新时代重焕生机。同时，城市地区和社区邻里两个层面都能获益，以此推动香港市民更积极地支持和参与历史建筑保护。事实上，"活化历史建筑伙伴计划"从制定之初，到十几年来的稳步实施，始终有着鲜明的主导思想、清晰的实施目标和创新的运作模式。

　　"活化历史建筑伙伴计划"的主导思想是通过出台新的文物保育政策，采取切实可行和可持续的方式，对历史建筑及环境加以保护保存、活化更新，让当代香港市民和子孙后代都能受惠，共享这些珍贵的文化遗产。在制定和落实历史建筑保育政策时，要兼顾几个重要因素：首先是维护公众的利益，其次是尊重私人产权，再次要考虑政府财政负担。因此，历史建筑的保育和活化需要同时满足本地居民、社团组织、旅游访客等不同利益相关者的需要，既要合理利用文化资源和生态资源，也要满足城市公共空间发展的社会需求。正如香港特别行政区行政长官林郑月娥女士所述，"最重要的原则是要维持城市发展和文物保育的平衡"。

"活化历史建筑伙伴计划"的实施目标是，保护好历史建筑，并以创新的方法，予以善用；把历史建筑保育和活化成为独一无二的文化地标，更好地改善城市环境；更好地联系社区居民，推动市民积极参与保育和活化历史建筑；创造更多就业机会，特别是在地区层面。通过活化再利用，可以确保历史建筑受到更妥善的保护，使这些独具特色的文化资源得以善用，发挥社会和经济方面的综合价值，凸显历史文化的传承，增强香港多元文化及历史资产的活力，使城市更加富有吸引力，给予人们归属感，并且通过适当引入具有经济效益的经营活动，创造更多就业机会，使人们获得更具品质的生活。

"活化历史建筑伙伴计划"的运作模式是选择具有保护价值、适宜开展活化、属于政府的历史建筑，由政府邀请非营利机构提出保护和再利用申请书。经过法定程序通过后，委托给维护公共利益的社会企业，以合理的方式保育和活化历史建筑。在妥善维修保护的前提下，有效发挥其历史价值，并达到活化利用、服务社区、惠及民众、造福社会的作用。在此过程中，政府、非政府组织机构、私人企业以及社会民众的积极性被相继调动起来。这种模式既可以解决更新过程中的资金难题，也能够保障历史建筑的可持续利用，实现了各方面共赢的效果。

香港拥有丰富多彩的历史遗存，特区政府希望系统地保护祖先留下的文化遗产，既要保护历史建筑，又要以创新的方法，使更多历史建筑得以保育和活化。通过"活化历史建筑伙伴计划"，保护对象已经逐渐实现了从保护单一建筑，扩展到同时保护历史环境；从保护宏伟的纪念建筑，扩展到同时保护有历史意义的普通建筑；从保护历史建筑本体，扩展到保护社区网络、生活模式。同时，从政府主导，转变为重视广大民众的诉求；从政府进行保护，转变为鼓励私人历史建筑业主参与保护。由此，香港的历史建筑保育和活化，在政府与民间力量共同承担保护责任方面，探索出一条具有香港特色的道路。

　　通过"活化历史建筑伙伴计划"，实现历史建筑多维价值的挖掘与彰显，为探索历史建筑价值提供了有效途径和答案。除了重现历史，历史建筑保护的一个重要目的，在于留住市民的集体感情，为社会留下集体回忆。一些历史建筑，尽管外观普通，建造上也没有太多技术含量，但它们是当地居民感情归属的载体，重要性同样不可忽视。而对于那些本身文物价值并不十分突出的历史建筑，如何提升其价值，也是这类历史建筑保育和活化所必须思考的问题。

　　如何平衡处理历史建筑活化利用与城市更新之间的关系，是遗产保护普遍需要考量的问题。即使在政府和民间互动充分、氛围友好的前提下，历史建筑的活化再利用也始终存在着多重利益诉求。特别是发挥市场价值和取得经济效益，不可避免地与历史建筑的文化价值产生矛盾。因此，两者的博弈必将贯穿于历史建筑保育和活化的全过程，需要用更多智慧和创新方式去解决。而鼓励社会企业和政府一起使这些历史建筑实现创新的用途，服务于社会发展，让当代和子孙后代均可以受惠共享，成为评估这些项目的重要标准。

通过考察香港"活化历史建筑伙伴计划"，我认为这项计划取得了12个方面值得研究和推广的经验，包括完善组织机构、实施评级制度、严格评审标准、探索制度创新、建立服务系统、稳定运作模式、实现科学修复、注重活化传承、优化伙伴合作、保障财务支撑、强化社会宣传、鼓励公众参与。这些均是特区政府及相关部门、社会各界通力合作，在实践中积累下来的宝贵经验，相互关联，形成体系。既具有香港保育和活化历史建筑的特色，又可作为其他城市保护历史建筑工作的参考；既具有指导实践的意义，又具有理论研究的价值，弥足珍贵，值得借鉴和推荐。

完善组织机构

在实施"活化历史建筑伙伴计划"的过程中，特区政府根据实际需要不断完善组织机构。从特区政府的行政结构来看，有两个系统与文化遗产保护有关：一个系统从上至下为政务司——康乐及文化事务署——古物古迹办事处和古物咨询委员会。另一个系统是财政司——发展局——文物保育专员办事处。这其中古物咨询委员会和文物保育专员办事处充分保障了历史建筑保育和活化工作的实施。

2007年，香港民政事务总署把文物保育相关事宜移交给香港发展局负责。香港发展局成立了文物保育专员办事处，以便推动文物保育政策的实施，并监管文物保育计划的执行，推展文物保育和活化项目。过去，香港发展局没有首长级人员专责处理协调推展文物保育工作。为了响应特区政府对历史建筑进行活化更新，以适应社会发展新需求的政策精神，2008年2月，香港发展局设立文物保育专员一职，掌管办事处事务。此外，发展局还围绕文物保育工作建立了香港与海内外的联系网络，汲取经验。

香港发展局有管控城市规划的职责，因此可以有效地促成文物保育工作的实际操作。文物保育专员办事处、文物保育专员的设立更为香港历史建筑活化工作提供坚实保障，表明了政府长期进行文物保育工作的决心。

文物保育专员办事处还设立了包含多方面专业人士的秘书处，提供一站式服务，推行"活化历史建筑伙伴计划"。秘书处有12名编制，成员包括建筑师、测量员、管理和会计人员等，负责为评审委员在文物保育、技术、社会企业方面提供支持；参与评审申请机构的申请书，并向评审委员会提出建议；协助申请机构，并在有需要时，帮助申请机构联系有关部门；拟订租用协议及行政安排，处理拨款申请；监督成功申请的机构进行经营，并确定遵守租约及其他条件，研究进度报告、审核账户等；通过定期巡视，监管历史建筑的实际情况；进行研究和编撰数据，以及进行宣传活动。

秘书处密切跟进各活化项目的工程进度，确保按活化方案如期推行。获选机构必须与政府签订服务协议和租赁协议，以确保他们运作的细节及条款受到法律约束。政府会密切监察社会企业的运作，确保他们均按照申请书提出的社会企业模式来营运，并达到预定的目标。在社会企业营运期间，获选机构须定期提交进度报告及周年报告，包括每年的审计账目。倘若社会企业不能履行协议书的条款，或未达到政府满意的程度，政府会要求有关机构纠正情况。若出现重大错误或屡劝不改的情况，政府会终止租赁协议书，并收回有关建筑物的管有权。

2008年5月，香港发展局成立了活化历史建筑咨询委员会。委员会的第一任主席由行政会议成员及立法会议员陈智思先生担任。委员会共13名委员，有10个非官方成员和3个官方成员。委员来自不同范畴及专业界别，包括历史研究、城市规划、建筑、工程、测量、调查、运营、商务、财经及社会企业等。

活化历史建筑咨询委员会的具体职权范围包括：对申请机构提出的申请书进行审议，并向香港发展局局长提出建议；在选定申请机构后，须对申请机构所获得的资助金额，应付开办成本和经营赤字的一次性拨款提出建议；按历史建筑的保育工作及社会企业的营运情况，监察和评估获批准项目的成效；如遇成功申请机构或租户出现违规行为，须采取行动向政府提供意见；当租赁期届满时，评估成功申请机构的整体表现，并就政府未来是否提供新的租约，或者是否附带条件等提出建议；就发展局局长提出与活化历史建筑相关的其他事宜提供意见。

活化历史建筑咨询委员会不仅负责评审检查所有项目，同时就基金如何资助，与保育历史建筑相关的公众教育、社区参与及宣传活动、学术研究、顾问及技术研究，向政府提供意见，促进政府和市民的沟通。活化历史建筑咨询委员会的工作，在明确历史建筑所有权和建筑自身的历史价值之外，还需要综合考虑建筑的质量、区位、规模、可利用面积、周边环境、可达性和结构安全性等因素，并综合权衡相关机构和社区的意见，从而充分保证了"活化历史建筑伙伴计划"的合理性、合法性及科学性。

综上所述，"活化历史建筑伙伴计划"建立起专责而有效率的组织机构，各部门和相关机构联系协调、各司其职、分工明确，这种分配职权的方式，防止了职权模糊的情况发生，便于从各个职能环节修正调整，提高工作效率。同时，政府部门能够通过多方收集信息，关注社会反响，保证了发展规划的正确性。

实施评级制度

根据香港政府记录，1950～1979年，在香港落成的建筑物的总数约1.77万幢，类型繁多，大部分建筑物均位于城市中心地区。在香港发展的历史长河中，留存至今的历史建筑数量很多，但是被定义为法定古迹的数量较少，截至2021年7月，香港共有法定古迹129项，其中香港岛54项、九龙13项、新界53项、离岛9项。这些法定古迹记录承载着特定地方的历史和人文感情。

1996～2000年，古物古迹办事处进行了一次全港历史建筑普查，当时记录了大约8800幢楼龄超过50年的历史建筑。2002～2004年，古物古迹办事处又从这些历史建筑中挑选了1444栋、文化价值较高的历史建筑，进行更深入的调查，并按历史价值、建筑价值、组合价值、社会价值和地区价值、保持原貌程度、罕有程度六项标准，以评级方式反映其价值。2005年3月，根据古物咨询委员会提出的建议，成立了一个由历史学家、香港建筑师学会、香港规划师学会和香港工程师学会的会员所组成的历史建筑评审小组，负责就历史建筑的文物价值进行深入的评估工作。

自2005年3月起，历史建筑评审小组开始对历史建筑开展系统的评级工作。历史建筑评级标准确定以后，古物咨询委员会根据古物古迹办事处提供的资料和公众的意见，逐步确定每栋历史建筑的评级。

自2009年以来，古物咨询委员会除了已经基本完成评估工作的1444栋历史建筑外，还就一些公众提出的新项目，以及在古物古迹办事处日常工作中得悉可能值得纳入评估工作的新项目，进行文物价值评估和评级，共有340个历史建筑。鉴于新项目的类别繁多，而且涉及繁复的研究工作，包括档案查阅、资料核实、实地视察和详细记录等，因此新项目的评估视其缓急分阶段处理。

截至2021年3月，古物咨询委员会已确定1444栋历史建筑当中1361项的评级，并完成了340个新项目当中203个项目的评级。在古物咨询委员会已确定的1564栋历史建筑的评级中，194项为一级历史建筑，390项为二级历史建筑，580项为三级历史建筑，328项不获评级，46项因已宣布为古迹，不再进一步处理，以及26项因已被拆除或被大幅度改建，不再进一步处理。在1444幢历史建筑名单以及新增项目中，目前尚有200余项等待确定评级和评审。

香港特别行政区政府建立和实施历史建筑的调查和行政评级制度，是保护历史建筑的重要经验。主要特点在于经过详细调查，发现了大批鲜为人知的历史建筑，进一步摸清了香港历史建筑资源的基本情况。这其中许多历史建筑具有重要价值，因为被及时发现而免遭破坏。

上百年来，香港经历了现代都市的时代变迁，历史建筑的命运或是迎来淘汰，或是获得新生。因此，在这一过程中，保育和活化具有历史文化价值的历史建筑，显得更为重要。通过评级公布历史建筑价值，对保护对象具有一定的监督约束作用，有利于后续采取措施予以保护，使之成为一个彰显历史价值的场所，为人们保留了记忆和感情，让人们认识过去，从而建立身份认同和社区归属感。同时，对大量的各类历史建筑进行注册、登记，建立历史建筑详细、明确、标准化的资料和说明，对于历史建筑科学研究的学术贡献难以估量。

事实上，历史建筑评级要素并非一成不变，而是随着对历史建筑价值认识的深化，不断加以完善和提升。虽然，香港将历史建筑的衡量标准定为"有50年或以上历史"，但是在《古物及古迹条例》中对此项标准并没有明文规定。实际上，"50年或以上历史"的标准，只是历史建筑价值的一个方面，对于一座建筑是否应该列入保护，并非单纯看"年龄"。世界各国和国际组织对1950年以后的建筑物，评审"年龄"门槛各不相同，由建成至今25～50年不等。在这里，历史是时间长河中动态的概念，即使是"年龄"不长的当代建筑，如果具有突出的艺术价值、科学价值及社会价值，也应该是值得保护的"历史建筑"。

为此，特区政府已经为1950年以后落成的建筑物进行评级的准备工作，按古物咨询委员会的建议，古物古迹办事处已经于2019年成立专责小组。专责小组工作包括搜集资料，研究香港1950年后落成建筑物的类型和数目，并参考内地及海外的做法，以制定一套适合香港的评审准则及评级策略。例如，香港一些重要公共建筑虽然只有短短30年历史，却因设计和科技上的成就，被誉为"20世纪的优秀建筑设计"，已经达到历史建筑的标准，应予以保护。古物咨询委员会已于2020年12月举行集思会，就如何为1950年后落成的建筑物进行评级展开讨论，包括评审的门槛、标准和执行方法等，并提出具体建议供政府考虑。

严格评审标准

为了实现"活化历史建筑伙伴计划"的健康发展，香港政府制定了清晰严谨的准入、评估和评审标准。在申请机构准入方面。必须是香港《税务条例》第88条所界定的非营利机构，才有机会获得邀请，通过提交申请书，申请加入"活化历史建筑伙伴计划"，并根据批准的方案开展历史建筑的保护再利用。申请机构在准备申请书时，应致力于详细说明：如何遵从保育指引，如何有效保护有关历史建筑，如何彰显其历史价值以及如何使所在社区和周边社会受惠，发挥社会价值，在地区层面创造就业机会；如何在教育、文化或医疗等领域，给当地社区或社会整体带来益处。同时，就所拟业务计划说明财务可行性、社会企业如何营运等。

文物影响评估机制和环境影响评估机制为"活化历史建筑伙伴计划"项目的实施提供了科学保障。因为开展修复保护工程，很可能会对历史建筑构成影响，因此"活化历史建筑伙伴计划"要求所有新的建设工程项目必须进行文物影响评估，这样有助于把不良影响降至最低。为此，成功申请机构必须提交"文物影响评估"，以供古物古迹办事处认定，并且呈交古物咨询委员会做进一步咨询。

一般来说，工程项目首先要避免对历史建筑产生影响。如果确实无法避免历史建筑遭受一些影响，必须制定缓解措施，并需要得到古物古迹办事处批准。此外，必要时应邀请公众参与，说明将会采取哪些措施消除或缓解工程项目的不良影响。通过以上机制，可以确保项目从最初阶段就能够在项目发展与历史建筑保护之间取得最适当的平衡，也使工程项目计划初期就能实现公众参与。按照规定进行文物影响评估，可能暂时或在某种程度上导致工程项目延误或增加筹备时间。但是，进行文物影响评估可以回应社会公众对历史建筑保护的关注，避免在工程项目刚展开或即将展开时，因为市民或相关团体提出反对意见，而出现不必要的延误。另一方面，进行文物影响评估，有助于政府顺利完成基本工程项目，维护建筑业市场的健康发展。截至2021年3月底，共有4546项不同规模的新基本工程项目按文物影响评估机制进行了评估。在这些工程项目中，古物古迹办事处要求68项进行全面的文物影响评估，以评定对具有历史及考古价值的地点及历史建筑的影响。

在环境影响评估方面。《环境影响评估条例》中明确"文化遗产地点"的概念。"文化遗产地点"的定义是"《古物及古迹条例》所界定的古物或古迹，以及古物古迹办事处识别为具有考古学、历史、古生物学价值的任何地方、建筑物、场地、构筑物或遗迹"。任何建筑物或场地一经识别为"文化遗产地点"，全部或部分位于该地点范围内的建造工程，必须在履行《环境影响评估条例》的法定程序以及获得颁发环境许可证后，才可进行工程建设。此外，在"文化遗产地点"附近进行某些工程，不论是公共抑或私人性质，均需在施工前根据《环境影响评估条例》取得环境许可证。列入"活化历史建筑伙伴计划"，在法定古迹内进行的修复工程，也必须遵守《环境影响评估条例》的规定。

在活化历史建筑申请书评审方面。活化历史建筑咨询委员会评审范畴包括五个方面：一是彰显历史价值及重要性，即如何彰显有关建筑的历史价值或重要性，如何把历史建筑活化成独一无二的文化地标。二是文物保育，包括保育概念计划及设计意念、设施明细表、技术顾问名单、符合现行规定、修缮历史建筑的建设成本，以及需要政府给予多少财政资助以支付建设成本。三是社会企业的营运，包括计划的目标、计划简介、对于社区或社会价值的裨益、计划服务对象、对有关服务的需求、历史建筑开放予公众的程度以及预期创造的职位。四是财务可行性，包括业务计划、预期收支结算表、开办成本、现金流量预算表、营业额计算基准、员工薪酬开支预算表、成本控制措施、财政可持续性、非政府资助来源，以及需要政府多少财政资助以支付开办成本和营运赤字。五是其他因素，包括申请机构历史、组织体制、管理能力和过往的经验等。

探索制度创新

历史建筑的保护不是单纯的保留，而是与所处社区的经济环境、文化环境和市民诉求相结合，采取适应性更新和活化措施。为此"活化历史建筑伙伴计划"针对所有历史建筑，制定了一套完整的制度，以清晰的保护政策作为依据，就历史建筑的保育和活化问题，采取了一系列创新实践。这些创新使得决策更加科学、合法与合理，同时也从制度上约束各种对历史建筑的破坏行为。其中包括暂定古迹制度、换地补偿方式、留屋留人政策、保护私人历史建筑等。

为了保障文化遗产在还没有被宣布为"法定古迹"之前的平稳过渡，香港《古物及古迹条例》增加了"暂定古迹"的规定，暂定古迹指定的实效是12个月。这项制度对于紧急保护文化遗产十分有效，及时地保护了一些濒危的文化遗产。

暂定古迹制度规定了"为考虑某地方、建筑物、地点或构筑物是否应该宣布为古迹，主管当局可于咨询委员会后，借宪报公告宣布该处为暂定古迹，暂定历史建筑物，暂定考古、古生物地点或构筑物"。通过实施暂定古迹制度，及时抢救历史建筑。在历史建筑保育和活化过程中，综合运用暂定古迹制度，取得较好的实际效果。

例如，历史建筑景贤里属于私人拥有。当景贤里遭到人为破坏、历史建筑面临拆除时，香港发展局采取紧急行动，经咨询古物咨询委员会后，由古物事务监督宣布景贤里为暂定古迹。之后香港发展局与景贤里的业主通过协商达成"换地协议"，成功保护了景贤里历史建筑，而暂定古迹制度为这个协商赢得了时间。景贤里于2008年7月正式被列为法定古迹，获永久法定保护。这一案例即综合运用暂定古迹制度和换地补偿方式的成功实践。

换地补偿也是一种创新方式，即通过换地及转移发展权方法，实现对私人业主拥有的历史建筑进行保护的目标。在换地方面，可以采取安排原址或非原址换地两种方式。如属原址换地，历史建筑原址可与毗连的政府土地合并发展，即私人业主交出拟保存历史建筑所在的地段，政府重新向业主批出地段。假如历史建筑原址旁并无政府土地，可考虑非原址换地，即私人业主交出历史建筑原址给予政府，以换取价值或发展潜力相近的政府土地。

顾名思义，换地就是交换土地，因此也属于转移发展权益的一种形式。换地及转移发展权益的方法，可以使历史建筑保护措施更具有弹性。提供相关政策保护已评级的私人历史建筑，也可以带动建设方面的投资，从而为社会提供难得的就业机会。总之，原则上可以接受提供合适的优惠政策，协助保护私人拥有的历史建筑，但是在未进行更深入的研究和咨询利益相关者之前，不会贸然采用任何一种经济优惠政策。同时，政府会积极邀请有关利益相关者参与制定合适措施，保证换地和转移发展权益的公平实施。

在"活化历史建筑伙伴计划"实施过程中，注重关注人的生活方式与城市的关系，留屋留人政策也应运而生。在更新项目中，一些住户表示希望留在历史建筑中居住。通过留屋留人的政策，这些住户的要求获得同意，在保育和活化项目的营运期内，原签订的租约也会受到保障，以确保合法的住户不会被无理搬迁。同时，项目获选的非营利机构必须确保留下的住户所付租金，维持在可收支平衡的水平。在与留下的住户就续租原有住房签订租约时，租金不得高于该项目移交给非营利机构前租约所订的租金。在某种程度上，历史建筑的物质与文化内涵通过留屋留人政策得到了统一。

蓝屋建筑群是香港首个留屋留人保育活化的案例。在第二期"活化历史建筑伙伴计划"中，蓝屋建筑群活化再利用为民间生活馆，并首次采用留屋留人的方式，蓝屋、黄屋及橙屋的一部分居民继续留住。蓝屋建筑群的留屋留人做法包括：第一，安置留下的租户；第二，为留下的租户改善生活环境，包括提供基本卫生设施；第三，在维修保护历史建筑期间，为留下的租户在湾仔区提供临时拆迁安置；第四，为留下的租户保存和强化小区网络；第五，因应文物保育的主题，把现有一块空置的政府用地改作公众休憩用地，加以美化和妥善管理。留屋留人政策为历史建筑保持原有的居民生态，提供了很大帮助。

在香港，对私人历史建筑进行保育和活化始终是一个难题。近年来，香港通过提供各项优惠计划，鼓励私人历史建筑获得保育和活化。实际上，香港历史建筑保育和活化的历程，也是逐渐化解历史建筑所属的私有性与关注历史建筑的公共性，两者之间矛盾的历程。从政府包办到市民参与，政府采用优惠政策处理私人历史建筑，以及政府和社会共同承担保护责任。通过实施"活化历史建筑伙伴计划"，香港探索出一条独特的私人历史建筑保护道路。

实施"活化历史建筑伙伴计划"过程中，私人业主委聘具备合适资格的顾问和掌握历史建筑保护专业知识的专门承办商，按照"保育指引"进行有关工程。为保留私人历史建筑，政府提供各项优惠计划，包括采取经济手段，补偿业主失去的发展权益。同时，政府希望将私人历史建筑，变为服务社会的公共遗产，给社会公众带来更多的利益。作为给予资助的条件，政府会要求私人历史建筑业主同意若干条件，如在合理程度上开放历史建筑，允许公众参观。为保育私人拥有的已评级历史建筑，香港发展局于2008年推出历史建筑维修资助计划，提供经济优惠政策，协助拥有已评级私人历史建筑的业主进行维修保护和定期保养。自2016年11月起，资助范围扩大至涵盖租用政府拥有的法定古迹，以及已评级历史建筑的非营利机构承租人。

建立服务系统

为了顺利实施"活化历史建筑伙伴计划",香港发展局建立了完善的服务系统。在服务申请机构方面,为申请机构提供内容详细的基本资料,以便申请机构准备申请书。基本资料包括有关历史建筑的历史背景、建筑特点、用地资料、建筑资料、周围环境资料、建筑图则以及历史建筑的尺寸、面积等,供申请机构参考,使各申请机构对有关历史建筑有基本认识。申请机构在进行详细设计前,可以安排认可的专家对建筑物进行制图测量,对用地进行地形测量,以核实尺寸、面积和基线水平等。

同时,文物保育专员办事处的秘书处与申请机构保持联络,提供一站式服务,以协助申请机构,并在有需要时,帮助申请机构联系有关部门。香港发展局会向申请机构提供内容详细的"保育指引"。其中包括城市规划事宜、土地及树木保育事宜、斜坡维修事宜、符合可行性用途的技术规格以及申请项目的特别规定等,内容十分详尽。通过为申请机构提供每一幢历史建筑有关历史背景、保育指引以及关于保留历史建筑真实性方面的建议,使申请机构在对历史建筑进行主要改动工程及改变现有用途时,知道哪些地点或哪些方面需予以保护,更加明确保育和活化方向,保障了历史建筑活化的效果。

实施"活化历史建筑伙伴计划",确实有可能发生与现行建筑物标准的规定有所冲突的情况。事实上在以往历史建筑保护再利用中也曾遇到一些困难,要解决这些问题,需要制定一些新措施,以符合有关规定。为此，香港发展局设立了专责小组，成员包括古物古迹办事处、建筑署、屋宇署和消防处的代表，以处理有关问题。同时明确，每栋历史建筑的问题可能各有不同，因此每栋历史建筑在进行修缮工程时应按具体情况处理；制定发给申请机构的指引时，在保存程度、建议用途和安全水平三者之间取得平衡；并且在任何情况下，均会在"活化历史建筑伙伴计划"实施过程中，提供专业服务。

为了使更多关注历史建筑的非政府机构及专业团体，有机会参与"活化历史建筑伙伴计划"项目，香港发展局专门举行简报会。例如，在2007年11月8日召开的简报会，就有来自约100个非政府机构及专业团体的超过200人参加。期间与会者提出一些问题和建议，包括历史建筑保护与现行安全、残疾人士通道等方面要求有所冲突时如何解决；历史建筑与附近斜坡的维修责任等如何界定；规模较大历史建筑的维修费用非常高昂，能否获得较高水平的财政补助等。针对人们关注的这些问题，香港发展局在简报会上均做出了解答，发出清晰指引，从而消除了非政府机构及专业团体的疑虑。

在促进历史建筑的活化再利用方面，为便利在符合建筑物规例的情况下保育和活化历史建筑，香港发展局自2016年起开始分阶段更新《2012年文物历史建筑的活化再用和改动及加建工程实用手册》，加入过往数年历史建筑改动及加建工程的经验，如"活化历史建筑伙伴计划"的个案等。该实用手册第一期、第二期及第三期的更新版，已经分别于2016年7月、2017年12月及2019年1月公布，为历史建筑业界和私人历史建筑业主提供更清晰及具体的指引。第四期的更新也已经于2021年2月完成。

稳定运作模式

"活化历史建筑伙伴计划"已经形成了稳定的运作模式，具体包括：第一，选择适宜开展活化再利用的政府历史建筑，以纳入该计划。第二，公开推出拟活化的历史建筑名单，向社会公开寻求合作机构。第三，非营利机构以社会企业形式自由选择活化对象以及自行构思服务运营模式。第四，非营利机构就如何使用历史建筑，以提供服务或营运业务提交申请书，详细说明如何保护有关的历史建筑，并有效发挥其历史价值。第五，由政府和非政府专家组成的活化历史建筑咨询委员会，负责审议申请书以及就相关事宜提供意见。第六，向成功申请机构提供一站式咨询服务和资金资助，服务范畴涵盖文物保护、土地用途和规划、楼宇建筑以及遵从《建筑物条例》的规定。第七，非营利机构租赁期满后，对租赁期内的历史建筑保育和活化效果进行评估，以决定后续的合作事宜。

在战略角度上，香港发展局十分谨慎地推进"活化历史建筑伙伴计划"实施，努力在以市场机制为主导的前提下，强化公共部门对历史建筑保护的责任，为历史建筑的保育和活化做出指引，并逐步推出若干批需要进行保护与更新的历史建筑，然后由非政府机构申请历史建筑的使用权与运营权。如果没有招聘到合适的"伙伴"便决定放在下一批或后续项目中继续推进。例如，第一期"活化历史建筑伙伴计划"时，香港发展局计划推出七个历史建筑的活化项目，但最终只选出了六个项目的保育和活化方案，旧大埔警署由于没有找到合适的

"伙伴"而被放到第二期重新招募。

关于旧大埔警署，活化历史建筑咨询委员会在第一期并没有推选出任何申请，是因为收到的23份申请书中，大部分均申请用作营舍、推广课程或展览用途。活化历史建筑咨询委员会认为旧大埔警署环境优美，面积约6500平方米，所需的修复费用不菲，因此获选的申请书必须符合五项评审准则。但是经过详细评审后，活化历史建筑咨询委员会未能选出合适的申请书，因此建议将这组历史建筑重新进行另一轮的申请，期望找到能够达到要求的计划书。

"活化历史建筑伙伴计划"第一期评选过程中，活化历史建筑咨询委员会一开始便对历史建筑进行考察。在此之后，还根据申请机构提交申请书情况，就历史建筑的可能用途咨询相关区议会，成立评审委员会审议申请书及相关事宜。评审委员会包括有关政府部门和非政府机构的专家，例如，文物保育专员办事处、古物古迹办事处、民政事务总署、建筑署、屋宇署、古物咨询委员会的委员以及文物保育和社会企业方面的专家，共举行了16次会议，审批所有申请书。通过文物保育专员办事处的秘书处，向不同的政策局和部门就不同的申请征询他们的意见，可见评选过程非常精细和严谨。

审批申请书包括两轮评审。在第一轮评审中，申请机构需提交附有说明的申请书，并需提交计划概念，包括初步设计建议、设施明细表及大约费用。经过第一轮审批申请机构提交的资料，活化历史建筑咨询委员会初步选出进入第二轮的申请机构。在第二轮评审中，入选申请机构要提交更详尽的资料及数据，包括详细的技术建议，初期运作的详细成本评估与费用预算、详细分项数据，以及显示营运初年收支情况的现金流结单。活化历史建筑咨询委员会也与入选申请机构的代表会晤，就不同范畴提出问题。总之，在"活化历史建筑伙伴计划"的各个实施环节，都有稳定的运作模式和措施，以保证既定目标的实现。

实现科学修复

针对历史建筑维修保护质量，香港发展局做出了明确的管理规定，包括所有申请机构在拟订修复工程申请书时，必须根据国际认可的历史建筑保护原则进行，应充分尊重《威尼斯宪章》和《中国文物古迹保护准则》等所确立的文物保护国际原则。同时，结合香港历史建筑保护实际需要，制定维修保护方案。例如，针对历史建筑注入新的元素的同时，还要保留原有建筑特色，为此需要在保持历史建筑的真实性和完整性，符合现行《建筑物条例》以及关联条例的法定要求之间取得平衡，这是一个十分复杂的问题。

在"活化历史建筑伙伴计划"实施中，对于参与历史建筑维修保护的承建商和分包商资质均有严格的规定。获选的社会企业需按工程合约的预算造价，从香港发展局《认可公共工程承建商名册》相应组别中，选用承建商进行维修保护工程。承建商也需同时为屋宇署注册的一般建筑承建商。维修保护工程其他的专门分包商，也应从发展局《认可公共工程物料供货商及专门承造商名册》中的"维修及修复有历史性楼宇"的相应类别中，选用委聘维修及修复专门承建商，作为总承建商或自选分包商进行修复工程，而负责历史建筑维修保护的专门承建商，则进行"须予保存的建筑特色"的维修及修复工程。

香港发展局针对历史建筑的保育和活化利用，提出了"具体保育规定"。同时要求任何在用地外进行的工程，事先均需获得城市规划委员会、发展局、地政总署、建筑署、屋宇署、路政署、运输署及土木工程拓展署等有关政府部门的批准。香港发展局针对保育和活化提出"规定处理方法"和"建议处理方法"。历史建筑特色元素必须原位保存，并按需要加以维修保养。承建商应竭尽全力实行保育指引所提供的各项"规定处理方法"。如无法遵办，需向古物古迹办事处解释原因，以供考虑。至于"建议处理方法"，也应在可行范围内尽力执行。

例如，针对历史建筑外墙的维修保护，就制定了严格的处理方法指引。包括应尽量保存历史建筑的外墙，如需进行加建或改建工程，也应在有关建筑物的后方或其他较不显眼处进行。历史建筑重新粉饰外墙时，只限使用与建筑物年份和特色协调的颜色，而且所使用的涂料必须是可还原的。这里特别明确"可还原"指一项行动或工序可于日后取消或移除，而不会对历史地点或历史建筑造成实质的伤害、损失、破坏或改变。所有固定的指示标志也必须与建筑物外墙的年份和特色配合，并且在安装前需先得到古物古迹办事处的批准。

在具体的活化利用实践中，历史建筑的外观和室内应该予以区别对待。历史建筑的外观是建筑风格、建筑文化的体现，也是建筑自身独特性最重要的外显因素。为了不损害建筑的真实性，最大限度地保留建筑外观风貌和结构，对建筑的外观和结构的改变应该强调最小化，更多的应该是精心的维护和严谨的修缮。为了使历史建筑符合现代生活条件的相关需要，可以采取一些增加室内功能和使用舒适性的做法，例如，增加历史建筑基本的市政设施，包括上下水、电力和电信、采暖，增加现代化的设备，在历史建筑活化的过程中不可避免。社会发展是不可抗拒也无须抗拒的必然趋势，但是需要在保育和活化过程中加以区别对待。

对于历史建筑本体的保护，根据建筑的历史、艺术、科学价值和保存状况，采取多元化的保护和修复措施。对于历史价值较高、遗存状况较好的，实施全面保护；对于建筑立面价值较高，内部已经改变的，保护其特色外观，内部实施整饰；对于局部历史信息保存完整的，实施局部重点保护，注重保护标志性建筑构件；对于历史艺术价值一般，建筑结构存在安全隐患的，对建筑立面进行调整，维护所处环境的历史资源整体风貌。一般而言，活化项目不得干扰有关用地或邻近地方生长的树木，同时成功申请机构还需要负责项目用地范围内的园艺及树木保养工作。

注重活化传承

作为历史建筑保护的原则，香港特别行政区政府在政策制定时提出了"活化"的概念。时任香港发展局局长林郑月娥女士曾说："'活化'就是为历史建筑寻找新的生命、新的用途。要关注如何为历史建筑加入新的内涵，发挥它们的实用价值，而避免被动的保存，要将历史建筑融入现代社会生活。""保育"和"活化"是两个有所区别的概念。"保育"倾向于被动的保存，将历史建筑的形态加以"封存"，原貌展现历史；"活化"则是赋予死掉的建筑物以新的生命，牵涉更多的是"改变"。"活化"相比"保育"，更加注重可持续的、动态的发展，如注入新的内涵、概念和用途。

保护历史建筑的最大动力是保存文化，而保存文化的根本目的是传承文化。因此保护历史建筑并不意味着将其束之高阁。恰恰相反，历史建筑只有处于合理利用中，才会被关心，才能得到及时维护。同样，对历史建筑的合理利用，也会避免因为闲置而加速损毁，让旧载体孵生新功能，既有利于节省资源，又有利于环境保护。"活化"是使历史建筑从静态保护转化为更新再利用的过程，是一个可视化、再现的过程，这个过程使历史建筑派生出多重价值。由此看来，为历史建筑寻求合理利用途径是积极的保护方式，使得保留下的不仅是历史建筑自身，还有历史建筑所营造的空间氛围与人情体验。

通过考察香港历史建筑活化项目，我接触到了多种不同类型的建筑遗产保护活化模式，它们呈现多元化的特点。例如，由政府主导转向民间主导、留屋留人的蓝屋建筑群；从政府公屋改为青年旅社以保留居住记忆的美荷楼；从前荔枝角医院变身为继承与发展传统文化的饶宗颐文化馆……多元的活化模式，保障了历史建筑以最符合本身特色的方式进行更新再利用，实现了历史与现代的融合。

如今，越来越多的历史建筑，通过纳入"活化历史建筑伙伴计划"，在保育和活化后，注入新的生命，成为城市的文化地标，访客络绎不绝。北九龙裁判法院活化为萨凡纳艺术设计（香港）学院，每年访客4万多人次；旧大澳警署活化成大澳文物酒店，平均每年访客20多万人次。通过对历史建筑的活化利用、运营管理、保育社区、联系社群，使历史建筑得以留住记忆，再焕新生，走向可持续生存发展之路。

通过这些案例，可喜地看到，政府与民间组织共同负担起文化遗产的保护与活化更新，注重"公众参与，重构社会价值"已成为香港历史建筑保护的重要特色。发展与保育并重已经成为特区政府的政策目标，把合适的历史建筑纳入"活化历史建筑伙伴计划"之中，为独一无二的历史建筑注入新生命，供社会公众使用。空置的历史建筑如何才能重新注入新的生机，"活化历史建筑伙伴计划"的尝试提供了许多成功的案例。如今在香港，针对历史建筑，强调最多的是"保育"和"活化"，不是单纯地保护、保存，而是要找到可持续的方式活化更新，让当代和子孙后代均可以受惠共享。

目前文物古迹强调的是保护，大多还是"冷藏"式的博物馆保护模式；而历史建筑更强调"活化"，继续利用，服务社会。通过政府与非营利机构合作，探索兼顾社会和经济效益的历史建筑保护道路，使越来越多存续百年的历史建筑，沿着它们原有的用途，日复一日地被健康地使用。"活化历史建筑伙伴计划"，以具创意的方法保育和活化历史建筑，扩大其用途，注入新的生命力，使越来越多的历史建筑成为市民假日的好去处，访客了解香港文化的会客厅。"活化历史建筑伙伴计划"实施以来，无一例外，每座历史建筑的功能及用途均在保育和活化后有所转变。

实际上，相当一部分历史建筑所具有的陈旧、过时和不适用状态，并不是一种终极状态，只是一种暂时、相对的中间状态，具有调整、改进和活化利用的余地相当大，这使得在城市中存在的大量历史建筑已经成为潜在的城市可再生空间资源。活化历史建筑是建筑遗产的适应性再利用，是将闲置或废弃的历史建筑，在保护的前提下，赋予其新的功能，使其能够继续被使用并焕发新的生命力。通过活化历史建筑，可以进一步捕捉历史建筑的文化价值，并将其转化成将来的新活力。同时，活化历史建筑可以有效解决建筑遗产亟待保护和政府保护资金不足的矛盾，有利于可持续发展。

优化伙伴合作

文物是不可再生的资源，历史建筑的保育和活化是一项长期持续的事业，需要不断投入大量的人力、物力和财力。同时，历史建筑活化利用不能过于商业化，必须在保证营运资金的情况下，实现可持续性。鉴于香港特别行政区政府所属历史建筑为公共资源，利益相关者范围和数量庞大，特区政府不能也没必要长期使用财政资金承担历史建筑的营运费用。因此，作为"活化历史建筑伙伴计划"的运作模式，特区政府与民间合作，选取非营利机构加入，这些非营利机构又发动社会公众的力量，共同实现这些历史建筑的可持续利用。事实证明，通过"活化历史建筑伙伴计划"，寻求合作伙伴的方法行之有效。

根据香港《税务条例》第88条所界定的具有慈善团体身份的非营利机构，均可以申请参与"活化历史建筑伙伴计划"。此外，也欢迎其他非营利机构合伙营运。申请机构在提交申请时如仍未获得慈善机构资格，则必须于申请限期后三个月内取得此项资格。在运作模式上，项目实施并非单纯依靠政府行为，也不是干脆全部交给市场去运作，而是采用政府与非政府机构共同合作的"伙伴"模式。社会合作机构在申请时，可自由选择活化历史建筑对象，并自行构思活化运营模式，提交申请书。通过审议后项目就可以进行实施，而且相关社会机构还可以获得政府提供的咨询服务和资金资助。

在制定"活化历史建筑伙伴计划"时，采取与非政府机构以社会企业形式合作。采用社会企业的原因，一方面是因为历史建筑保育和活化的费用不菲，很多空置历史建筑的商业空间不大。但是，特区政府会注入更多动力，鼓励非政府机构加入其中，而事实上有不少社会企业希望以某种形式支持历史建筑的保育和活化。另一方面由于这些活化再利用项目属非营利性质，特区政府会较易于提供资助和其他支持，协助有关历史建筑更新，推广社会企业，协助在地区层面创造就业岗位，使当地社区受惠。因此，保育和活化历史建筑的成功有赖政府、企业和民众携手合作。

为此，"活化历史建筑伙伴计划"重新审视在经济社会环境不断变化的情况下，政府和公众在历史建筑保育和活化中各自扮演的角色，确保项目在尊重历史建筑价值的基础上，通过切实可行的方式进行运营，以经济盈余回馈社会，使社会各个阶层从中受益。政府在监察企业日常运作的前提下，制定长远机制，保障项目良性持久地运作，加强宣传推广，增进公众对历史建筑的了解，吸引社会力量积极参与保育和活化，使历史建筑的活化持续发挥社会效应。在实施保育和活化项目中，政府、企业、个人和非政府机构共同合作，参与范围广泛，因此可以说，这是一种名副其实的"伙伴"形式的运作方式。

"活化历史建筑伙伴计划"自推出以来，迎来社会各界的积极参与。例如，第一期纳入计划的七组历史建筑推出以后，共有102个非营利机构，提出114份申请书。其中，雷春生建筑收到的申请最多，共30宗；另外，旧大埔警署23宗、前荔枝角医院10宗、北九龙裁判法院21宗、旧大澳警署5宗、芳园书室8宗和美荷楼17宗。申请来自不同的社会机构，内容形式多样。

香港发展局邀请符合资格的非营利机构，为历史建筑提出活化再利用的建议，以社会企业形式保育和活化历史建筑，并有效发挥其历史价值服务社区。一段时间以来，无论是否需要政府资助，非政府机构均有不少经营社会企业的构思，而"活化历史建筑伙伴计划"

会为这些机构注入更多动力。从中可以清晰地看到社会各界的普遍认同，人们对于更多历史建筑获得活化再利用有较大期望，因此可以继续加以推进。于是，香港发展局又相继推出了第二期至第六期计划。例如，第二期收到38份申请书，共选出三处历史建筑保育和活化方案。第三期收到34份申请书，共选出三处历史建筑保育和活化方案等。

"活化历史建筑伙伴计划"项目的开展，使非政府组织也能申请对政府拥有的历史建筑进行保育和活化。参与项目运营的非营利机构丰富而多元：既有为此计划而特别新成立的机构，如活化旧大澳警署的香港历史文物保育建设有限公司，活化北九龙裁判法院的萨凡纳艺术设计（香港）学院；也有传统老牌的非营利机构，如活化芳园书室的圆玄学院社会服务部。在非营利机构中，既有传统的社会福利机构，也有商界支持成立的非营利机构，体现了社会机构肩负社会责任的精神。整体来看，不同项目拥有各具特色的运营机构和服务对象，但是相同的是都达到了善用历史建筑和服务社会的目的。

保障财务支撑

在一般情况下，资金问题是许多历史建筑保育和活化的瓶颈。如果仅靠政府财政拨款，则政府财政不堪重负；如果完全交由市场运作，一方面仅靠企业资金实力也难以维持，另一方面市场化逐利行为，很难保证不会对历史建筑造成伤害。所以，长期以来许多历史建筑的保育和活化项目，因为没有足够的资金支持，难以开展或半途而废。因此，资金保障是历史建筑得以保育和活化的重要条件。而"活化历史建筑伙伴计划"之所以可行，背后离不开特区政府对于保育和活化项目的直接参与，即为项目提供充足的政府资金，因而不依赖于市场驱动型经济中的私人资金。

在历史建筑保育和活化项目实施之后，是否具有社会影响和经济活力是关键的问题，直接决定了"活化历史建筑伙伴计划"的成败。这些保育和活化项目租约期限一般较短，其中只有办学的活化项目可以适当延长租约的期限。对于负责更新项目的非营利性机构而言，在较短的租赁期内实现经济上的自给自足，无疑十分困难。除了前期的改造更新费用外，日常的运营和维护费用也是不小的经济支出。只有赋予申请成功的机构在经济上自我维持的能力，才能确保历史建筑的可持续活化利用。因此，香港特别行政区政府的财政补贴及其他支持政策的制定，对于历史遗产的保育和活化具有重要意义。

在实施过程中，特区政府采取了积极和稳健的财务政策，保障了可持续的发展目标。按照"活化历史建筑伙伴计划"的相关指引，特区政府提供三个方面的资助，一是特区政府将历史建筑租赁给申请成功的机构，只收取象征性的一港币的租金，以减轻申请成功的机构在项目运营方面的成本。二是申请成功的机构可以获得政府一定金额的资助，以对历史建筑进行大型保育和活化利用工程。三是为申请成功的机构提供一次性拨款，以应付社会企业开办的成本，以及最初两年营运期间可能出现的经营赤字。此举可以照顾到规模较大的历史建筑维修保护以及较为复杂的日常经营。

由于"活化历史建筑伙伴计划"需以社会企业的形式推行，而营运团体为非营利性质，因此获得邀请的非营利机构可以获得政府提供的财政资助。但是，社会企业日后所得的盈余，须按照原先申请书上陈述的目标，全数再投资于社会企业，以支持社会企业的营运或扩充。同时，获得上述财政资助的先决条件是：申请成功的机构预计可以在营运两年后自负盈亏。假若社会企业在提供服务或营运两年后仍出现赤字，未能达到政府的要求，或未能在指定期限内改善情况，特区政府会决定是否终止协议并收回相关历史建筑。

香港发展局实施"维修资助计划"，即通过向私人拥有的已评级历史建筑的业主，以及租用政府拥有的法定古迹，或已评级历史建筑的非营利机构承担人提供资助，让他们可以自行进行维修保护工程，从而使这些历史建筑不至于因年久失修而破损。为此，特区政府预留出20多亿港币用于历史建筑保护，其中包括对"活化历史建筑伙伴计划"项目的资助。这样在资金投入方面，既减轻了政府的财政支出，又对参加"活化历史建筑伙伴计划"的社会机构的运营进行了扶持，在财务上保证项目能顺利进行。而且未来，特区政府仍然继续拥有这些历史建筑的地权和业权。

为了尽可能让更多关注历史建筑的社会企业有机会参与，加上不少有意申请的社会企业未必有能力承担全部费用，因此需要研究提供不同形式的补助。例如，第一期"活化历史建筑伙伴计划"，政府财政就预留了10亿港币经费，仅美荷楼活化利用项目，就投入了约2.2亿港币资金。非营利机构的建议获采纳后，需要签订有法律约束力的租约。政府根据不同项目的实际情况，例如，社会企业的性质、规模和投资水平，来确定租赁年限，租赁期一般为3~6年。租赁年限的长短直接影响着社会机构参与申请的意愿，如果有非常充分的理由，则可以申请较长的租赁年限。

为了鼓励公众参与，香港发展局文物保育专员办事处善用特区政府预留的5亿港币，于2016年成立保育历史建筑基金，并成立了保育历史建筑基金会，涵盖政府已有的历史建筑保育措施和活动，可用于补助公众教育、社区参与、宣传活动和学术研究。设立长期的保育历史建筑基金，能够有效扶植那些短期内尚未盈利，但是未来可以自给自足的更新项目，有效缓解政府在历史建筑保护更新和长期运营中的财政压力，也可以为历史建筑巨额的维护费用提供适度财政支持。

2017年1月，香港保育历史建筑基金会推出针对保育历史建筑的公众参与项目以及主题研究的两项新资助计划，邀请了香港建筑师学会、香港建筑文物保护师学会、香港工程师学会、香港规划师学会和香港测量师学会五个与保育历史建筑工作有密切关系的专业学会，以及八所颁授认可学位的高等院校，提交资助申请。经保育历史建筑咨询委员会审议后，九宗申请获批拨款，包括三个公众参与项目和六个主题研究项目，涉及资助金额1732万元，成功申请项目需要在24个月内完成。这无疑会为香港文化保育工作提供新的支持。

强化社会宣传

"活化历史建筑伙伴计划"的执行，是香港特别行政区政府文化保育工作的创新运作模式。在实施过程中，香港发展局注意推动全社会历史建筑保护的广泛展开，重视对社会公众的宣传作用，启发社会大众对于历史建筑的兴趣和重视。时任香港发展局局长林郑月娥女士出席电台节目，向市民讲解"活化历史建筑伙伴计划"的内容和意义。她谈道："香港生活节奏紧张，周末想远离烦嚣，找一处地方好好放松，尽情放空，其实有不少选择。例如，市民可以探索一下城中的历史建筑和文物，寻找当中蕴含的历史、文化和艺术信息等。"通过平实的语言使社会公众了解这项计划与人们现实生活的关系。

"活化历史建筑伙伴计划"的所有流程，均在香港文物保育专员办事处的官方网站上予以公布，供公众查询和参与咨询，体现出政府有力而有序的宣传和市民的积极参与。在公布文物建筑资料方面，特区政府及时以合适的方式公布历史建筑评级资料，宣传推广政府的文物政策及措施，不断提高工作透明度。通过简报会等共议形式，并利用现有的科学技术手段，将有关历史建筑的详细资料、保护与更新方案公布于众，一方面有利于公众监督，另一方面可以扩大历史建筑的社会影响。

同时特区政府机构还通过积极组织展览、公众教育宣传等活动，使历史建筑保护观念深入人心，拉近历史建筑保育和公众之间的距离。例如发行电子刊物、印刷本，有效地报道历史建筑保育和活化信息。同时，文物保育专员办事处举办了一系列公众教育活动，旨在鼓励更多不同的社区团体参与文物保育工作，例如，2012年6～12月，举办"古迹大发现"巡回展览，于八个地点介绍"香港文物旅游博览——古迹串串贡"的六条游踪路线，参观人数高达14万人；2012年12月，与香港建造业议会、香港大学建筑学系及古物古迹办事处共同举办内地与香港文物建筑材料、技术、营造管理研讨会，吸引超过200名业界人士参加。

2009年2月，第一批获选的所有"活化历史建设伙伴计划"分别在尖沙咀九龙公园香港文物探知馆、荃湾愉景新城、铜锣湾香港中央图书馆等六处公众集中的场所进行为期两个月的巡回展览。2013年7～12月，香港发展局文物保育专员办事处举办了"活化历史建筑伙伴计划"巡回展览，作为"家是香港"运动的活动之一，介绍已经陆续启用的历史建筑保育和活化项目情况，展示历史建筑活化前后的珍贵照片。同时在展览期间免费派发介绍历史建筑的小册子和特制的历史建筑磁石贴。希望通过展示活化计划的成果，加深社会大众对"活化历史建筑伙伴计划"的认识。

古物咨询委员会为配合推出历史建筑保育政策咨询文件，于2014年3～6月举办了一系列公众教育宣传活动，提高公众对保育历史建筑的关注。其中"动漫基地保育漫画创作"工作坊与动漫基地合办，以中学生为对象，邀请年轻漫画家及插画家示范绘画具有创意的历史建筑漫画和插画。同时，为有兴趣的非营利机构举办开放日，邀请他们参观有关的历史建筑，这样政府不但能够顾及市民对历史建筑保护的意见，也可以推动社区积极参与实际的历史建筑保护。香港康乐及文化事务署还组织了"青少年文物之友计划"，将其与"活化历史建筑伙伴计划"联系起来，组织青少年参观活化的历史建筑。

作为历史建筑保护的重要社会参与力量，众多香港大众传媒肩负起社会责任，关注"活化历史建筑伙伴计划"的动向，并在第一时间进行报道，使得市民可以及时了解历史建筑保护的动态信息，了解活化对象的历史建筑价值与特色以及被活化再利用的前因后果。此外，作为政府与公众之间的桥梁，社会媒体把公众及相关社会团体为保护历史建筑做出的种种努力，以各种形式进行宣传，并且将市民的意见如实反映给相关政府部门，真正实现有价值的传播，让更多的民众受到影响，加入保护历史建筑行列。

为加深香港市民对保育和活化历史建筑的认识，香港各界社会服务机构也作出了各自的贡献。香港邮政于2013年5月7日，以"活化香港历史建筑"为题，发行一套六枚特别邮票，介绍"活化历史建筑伙伴计划"第一期的六幢建筑物的历史背景及活化后用途。邮票及相关集邮品于同日起在邮政总局、尖沙咀邮政局、荃湾邮政局和沙田中央邮政局展出。为配合发行特别邮票，香港邮政还就同一主题，推出首套3D立体邮资已付图片卡，作为馈赠亲友和收藏的理想之选。

鼓励公众参与

历史建筑保育和活化是一项系统的社会综合工程，需要政府、学界、民众和民间团体等各方社会力量的协同参与。事实上，在经济可行性之外，公众对历史建筑的认知和关注，是可持续性的必备条件。历史建筑受其位置、面积、功能等因素影响，公众的关注程度和可及性会有所不同。"活化历史建筑伙伴计划"的推行，一方面提高了香港公众对于保护历史建筑的热情，另一方面也有助于提升香港的旅游吸引力，并为地区层面创造了更多的就业岗位，社会影响非常积极且显著，不但进一步增强了社会公众的历史建筑保护意识，而且使社会各界的文化遗产价值观发生了深刻变化，保护历史建筑成为社会生活中的普遍共识。

在公众参与方面，"活化历史建筑伙伴计划"目标之一是推动市民积极参与保育历史建筑。香港发展局认为项目的对外开放度及公众享用程度是甄选活化计划的重要考虑因素之一。申请机构应在不影响其社会企业营运的情况下，尽量让公众欣赏全部或部分历史建筑。为避免公众参与流于形式，政府部门赋予公众更多的权利与机会，使其有效参与到历史建筑保护与更新的制度建设中来，有利于协调各利益群体的关系，确定最佳的方案。实践证明，公众参与发挥着不可替代的促进作用，无论是实施活化计划，还是历史建筑的保育，都通过拓展公众参与的渠道，重视社区居民的意见，才获得了各方共赢的效果。

"活化历史建筑伙伴计划"项目的实施，翻开了公众参与文化遗产保护新的一页。香港发展局作为职能机构，在社会服务方面，对于民众意愿及居民建议十分重视，始终与社会各界保持平等沟通的关系。早在2007年10月，香港发展局在《文物保护政策》报告中表示，积极推动公众参与，与古物咨询委员会携手合作，提高工作透明度，向香港市民开放部分历史建筑保护的会议，允许社会公众旁听会议内容，让广大民众就历史建筑的评级提出意见，邀请市民参与文物影响评估。同时，让社会公众、利益相关者和关注团体参与活化计划实施措施的细节，并公布相关建议，确保充分考虑利益相关者和关注团体的意见后，才为相关活化计划实施措施定案，力求在项目实施前达成更大共识，及时调整和完善历史建筑保育和活化计划。通过"活化历史建筑伙伴计划"，香港发展局创新了公众参与的机制，将这项计划所有流程在官方网站上予以公布，供公众查询和参与。

香港发展局协调作用的发挥，有助于当地社区参与到活化项目中，并最终改善社区居民对活化计划的看法。社会公众参与对于历史建筑保护的最终策略制定具有建设性，为不同社会群体参与历史建筑的活化更新提供了有效途径，也为政策制定部门收集社会各界不同的意见和利益诉求提供了渠道。同时，为制定更加开放和民主的更新政策提供有效参照。公众群体的复杂性决定了其利益诉求的多样性，更新决策想要在短时间内达成多方利益相关者的共识，需要公众对于历史建筑保护、城市更新与发展目的，有更深入的理解。

历史建筑植根于特定的人文和自然环境，与当地居民有着天然的历史、文化和情感联系，这种联系已经成为历史建筑不可分割的组成部分。但是，由于时光流逝和文化遗产原有人文、自然环境的变化，民众与历史建筑之间的相互关联日渐疏远，文化情感日趋淡漠。而保护工作者专注于通过保护工程和技术手段遏制历史建筑本体以及周边环境的恶化，却往往漠视了民众分享和参与文化遗产保护的权利，忽略了重建民众与历史建筑之间的情感联系。由于"活化历史建筑伙伴计划"一开始就是基于民主环境，提倡"自下而上"的实践，政府与民间组织相互配合，两股力量互相扶持，使历史建筑的保育和活化工作渗透到整个社会。

事实证明，历史建筑保护并不仅仅是政府和保护工作者的专利，不应仅仅局限于管理部门和专业人员的范围，而是广大民众的共同事业，每个人都有保护历史建筑的权利和义务。历史建筑在本质上和全体民众的文化权益有关，在科学民主的时代，历史建筑的保护理念和目标，需要向社会和公众说明，对历史建筑及其蕴含的信息、价值的发掘、研究、保护和传播更需要广大公众的广泛参与。历史建筑中蕴含着丰富的哲学、历史、文学、宗教、艺术、天文、地理、经济、民俗等学科内容，对其加以诠释，并非几个人或一些人可以胜任，需要吸纳众多学科的专家学者、社会贤达和当地民众参与讨论，才能收到更好的效果。

精细与多元

缔造愉快学习体验文化空间

博物馆是城市记忆的守护者，是城市历史的收藏者，细细描摹着城市生活的文化脉络。香港是一个拥有多样文化的城市，缔造出多元丰富的城市生活。从昔日古朴渔村，到今天作为国际化大都会，香港就如满载历史和丰富文化遗产的宝库，其文化的肌理脉络散落在香港岛、九龙、新界各区，储藏在一座座博物馆里。曾顶着"文化的沙漠"帽子的香港，在中西文化融合中呈现出别具一格的文化魅力，使香港的博物馆文化，不仅肩负起展示传统文化的重任，更以包罗万象的文化气息，荟萃城市生活中的点点滴滴。

实际上，博物馆的存在不仅清晰了香港的历史脉络，更为民众提供了集体回忆的空间，也为每位观众安排了一场场面向未来的想象之旅。特别是近年来，为了使市民重视香港历史古迹，通过"活化历史建筑伙伴计划"的实施，以法定古迹和历史建筑保育和活化而成的博物馆、文化馆相继落成。全港700多万市民有超过一半人次，在一年中参观过博物馆，香港的博物馆普及度可见一斑。

从全国视角来看，近年来博物馆的数量和人气逐年递增，但是能引发观展热潮的还是少数博物馆，一些博物馆门庭冷清、人气不佳。优质博物馆和高质量展览集中于某些城市，文化供给上，东西部之间、城乡之间还存有不平衡。我一贯主张博物馆之间加强合作，实现资源共享、优势互补、人员交流等诸多好处，共同集中力量服务于中国博物馆事业的健康发展。

在故宫博物院与香港博物馆界长期密切合作的基础上，故宫博物院与香港特别行政区政府双方都希望利用彼此的优势，在展览、研究及教育领域上进一步加强合作。2015年9月，我与时任香港特别行政区政府政务司司长林郑月娥女士在北京的会面讨论中，探讨了在香港兴建一所永久性展示故宫文化和中华文化的博物馆的可行性。经过七年的论证、筹备、建设，2022年7月，香港故宫文化博物馆即将迎来开放，这是一件值得期待的盛事。

在香港故宫文化博物馆筹建前后，我也因工作原因多次赴香港，其间考察了多座博物馆，与同行交流、促成合作，对香港博物馆事业也有了更深入的认识。

香港博物馆掠影

　　香港拥有50多座各具特色的博物馆，丰富多彩的博物馆文化活动已经成为社会生活的重要内容。其中香港康乐及文化事务署管辖的博物馆，除香港历史博物馆、香港文化博物馆、香港艺术馆、香港科学馆、香港海防博物馆等几座大型博物馆外，规模较小的还有茶具文物馆、香港铁路博物馆、三栋屋博物馆以及香港视觉艺术中心等，涵盖艺术、历史、考古、民俗、军事、科学、天文、交通等多个范畴，为大众提供了多元化的选择。

　　香港作为国际级城市，博物馆的持续发展，为市民和访客源源不断地提供文化营养。为此，香港的各博物馆均采用三管齐下的文化传播方针：一是举办普及性的讲座、工作坊、工艺班、参观古迹和自然保护区、观测星空等活动，以提升市民对艺术、历史、科学及天文的兴趣，增加观众，特别是青少年的相关知识；二是结合中国历史、美术、科学教学，举办教师培训班，同时培养学生对学习上述学科的兴趣；三是与高等院校合办不同专题的学术研讨会，以此深化博物馆相关各学科的研究。

教育是博物馆服务社会的主要功能，在这方面香港博物馆领域投放了大量资源，成绩显著。例如，香港康乐及文化事务署下设的香港历史博物馆、香港文化博物馆、香港科学馆和香港艺术馆等众多博物馆机构，人员为公务员编制。香港博物馆的使命定位为：让观众通过愉快的学习，增加对文化艺术和科学技术的认识和兴趣。众多博物馆设有不同主题的常设展厅，并举办各项专题展览及教育活动。特区政府期望通过探索香港和世界各地的多姿多彩文化，提高公众对文化的认知，从而理解文化对社会的重要性。

香港的博物馆在展览内容与展示手法的配合方面有不少创新的举措，不仅丰富了香港地窄人稠的城市生活，更令文化艺术的知识海洋触手可及。目前来博物馆参观，成为香港大部分中小学、幼儿园课程内的历史教育活动。一件件精美的艺术品、一组组"会说话"的文物、一项项极富创意的科学发明，使同学们获得在教室中、书本里学不到的知识，同学们在博物馆里伴随海浪声、飞鸟声，快乐地开展动手实践。各个学校还经常组织学生们到博物馆进行课外旅行，到太空馆进行太空之旅，去茶具博物馆体验品茶文化，去文化博物馆与古人进行跨越时空的交谈。

香港博物馆最突出的特色是小而多元，布局广泛。在香港的50多个博物馆里，其中约半数由特区政府营运。与此同时，香港康乐及文化事务署为鼓励市民多走进博物馆，参与相关文化活动，不仅将大部分的公共博物馆向公众免费开放，更推出各式各样的优惠活动。为吸引更多年轻人参与文化推广，各博物馆也开始让青年文化、流行文化等活动内容，走进了以往偏重精致文化的博物馆。一些博物馆"旧馆换新颜"的举措，受到社会各界的好评。

香港历史博物馆

香港历史博物馆，创立于1975年，目前的馆舍于1998年启用，建筑面积1.75万平方米，分为常设展览展厅和专题展厅。香港历史博物馆的功能是通过购藏、修复和研究馆藏文物，以保存香港的文化遗产。主要展出香港出土文物、历史图片和地图等，还定期举办文化活动，同时展出一些与香港历史相关的文物或各国珍贵的历史文物。除了位于漆咸道南的主馆外，香港历史博物馆还包括五间分馆，即香港海防博物馆、孙中山纪念馆、李郑屋汉墓博物馆、罗屋民俗馆以及葛量洪号灭火轮展览馆。

长期以来，香港博物馆的发展特色为定位精细化、展品类型化。这一特色是从香港早期博物馆逐渐发展转变而来。香港历史博物馆的前身是市政局于1962年在大会堂成立的香港博物美术馆，香港博物美术馆以"大"而"博"聚拢了当时香港的大量展品。1975年，博物美术馆一分为二，成为香港艺术馆和香港历史博物馆的前身。如今，香港历史博物馆自建馆以来，已经举办70多场大型专题展览。香港艺术馆也已经成为保存中国文化精髓和推广本地文化的知识殿堂，经常展出内地和世界各国的重要艺术品。

香港历史博物馆自开幕以来，推出常设展厅"香港故事"，这是多年来搜集、整理、修复、研究工作的成果。"香港故事"展览以逾

4000件展品和新技术的创新呈现，通过馆藏文物、历史场景、多媒体节目、计算机操控的声音和光影效果，以教育与休闲兼备的原则，互动轻松的手法，栩栩如生地展示从4亿年前泥盆纪开始的漫长历史发展，特别是香港如何在百多年间从鲜为人知的村落，蜕变为国际大都会的曲折历程。同时，展览较全面地介绍了华南沿岸的地貌、气候、生态、动植物，利用考古材料揭示香港的先民生活，以丰富多彩的文物阐述本地民间风俗。

长期以来，香港历史博物馆通过馆藏展览、教育及文化推广活动，提高市民对香港历史的发展及其独特文化遗产的认识和兴趣。观众进入博物馆就可以看到常设在这里的金庸馆。金庸先生"活到老，学到老"的韧劲，为香港作出贡献的赤诚之心，使他创造了一个风靡全球华人的武侠世界。观众走到李小龙的展馆前，就可以看到"武·艺·人生李小龙"的字样，通过武打场景展现李小龙刚柔相济的形象，特别是粉碎"东亚病夫"牌匾的一脚，向世界宣告中华民族顽强不屈、自强不息的精神。

"香港故事"常设展览是香港历史博物馆的重点展览，开幕以来深受观众欢迎。随着馆藏文物与日俱增，展览演绎手法推陈出新，这项常设展览也需要与时俱进，因此从2020年10月开始关闭，进行全面更新工程。在全新的常设展览开放前，为了继续向观众介绍香港发展历程，香港历史博物馆特别制作了一个"香港故事"精华版展览，将原占地7000平方米的展览，浓缩于约1000平方米的展厅之中，展出460组精选展品及约210张照片，香港故事的精髓重现观众眼前。

香港文化博物馆

　　香港文化博物馆是康乐及文化事务署下设的一所综合性博物馆，展览内容涵盖历史、艺术和文化等不同范畴，2000年对公众开放。在展览设施方面，香港文化博物馆陈列面积达7500平方米，是香港规模最大的综合性博物馆。博物馆采取中国传统四合院布局，共设有12个展览馆，包括六个常设展览馆及六个专题展览馆。香港文化博物馆希望通过探索香港和世界各地的多姿多彩文化，丰富民众生活，并且民众由此得到启发。香港文化博物馆力求为参观人士提供感性、创新、富启发性、具教育意义和愉快感的博物馆体验，也支持和鼓励对知识、艺术及创意的追求。

　　六个常设展览馆包括瞧潮香港60+、金庸馆、粤剧文物馆、徐展堂中国艺术馆、赵少昂艺术馆及儿童探知馆。香港因地理优势，汇聚东西文化，成为国际都市。在香港的整个演变过程中，香港流行文化在时代浪潮中呈现不同面貌。瞧潮香港60+聚焦第二次世界大战后至21世纪初香港流行音乐、电影、电视和电台广播节目的发展，旁及漫画和玩具。透过逾1000件展品，阐述香港流行文化的演变，了解其社会背景和艺术特色。展览希望能引领大家寻找香港过去的发展轨迹，同时启发我们传承香港的多元文化，共同创造更美好的未来。儿童探知馆展馆大部分展品特别为4~10岁的儿童设计。展馆分为八个学习游戏区，让小朋友漫步米埔沼泽，深入地底，潜入水中，又和鸟儿、昆虫及海洋生物做朋友；小朋友亦可以透过精心设计的游戏，认识本地考古学家的工作，一睹香港神秘的出土文物；还有，小朋友也可以在此探索新界传统乡村的生活，并可与家人一起分享昔日儿童的玩意。展馆还附设香江童玩展览，展出本港设计、制造或销售的玩具，讲述香港玩具的发展。

为提高参观者对文化艺术的兴趣，六个专题展览馆在不同时间推出多元化的展览主题，包括本地饮食、娱乐、漫画、粤剧名伶、艺术表演者、时装设计、内地及香港的非物质文化遗产、中国及海外的艺术珍宝等，其中很多是与香港以及海内外不同的文化和博物馆机构合作举办的展览，深受观众的欢迎。除展览以外，香港文化博物馆也举办有关文化、历史及艺术的讲座、学校节目、亲子活动和儿童活动、剧院节目、导览服务、制作教学资源册及工作纸等活动，鼓励不同社会群体参与博物馆活动。

东华三院文物馆

2015年12月，我考察了香港东华三院文物馆。东华三院是具有社会责任感的医院，为香港普通市民已经服务百年以上。东华三院文物馆位于香港上环窝打老道，原为广华医院大堂。1970年，东华三院为庆祝成立100周年，将广华医院大堂改建成为东华三院文物馆，用以保存东华三院的历史文物和收藏珍贵文献。东华三院文物馆于1993年对社会开放。2016年，由于广华医院进行再建设，位于医院内的东华三院文物馆也进行了大型维修工程。

东华三院文物馆兼具中西方的建筑特色，文物馆内建筑物正面的中式装饰和祠堂布局，清楚展现出中式建筑特色。檐板上的花卉和吉祥图案，以及外廊的梁架和驼峰均是精致的木刻。"金字形屋顶"铺有绿色琉璃瓦，现屋脊建于1991年，为仿照1910年的原有屋脊重建。西方建筑元素主要见于建筑物的侧面和背面，包括使用小圆窗和连拱顶石的弓形拱窗。大堂内通往展览厅的四道拱门设有西式楣窗。大堂的屋顶由传统的中式桁条和梁架结构支撑，而偏厅则采用了双柱桁架。

如今，走进东华三院文物馆，可以看到"急公好义""博施济泉""共怀康济"等从清末沿袭至今的近百块褒励牌匾挂满了医院大堂，这些牌匾记录了东华三院的历史角色。东华三院文物馆馆内设有专题展览厅，介绍东华三院自清同治九年（1870年）建院，在医疗、教育、社会服务以及筹募活动方面的历史及发展。展品大部分是透过文物征集活动向广大市民收集得来的，包括20世纪20年代的捐款收据、20世纪30年代的义学毕业证书及20世纪50年代的义庄收据等。同时，通过文物馆及东华三院下属服务单位的藏品，使专题展览内容更丰富。

香港大学美术博物馆

2011年12月，赴香港参加"文物保育国际研讨会"期间，我参观了香港大学美术博物馆。香港大学美术博物馆创立于1953年，位于香港岛薄扶林般咸道90号，前身为1932年成立的冯平山图书馆，

1932年冯平山楼落成后正式成立，图书收藏以中文文献为主。1994年，博物馆更名为香港大学美术博物馆，并于1996年增建新翼徐展堂楼。

过去60年来，作为香港现存历史最悠久的博物馆，香港大学美术博物馆收藏了许多中国文物与艺术品。博物馆藏品由热心人士捐赠和从大学征集而来，主要分为青铜器、陶瓷和书画三类，还收藏有木器、玉器和雕刻。馆藏以瓷器最受瞩目，包括汉代铅釉陶器和唐代三彩器等。藏品还有商代和西周时期的青铜礼器以及东周至宋代的铜镜，馆内元代景教十字铜牌收藏量更是世界之冠。

博物馆经常举办各类型展览，介绍中国和西方的现代和传统艺术以及香港早期历史，并举行研讨会、讲座，演艺活动，致力为各界人士提供不同的艺术和文化体验，为社会公众提高艺术欣赏水平和加深文化修养。同时香港大学美术博物馆用于香港大学艺术系的教学工作，辅助教授中国古代艺术及博物馆学等课程。香港大学美术博物馆秉承以教育为目标的宗旨，希望通过艺术教学开阔学生的视野和知识领域。

香港中文大学文物馆

香港中文大学是座拥有半个世纪历史的著名高等院校，培养了无数活跃在学术界的优秀毕业生，其中包括四位诺贝尔奖获得者。香港中文大学在不断创新、不断进取的同时，始终固守着中华民族的传统文化。例如，在20世纪70年代香港著名的"中文运动"中，香港中文大学也起到了举足轻重的重要作用。这场语言抗争结束了英文垄断香港官方语言多年的局面，是具有里程碑意义的文化运动。时至今日，博学于文、约之以礼，香港中文大学师生经过半个多世纪的努力，终于迎来了中国传统文化发扬光大的新时期。

香港中文大学文物馆成立于1971年，是香港公众博物馆之一，位于香港中文大学内。文物馆秉承香港中文大学的宗旨，以馆藏及惠借文物精品为基础，致力弘扬中国文化，促进中外学术交流，贡献社会；收藏、保存、研究及展览中国文物如绘画、书法及不同类型的工艺美术，并经常举办不同专题的文物艺术及考古展览。作为大学的教学博物馆，香港中文大学文物馆与艺术系紧密合作，在博物馆学及艺术史学方面，提供实物实习等深度研究，也与香港中文大学其他院系共同开展中国艺术在社会、文化、技术及历史等领域的跨学科研究。

故宫博物院与香港中文大学文物馆早有密切的学术交往，2011年9～12月"兰亭特展"期间，香港中文大学文物馆更无偿出借其馆藏的"游相兰亭十种拓本"，以弥补故宫博物院相关展品的缺憾，为展览的成功提供了无私帮助。此举也是故宫博物院有史以来第一次向内地以外的博物馆借藏品参加院内举办的主题展览。"兰亭特展"后，两馆间加深了情感交流，为今后的合作打下良好的基础。

2014年9月23日，故宫博物院与香港中文大学签署战略合作意向书，致力于在文化研究领域的新形势下，通过人员交流、培训合作、文献研究、教学展览等一系列方法，增进双方学术交流，促进广泛领域合作，从而达到交流互通，彼此借鉴的目的，更好地将文化遗产和博物馆专业领域的研究推上一个新平台。在这样的共同愿景下，双方缔结合作关系，通过调查和研究中国传统文化展开专业领域的双赢局面，对于丰富文物藏品研究项目、传承中华优秀传统文化发挥出重要的作用。

2014年9月，我再次考察香港中文大学文物馆和香港中文大学建筑学院。同时，在香港中文大学祖尧堂，做了《关于城市文化建设与文化遗产保护》专题演讲，并接受了香港中文大学建筑学院客座教授和文物馆荣誉高级研究员的聘书。我很荣幸能参与到香港中文大学的建设及传承中华优秀文化事业中。

F11摄影博物馆

2017年4月，我考察了香港F11摄影博物馆，它位于跑马地毓秀街11号。跑马地毓秀街11号历史建筑原为私人住宅府第，建筑设计洋溢着浓厚的装饰艺术建筑风格。第二次世界大战期间，业主梁受益先生把地上一层改建为停车场。1962年起，文氏家族购入住宅产权，并将地上一层租给不同的商户。2010年跑马地毓秀街11号被确定为三级历史建筑。

2012年，苏彰德先生购入跑马地毓秀街11号物业，他没有将它拆掉重建成多层商厦，反而聘用专业团队，到政府档案处、新闻处及地政处查找历史，搜集资料，最终在一部1984年的香港电影里看到了这栋楼的原貌。他们用半年时间翻查旧档案，又花了大半年时间将整幢建筑彻头彻尾加固复修，将洋房外貌恢复昔日原本模样。

2014年9月，F11摄影博物馆开放，这是香港第一家以摄影为主题的私营博物馆。F11摄影博物馆楼高三层，除了大量保留80年前的建筑特色外，还巧妙地融入了现代化的元素。F11摄影博物馆的地下及一楼用作举办相关展览，二楼为莱卡相机陈列展览，展出大量不同型号的莱卡相机，同时收藏了上千本著名摄影师的影集。F11摄影博物馆是为了引起大众对摄影的兴趣以及培养欣赏摄影艺术的文化而建立，它提供了香港摄影主题的文化空间，本地观众可以欣赏来自世界各地的摄影大师展览。通过展示珍贵的相机、摄影作品和书籍，唤起大众对摄影的兴趣，同时提倡保育和活化香港文物建筑。

2015年9月，我邀请时任香港特别行政区政府政务司司长林郑月娥女士参加国际文物修复协会培训中心的揭幕仪式，因为正是在她的帮助和推动下，国际文物修复协会培训中心得以在故宫博物院设立。在谈话中，她肯定了近年来故宫博物院赴香港展览所取得的良好成果，我也对香港博物馆同仁策划展览的水平和敬业精神表示赞赏。同时，我提出能否在香港兴建一座长期展示故宫文化和中华文化的博物馆。这个建议在当时显得异想天开，但是林郑月娥司长认为是个非常好的主意，并表示回香港以后会开展可行性研究。

2015年12月，我再次拜访林郑月娥司长，讨论深化故宫博物院与香港博物馆领域的交流合作。故宫博物院与香港博物馆同仁共同举办了多项大型文物展览，均获成功，吸引数十万香港市民和访客参观，说明香港社会对中华文化拥有浓厚兴趣。但是如果要较长时间、较大规模地展示故宫博物院的文物藏品，无论在展览空间和展览期限上都有局限，不可能较长时间同时举办多项展览。为此，能否在香港建设一座展示故宫文化的博物馆，以固定地点、定期更换展品的形式，展示丰富多彩的故宫文化和珍贵文物，引起思考。

选址与筹备

在香港建设一座展示故宫文化的博物馆，可以说是彼此不谋而合，完全基于双方在文化发展上的互惠互利、资源共享。这将使此前故宫博物院与香港博物馆的交流机制升级，将故宫博物院赴香港的展览进行规范化和系统化的提升，使之更加专业化、品质化、常规化。这是非常重要的。

在选址方面，我知悉香港特别行政区政府考虑到西九文化区是香港有史以来最大规模的文化投资区域，将发展为一个展示地方与传统特色，并加入国际元素的世界级综合文化艺术区。因此，在西九文化区兴建一座专门展示中国传统艺术和文化的博物馆，是最为合适的选择。

2016年3月，在吴志华博士的引领下，我考察了香港西九文化区香港故宫文化博物馆的选址地点，并与林郑月娥司长就推进香港故宫文化博物馆筹备交流意见。香港故宫文化博物馆选址在美丽的西九文化区西部临海区域，位于香港城市核心地段，位置醒目、环境优美。西九文化区需要有大量能够充分反映和体现中华五千年文明的元素，才能够有牢固的根基，也才能够立足于世界文化艺术设施之林，建立起自身的存在价值。香港故宫文化博物馆的功能和规模，与西九文化区内已经规划建设或即将建设的各项文化设施十分吻合。

2016年8月29日，我再次与林郑月娥司长就筹建香港故宫文化博物馆事宜进行深入研究，并建议争取在2017年香港回归祖国20周年之际，为这座博物馆奠基。当天晚上，在林郑月娥司长的安排下，我向香港赛马会详细介绍了故宫博物院的情况。故宫博物院是全国最大规模的综合博物馆，但是由于受馆舍条件的影响，相关展览展示工作受到一定程度的限制。故宫博物院与香港特区政府合作建设香港故宫文化博物馆，可谓珠联璧合、相得益彰。为此，香港赛马会慈善信托基金慷慨捐赠35亿港币，资助香港故宫文化博物馆的馆舍建设。

2016年12月23日，在故宫博物院报告厅，香港政务司司长林郑月娥女士作为西九管理局董事局主席，我代表故宫博物院，双方签署《故宫博物院与西九文化区管理局就兴建香港故宫文化博物馆合作备忘录》，正式启动香港故宫文化博物馆项目。按照合作备忘录内容，香港特区政府将在西九文化区设立专门展示故宫文化的场地，并命名为"香港故宫文化博物馆"，分别从文物展览、数字多媒体展示、故宫学术讲座、故宫知识讲堂和故宫文化创意产品营销五个方面，创建一个独具中华传统文化特色的故宫文化综合展示空间。

时任香港特别行政区行政长官梁振英先生在致辞中表示："700万中外居民和每年来港的2000万外国旅客将有机会通过香港故宫文化博物馆，了解中国历史和中华文化。香港可以进一步促进中外文化理解，扩展中外人民友谊。香港故宫文化博物馆明年动工，是庆祝香港回归祖国20周年最好、最大的礼物。"

林郑月娥司长和我在签字仪式之后的记者会上，介绍了香港故宫文化博物馆项目的细节。林郑月娥司长表示香港故宫文化博物馆十分契合西九文化区带动香港成为区内文化枢纽的愿景，也与区内已规划的核心文化设施，尤其是与M+博物馆互相配合。M+博物馆以收藏与展示20世纪和21世纪视觉文化为定位，涵盖视觉艺术、建筑、设计和影像等领域；而香港故宫文化博物馆则以展示中国传统艺术为主，两者各有所长，互相补足，让西九文化区能全面展示传统与现代、中国与世界的文化艺术。

香港故宫文化博物馆占地面积约1万平方米，总建筑面积约3万平方米。主要设施包括多个固定陈列和临时陈列展厅、教育活动室、演讲厅、纪念品店和观众餐厅等。固定陈列展厅长期展示故宫历史文化以及与宫廷生活有关的文物；临时陈列展厅展示故宫博物院的书画、器物和其他艺术收藏，也会举办香港收藏家的文物藏品专题。兴建香港故宫文化博物馆所需的土地、资金以及西九文化区管理局董事局的审批程序已完成。西九文化区管理局开展建筑工程的投标工作，建筑工程预计竣工日期为2022年。

西九文化区管理局就香港故宫文化博物馆项目举办了公众咨询活动，旨在收集市民对香港故宫文化博物馆项目的意见，尤其对设计、节目策划，以及教学和诠释工作等方面的建议。同时，在公众咨询活动期间，举行了五场咨询会，听取建筑及相关专业界别、文化艺术界的意见和建议。通过咨询活动向公众传达对香港故宫文化博物馆发展的愿景，让市民参与这项前所未有的项目。2017年3月9日，为期八个星期的公众咨询活动圆满结束。

2017年4月，赴香港访问期间，我在讲座结束后，接受了香港众多媒体记者的采访，回答了香港市民关心的香港故宫文化博物馆建设问题。故宫博物院收藏有186万件（套）珍贵文物，为了使社会公众更多了解故宫博物院的丰富文化资源，我们做了很多努力。即使如此，故宫博物院能够展示的文物藏品也不到全部藏品的2%，故宫博物院有责任让"收藏在禁宫里的文物活起来"。每年一度的故宫文物大展，在香港很有影响，市民也很喜欢。因此建设香港故宫文化博物馆这件事，对历史、对城市、对民众是负责的，是立足长远的重要举措。

2017年4月7日，应新任香港政务司司长张建宗先生的邀请，我赴其官邸，为西九文化区管理局董事局成员做了题为《故宫的世界，世界的故宫》的讲座。随着故宫博物院整体维修保护工程和文物藏品清理工作的实施，故宫博物院的开放面积逐年扩大，举办展览的数量明显增加，接待能力显著提升，社会知名度和美誉度大幅提高，成为世界著名的博物馆。建设香港故宫文化博物馆，对增强香港城市文化功能，服务市民文化生活以及促进香港旅游和经济发展等方面，都具有重要意义。

2017年6月29日，习近平主席来到香港西九文化区临时苗圃公园内，即香港故宫文化博物馆的未来馆址地点，在时任香港特别行政区梁振英行政长官、林郑月娥候任行政长官的陪同下，见证香港特区政府政务司张建宗司长和我代表故宫博物院，共同签署《兴建香港故宫文化博物馆合作协议》。在合作协议签署前，习近平主席听取了关于香港西九文化区规划和建设情况。当走到香港故宫文化博物馆模型前，香港特区政府领导和我向习近平主席汇报了博物馆的基本情况，包括规划选址、建筑设计和资金来源等。

规划和建设

长期以来，香港一直作为继纽约、伦敦后的世界第三大金融中心而受到世人瞩目。同时，香港也是国际和亚太地区重要的航运枢纽，并且连续多年获评全球最自由经济体。但是在博物馆的数量和规模方面，香港与纽约、伦敦相比有明显差距。换言之，香港的文化地位与经济地位并不匹配，一座国际大都会没有世界级的博物馆，自然少了几分深邃与厚重。香港故宫文化博物馆的建设，无疑是香港文化事业发展的一件大事，将有利于香港成为国际文化都会的愿景，也有利于故宫博物院走向国际、走向大众生活的发展策略。

2017年12月6日，在香港特区政府总部会议室召开了"香港故宫文化博物馆项目设计简介会"。香港民政事务局介绍了项目筹备工作的整体进度，许李严建筑师事务所的严迅奇博士介绍了香港故宫文化博物馆馆舍设计方案，从优化公共空间网络、传统视艺气质、故宫联系概念等方面，对博物馆的设计理念、整体造型概念、内部空间变化等均加以详细分析与解释。吴志华博士介绍了香港故宫文化博物馆陈列主题、展厅布局和陈列主线，并就11个展厅展示内容做出细致解说。

2017年12月7日，我在香港科学馆演讲厅举办《携手同行合作共赢——香港故宫文化博物馆的文化视野》讲座。讲座从文化资源、陈列展览、文物修复、数字技术、文化创意、文化教育六个方面，介绍了最近几年故宫博物院的发展变化，以及为香港故宫文化博物馆的未来展览设计、场馆建设等量身策划的方案。香港故宫文化博物馆的建设，是故宫博物院发展历史上具有里程碑意义的一件大事，为继续深化香港特区政府与故宫博物院的合作提供了强有力的保障。

2018年5月28日，斗柄南指，孟夏之初的香港格外美丽迷人。在林郑月娥行政长官的亲切关怀下，在香港各界人士的支持与帮助下，香港故宫文化博物馆项目历经反复调研、深入探究，终于迎来动土仪式。在白色篷布搭起的临时会场里，一块用中英文书写的背景大展板屹立于红地毯铺就的仪式会台之后，显得格外醒目。人们怀着喜悦的心情，参加香港故宫文化博物馆动土仪式。我代表故宫博物院感谢林郑月娥行政长官，感谢各界人士对香港故宫文化博物馆项目的支持与帮助，同时向参加博物馆建设的全体工程技术人员，表示崇高的敬意。

林郑月娥女士在讲话中，回顾了与故宫博物院的文化交流，回顾了香港故宫文化博物馆的筹建过程，高度肯定了这项工程的价值和意义。她指出，香港能够在西九龙文化区建立一座故宫文化博物馆，与中央政府在"一国两制"下对香港特区的支持和香港的独特优势是分不开的。故宫博物院的藏品是中华文化的精华、人类文明的瑰宝，享誉中外，而香港故宫文化博物馆将可以长期、全面和深入地展示故宫的文化珍藏。她相信香港的文化事业一定可以热切期待更好的将来。

不久的将来，香港民众不但能在香港故宫文化博物馆看到难得一见的故宫文物藏品，还能听到著名文物专家的讲座。"数字故宫"更能让观众实现"身在宫外，心在宫内"的感觉，在这里还能把故宫文化创意产品带回家。青年学生更有机会参与故宫知识课堂活动，学到更多传统文化知识。通过教育及推广活动，包括为青少年提供交流和实习，以加强对历史、文化和艺术的认识，更加深入地了解故宫文化，让香港与内地的文化血脉更加相融。人们期待未来香港故宫文化博物馆可以成为一座有温度、让人震撼、觉得不虚此行的博物馆，为东方之珠再添魅力。

　　在香港故宫文化博物馆的建筑设计中，将"传统中国空间文化"与"当代香港都市文化"有机结合，通过现代建筑表达传统精粹，依照香港空间紧凑的特点，把紫禁城中轴线变成垂直递进关系，通过三层中庭串联起展厅和香港的自然风景，以纵向的空间呈现中国古代建筑的艺术。从外观到内在，尽显"阴阳平衡""刚柔并济"的中国宇宙观。从外部空间来看，七层楼高的建筑"上宽下聚、顶虚底实"，形似中国古代的鼎。博物馆内部将北京故宫的中轴线概念，以空间立体串联的方式，融入博物馆建筑设计。

　　香港故宫文化博物馆建筑包括七层，地下一层用来举办教育活动；地上一层包括演讲厅、活动室、商店和餐厅等；二层可观赏香港天际线，港岛景观一览无遗；四层中庭可欣赏大屿山景观，众多展厅则围绕中庭布置安排，向观众呈现出一个立体的博物馆形象。香港故宫文化博物馆共设九个展厅，总面积为7800平方米，每期展出800多件（套）故宫文物。其中五个展厅定期轮换展出故宫精选藏品，涵盖故宫文化的不同面貌，包括紫禁城建筑、清代宫廷生活和文化传承工作等主题。另有四个展厅则展出香港文物收藏、艺术体验互动等专题展览。

香港故宫文化博物馆馆长人选经全球公开招聘后，决定由香港康乐及文化事务署副署长吴志华博士出任。吴志华博士是经验丰富的文物博物馆领域专家，对中华传统文化和当代文化艺术都有深刻认识。他也是故宫博物院的老朋友，曾策划过不少故宫博物院的大型展览项目在香港展出。他在获委任新职时感言："我很高兴能够带领香港故宫文化博物馆开启首个章节，以及创建其成为世界领先致力推广中国艺术文化的博物馆。"吴志华博士此前曾借调到西九文化区管理局，协助督导香港故宫文化博物馆发展，对这座博物馆项目十分熟悉，是香港故宫文化博物馆馆长的理想人选。

香港故宫文化博物馆拥有优秀艺术人才与国际策展团队，成为香港将故宫文化推向世界舞台的优势。香港故宫文化博物馆开馆后，每日接待观众不超过1万人次。吴志华馆长期待，故宫文化从"馆舍文化"走向"大千世界"，将观众群从香港本地700多万人口，扩大至粤港澳大湾区7000万人口，进而走进世界各国民众的文化生活。他说："香港是祖国通向世界的'南大门'，连接中华文化与世界文化的桥梁纽带。香港故宫文化博物馆的落成，一定能让香港融入国内国际的文化双循环。"

交流与合作

实现内地与香港的优势互补

香港回归祖国20余载，内地与香港除了共享国家发展的红利外，也可以共赏在时代的湍流中留存至今的艺术瑰宝，在强大的民族共识与文化自信中，凝聚同为中华儿女的自豪。因此，加强文化遗产和博物馆领域的合作，无疑是增强城市文化底蕴和文化自信的直接手段，更可以使广大民众了解香港在中华文化传承中的特殊地位和贡献。与此同时，香港故宫文化博物馆的建设，既可以使故宫博物院得以践行中华文化传承的长远承诺，也可以使香港博物馆界增加一份文化自信，更可以为香港吸引更多海内外博物馆爱好者，提升香港成为拥有国际重量级博物馆的文化之都。

签署交流合作协议

2011年12月，在参加"文物保育国际研讨会"期间，我代表国家文物局与香港民政事务局签署了《关于深化文化遗产领域交流与合作的协议书》，并与香港民政事务局座谈共同建立打击盗窃盗掘走私文物的合作机制。这项协议开启了内地与香港文化遗产保护领域的全面合作。回归祖国以来，香港特别行政区政府遵循"绿色、环保、低碳"的要求，开展"文化保育运动"，充分认识到要实现城市健康可持续发展，文化是重要的组成部分。一座不断进步的城市，必定重视自己的历史与文化。文化遗产保护不是单纯地保留文物古迹，而且必须与所处时代的文化环境、生态环境和市民诉求相结合。

2012年2月15日，香港康乐及文化事务署助理署长吴志华博士及下辖香港艺术馆总馆长、香港历史博物馆总馆长、香港文化博物馆馆长一行访问故宫博物院，商谈双方未来五年的合作交流事宜。在此基础上，2012年6月21日，我代表故宫博物院与香港康乐及文化事务署署长冯程淑仪女士，签署了《故宫博物院与香港康文署合作意向书》，包含开展多层次、多角度的合作。例如，共同开展文物藏品的保管、保护，以及文物保护材料、技术等的合作研究；在展览策划、宣传教育、藏品研究、文化产品推广、观众服务、管理、出版、建立会员制和志愿者体系等方面开展交流。

《故宫博物院与香港康文署合作意向书》的签订，标志着双方全方位合作的新开端。通过合作以及双方的共同努力，在香港地区构建起弘扬传统文化，以多样的形式为香港公众提供认知、欣赏中华民族璀璨文化和艺术的平台。双方还议定，在之后五年，共同推出多个高水平合作展览项目，为香港民众带来一系列文化盛宴。继2012年首次签署合作意向书后，双方进一步建立起更紧密的交流合作关系，促进文化遗产的保护和展示，加强了内地与香港文化艺术的互通，让更多香港公众有机会欣赏中华文化瑰宝，同时也让中华文化瑰宝的光辉，通过香港这个窗口传播到世界各地。

时隔五年，2017年12月7日，我再次代表故宫博物院与香港康乐及文化事务署署长李美嫦女士，在香港科学馆签署第二份《故宫博物院与香港康文署合作意向书》。双方以此作为开端，在以往交流的基础上，深化和扩大交流合作，以促进文化遗产的保护和展示。双方在此后的五年间，每年都在香港举办故宫专题文物展览；在文化遗产保护、藏品管理、学术研究等领域，交流专业知识及经验；建立人才培训合作机制，并通过为青少年提供交流和实习机会等教育及推广活动，以加强大众对历史、文化和艺术的认识。

合作举办故宫展览

香港是中西文化交流融汇之地，我们希望借助博物馆的平台，通过文物展览这一直观的方式，向更多香港民众展示中华传统文化，向更多国际友人宣传博大精深的中华文化。2000年12月，香港文化博物馆建成，故宫博物院为此举办了"乾隆皇帝八旬万寿庆典展"，该展览成为香港文化博物馆成立庆典系列展览的重要组成部分。2007年6月，为庆祝香港回归祖国10周年，故宫博物院赴香港艺术馆举办了"国之重宝——故宫博物院藏晋唐宋元书画展"，参展精品为包括《清明上河图》在内的31件一级文物，在香港引起了极大反响，轰动一时。

自2012年以来，故宫博物院在香港康乐及文化事务署下辖的香港艺术馆、香港文化馆、香港历史博物馆以及香港科学馆等，每年举办一项展览，让香港市民有机会欣赏和认识故宫历史文化。展览深受香港市民和世界各地访港人士的欢迎和喜爱。香港文化界不仅具有国际视野，对于传统文化更有着独到的见解，我们也希望能将这种活力带入到故宫博物院的展览之中，使香港博物馆界与故宫博物院能够以合作举办展览为契机，更深入地交流与合作，共同促进中华传统文化的传承与传播。

自2012年以来，按照《故宫博物院与香港康文署合作意向书》，故宫博物院七项大展如约来到香港。我们欣慰地看到，每一项展览都得到精心策划，都取得了预期的良好效果。

2012年6月，为庆祝香港回归15周年，"颐养谢尘喧——乾隆皇帝的秘密花园展"在香港艺术馆开幕，这是时隔五年之后，故宫博物院与香港康乐及文化事务署及其所辖博物馆推出的又一重量级展览。展览以乾隆帝归政颐养的乾隆花园为主题，展出了包括书画、贴落、家具、建筑构件及工艺品等共计93件（套）文物珍品，展览有四个展区："风乎舞雩——归政隐园林""寿考维祺——长乐享太平""延自寿量——虔诚求极乐""盛世风华——乾隆品味铸奇珍"。展览通过展示花园的独特设计，反映传统皇家园林的特色及文化内涵，进而探讨乾隆皇帝对归隐、长寿的追求及其背后的宗教思想，揭示一代盛世之君的内心世界。

2013年7月，"国采朝章——清代宫廷服饰展"在香港历史博物馆举办。这项展览共展出文物136件（套），囊括了清代宫廷皇帝后妃在不同场合穿着的丰富多样的服装，包括礼服、吉服、常服、行服、戎服和便服，其中有近三成是首次展出的精品，这是故宫博物院在中国内地以外地区举办的最大规模的服饰文物专题展。正如展览的名字"国采朝章"一样，服饰的色彩与纹样，是服饰文化的核心与灵魂，而理解服饰色彩与纹样所传达出的意义，不论古今中外，都需要一个文化背景作为支撑。在中华文化这一共同的文化背景下，对于服饰色彩与纹样所传达的喜乐平安，内地和香港民众有着与生俱来的相同认识。

2015年6月，"西洋奇器——清宫科技展"在香港科学馆开幕。此次展览以"西洋奇器"为题，主要选取了清宫旧藏的西洋科技文物及宫廷制作的各类仪器。展览共分八个部分，包括天文仪器、数学用具、度量衡、医学用具、武备器械、生活用具、钟表、与科技相关的绘画和书籍。这是一个融合科学与历史的展览，展出120件（套）故宫博物院珍藏的西方科学仪器。这项展览在香港展出还有一层特殊意义，香港的历史建筑中有很多中西合璧的近代建筑，而此次展品中有相当一部分是中西合璧的近代文物，这些不可移动文物和可移动文物共同阐释了一个时代中西文化交流的历史。

2016年11月，"宫囍——清帝大婚庆典展"在香港文化博物馆隆重举行。通过展览，观众可以了解到紫禁城中最喜庆、最热闹的活动——皇帝大婚典礼。紫禁城中重大的典礼，大多集中在紫禁城的前朝区域举行，而大婚庆典是最完整使用紫禁城的典礼。各项仪式从紫禁城的前朝区域一直渗入到紫禁城的内延区域，届时紫禁城张灯结彩，钟鼓齐鸣。此次展览旨在通过精美文物的展示，反映清代皇帝大婚典礼的全貌。展品包括绘画、玉器、瓷器、金银器、漆器、珐琅器、织绣等约150件（套），其中有许多展品均为首次展出。

2017年6月，"八代帝居——故宫养心殿文物展"在香港文化博物馆展出。共计展出文物236件（套），囊括了绘画、玉器、瓷器、珐琅器、织绣、家具、匾联和佛教文物等诸多门类，使香港观众能够近距离地观看到清代皇帝当年使用过的精美文物，许多展品都是首次在内地以外地区展出。本次展览最特别的地方是构建了大型场景，呈现了养心殿原貌，重现了帝王之家的生活；并利用多媒体技术还原在养心殿发生的历史事件，让观众可以穿越时空、身临其境。在形式设计上，展览将养心殿内的重要场景以原状陈列的方式展示，着重呈现了正殿、三希堂、西暖阁、垂帘听政四个原状景观，较为全面地展示自清朝雍正皇帝直至清末，八代皇帝在养心殿办公、学习、休闲、居住和礼佛等场景，使参观者能够了解养心殿在清朝历史中的地位和意义。

2017年7月，"万寿载德——清宫帝后诞辰庆典展"在香港历史博物馆开幕。展品包括210组，共计425件文物。在中国古代，皇帝及皇太后的寿辰是国家大事。到康熙帝六旬万寿庆典时，开启了清宫隆重庆祝万寿之例。此后，乾隆帝的生母崇庆皇太后、乾隆帝、嘉庆帝和慈禧太后都隆重庆祝万寿。清宫帝后的万寿盛典，既展示了清代的礼仪制度，更从侧面反映了清朝的政治、经济实力，还展示了当时京师的民间风貌；既蕴含了清宫帝后的祝寿思想，更彰显了尊老敬贤的道德追求，弘扬了中华民族的传统美德。这一清宫帝后诞辰庆典的展览，使观众认识到中国古代祝寿文化的丰富内涵。

2019年1月，"穿越紫禁城——建筑营造展"在香港文物探知馆举办。展览以紫禁城的建筑营造技艺为主题，介绍紫禁城的由来、规划和建筑特色，其中重点介绍紫禁城内规格最高的建筑——太和殿。展览通过建筑模型、斗拱模型、垂脊装饰和彩画复制品等18件（套）展品，让观众认识紫禁城所蕴藏的深厚文化底蕴和建筑智慧。重点展品包括明代七踩溜金斗拱模型、清代单翘单昂五踩平身科斗拱模型、紫禁城宫殿建筑使用的方形地砖"金砖"（现代品）、乾清门升降龙天花彩画和太和殿垂脊装饰的复制品。展览也介绍了香港中式建筑的风格和特色，包括位于元朗屏山的邓氏宗祠、大夫第和景贤里，让参观者从中了解保育文物建筑的重要性。

在上述展览中，香港各博物馆均发挥自身特长，充分展现历史文化的发展脉络及其与人们生活的关系。一方面把故宫博物院送展的文物珍品放置于密闭的展柜中，严格保护。另一方面制作一些相近相似的辅助展品作为替代，可供观众动手实际操作体验，成为每期策展的重点。通过采取互动的形式，观众得以加深对文物的理解，这样的努力在每个展览中都有不俗的表现，现场再现历史场景的多媒体技术呈现，更是令人印象深刻。通过此种文物展示方式，既保障了珍贵文物的安全，又能使观众直接参与，达到互动的效果，值得其他博物馆借鉴。

过去故宫博物院的展览大多是单一主题，如金银器展、玉器展和铜器展。但是近年来在香港博物馆的展览，往往通过一个人、一个事件、一个空间的"讲故事"形式展开，更为引人入胜。历史、文化、艺术与现实生活息息相关，让博物馆文化走进人们生活，是博物馆的使命。这就需要将展览内容条理清晰、内容全面、浅显易懂地传达给观众，引发观众的兴趣、探索、共鸣与思考，使他们愿意与古人对话。

同时，香港博物馆同仁的工作作风对我们也具有学习和借鉴意义。针对每次展览策划筹办，博物馆均从展览设计、展场效果、特选主题简介、展品包装运输、展品保安装置、教育及配套活动等各个方面进行研究讨论，精心筹备。博物馆同仁亲自制作演示模型，运用现代科技解读文物，使文物藏品变得生动、活泼。而且观众还可以通过网络或电话预约，会有博物馆人员或义工提供免费讲解服务。

如此，故宫博物院几乎每年都有不同主题的文物展览在香港的各博物馆展出，从宫廷文化到皇家生活，从书法绘画到家具器物，从清宫服饰到外国文物，香港市民得以从不同角度了解中国历史和中华传统文化，展览均获得强烈反响。这些展览的举办进一步激发了香港民众的爱国热情，增进了香港和内地之间文化交流和相互理解。几年来，这一系列的故宫文物展览，也对在广大的南部中华文化圈传播弘扬祖国博大精深的传统文化起到了重要作用，影响远及东南亚地区，已经成为一个代表中华传统文化的重要文化品牌。

故宫博物院与香港博物馆界有着良好的合作关系。香港康乐及文化事务署下辖的各个博物馆，都独具特色和文化意义，也有很多方面值得故宫博物院学习和借鉴。2014年12月，故宫博物院举办了香港康乐及文化事务署下辖博物馆馆长培训班。在一周的时间里，故宫博物院安排不同部门人员、专家学者与各位馆长进行深入交流，就专业问题交换意见，尽可能地提供广泛交流的平台。故宫博物院也从香港博物馆同仁这里学习到了不少好理念、好经验，他们的专业态度及专业能力，使我们在多年展览合作中深有感触并大为感动。未来，香港博物馆界与故宫博物院将继续保持紧密合作的伙伴关系，进一步携手合作，一起推动中华文化走向世界。

每当故宫博物院展览来到香港展出时，媒体均集中进行报道，社会各界广泛关注，博物馆门前排起长队，展现出香港市民想要一睹国家文化瑰宝的炽烈愿望。这是由于香港市民以往较少观赏到如此高规格"国宝"，也是"中国历史""文化遗产"难得清晰又具象的呈现。近年来"国宝"入驻香港的机会不断增加，虽然只是临时展览，但是在一定程度上填补了香港博物馆界在凝聚中华民族意识方面的内容空白，也使一直以来浸润在地区历史中的香港市民再次直观欣赏到国家传统文化的精粹及其现代意义。

参加相关国际会议

10年来，我在香港先后参加了三次文化遗产保护和博物馆领域的重要国际会议。这三次文化之旅使我感受到，在城市化加速进程的背景下，香港作为现代文明与经济贸易的繁华口岸，与今天的内地城市一样，面对经济社会发展有着种种前行的压力。因曾经忽视对文化遗产的保护，也失去了很多独具特色的历史建筑。但是，近年来情况有了很大改变。香港特别行政区政府不但重视文化遗产的保护，同时呼吁社会公众参与到历史建筑的保育和活化过程，提高民众对历史建筑的关注，更加合理地利用文化资源，取得很多可圈可点的经验。

第一次香港文化之旅是在2011年12月，应香港发展局局长林郑月娥女士邀请，我赴香港参加"保育与发展——中国视野"文物保育国际研讨会，同时代表国家文物局与香港民政事务局签署《关于深化文化遗产领域交流与合作协议书》。会议认为，历史建筑保护与活化利用并不是矛盾的对立面，关键在于如何使历史建筑在获得妥善保护的前提下，重新焕发时代光彩。历史建筑的保护不是将生活环境恢复原状，而是要恢复历史建筑特有的历史文化价值，通过历史建筑发掘城市的精髓，突破城市发展的局限，实现未来可持续保护和永续利用。香港发展局负责统筹及推动历史建筑的保育与活化，希望运用创意为历史建筑注入活力，将其转化为独特的文化地标，达到文化、经济、社会多赢的效果。

第二次香港文化之旅是在2014年9月，我应邀赴香港参加"国际文物修护学会第二十五届会议"*。2014年，香港获选为东南亚地

---

* 国际文物修护学会成立于1950年，是世界三大文物保护修复组织之一，旨在为从事保护与修复文化遗产的专业人员提供交流经验和知识的平台。

区首个举行国际文物修护学会双年度会议的城市。每两年举办一次的国际文物修护学会会议，自20世纪60年代以来，一直是文物保护修复领域最重要的国际盛会，为文物保护工作者提供了重要的平台，用以分享经验与知识，并在这个不断进步的学科领域中掌握最新的发展与趋势。同时设立奖项和奖学金，奖励保护修复人员的卓越成就，以此推动社会公众对文物保护的关注。2014年，国际文物修护学会香港年会就"源远流长：东亚艺术文物与文化遗产的修护"这一主题开展广泛的交流，分享最新的研究成果，使大会成为一场名副其实的国际盛事。

这次国际会议于2014年9月22日在香港大会堂顺利召开，来自30多个国家和地区、约400位文物保护修复专家与学者出席了开幕式。国际文物修护学会主席莎拉·斯坦尼福斯向我颁授了国际文物保护领域最高学术荣誉"福布斯奖"，我很荣幸成为首位获此殊荣的华人。同时，我在会上做了题为《民众是文化遗产的真正主人——由几件农民群体保护文物故事引发的思考》的福布斯奖讲座，与代表们分享了四个发生在中国不同地方、令人感动的真实故事，讲述了民众自觉奋力保护和抢救文物的高尚情操，阐明文化遗产保护作为一项利在当代、功在千秋的社会公益事业，需要动员广大民众的积极参与。

在国际会议期间，我向莎拉·斯坦尼福斯主席提议，在故宫博物院成立国际文物修护学会培训中心，希望据此加强中西方保护修复理论和科学实践的交流，促进国内外文物保护修复技术的合作与提高。这一建议得到了莎拉·斯坦尼福斯主席和国际文物修护学会领导层的

人居香港
活化历史建筑

积极回应，也得到了香港政务司司长林郑月娥女士和香港各位同仁的支持。经过一年的精心筹备，故宫博物院与国际文物修护学会签署了合作协议，决定正式成立国际文物修护学会培训中心，并在举行揭牌仪式之后，举办第一期培训班开班典礼。

国际文物修护学会培训中心的成立具有十分重要的意义，依托故宫博物院进行运行及管理，基于双方共同的宗旨、使命以及专业诉求而建立，是国际文物修护学会在海外成立的首个培训机构。它的成立，提升了故宫博物院在国际文物保护领域的影响力，也为故宫博物院的文物保护修复事业揭开新的篇章。国际文物修护学会培训中心为中国乃至整个亚太地区培养国际化的保护修复人才，为全世界博物馆与文物保护修复人员提供国际化的高水准培训项目，从而推动世界文物保护修复技术与研究事业的发展。

几年来，国际文物修护学会培训中心分别以"科学的预防性保护""文物保护修复过程中的无损分析技术""纺织品文物修护"和"纸质文物修护"为主题，以讲课、个案研究、工作示范、小组讨论与报告等形式进行，让学员认识文物保护的当代理论、规范和最佳的应用守则，也通过与来自不同机构和文化背景的学员和讲师交流，使学员互相了解和分享他们所属地区文物博物馆机构的情况，针对各自的文物保护问题探索和制定可行的解决方案。为世界各地文物修护工作者提供了学习的机会、搭建了交流的平台，并加深了相互间的联系与合作。

第三次香港文化之旅是在2017年6月，我应邀出席了"博物馆高峰论坛"。这是香港特区政府为纪念成立20周年所推出的重点活动，由香港康乐及文化事务署主办，故宫博物院协办。20位来自中国、美国、英国、俄罗斯和印度等多个国家的博物馆馆长及专家围绕"博物馆新世代"主题展开对话，以共同应对博物馆全球化、访客转变、公众期望不断提升以及科技日新月异等前所未有的挑战。我作为首讲，做了题为《让博物馆文化资源"活起来"》的演讲，向与会代表介绍了故宫博物院在传承和发扬中华传统文化方面所做的尝试和努力。此次论坛为香港首次举行有关国际博物馆界的活动，取得了很大的成功。

举办文化遗产讲座

近10年来，在香港考察期间，我有幸应邀在不同机构和不同场合做了20余次学术报告或专题演讲，其中包括：在香港举办的国际会议上的演讲；在香港特别行政区政府《国家事务系列讲座》的报告；在香港大学、香港城市大学、香港中文大学、香港理工大学等高等院校的学术报告；在香港艺术馆、香港文化博物馆、香港科学馆、亚洲协会香港中心、香港中央图书馆等博物馆和文化单位的专题报告；在香港工程师学会和香港建筑师学会、香港中华学会、团结香港基金会、香港志莲净苑等机构的演讲。

2012年6月，我在亚洲协会香港中心发表题为《关于广义博物馆的理论与实践》的演讲，时任亚洲协会香港中心主席陈启宗先生主持了演讲。此次演讲是在亚洲协会精心筹备下达成的，由于闻讯而来要求参会的听众数量大大超出预计，筹备者只好将演讲地点从报告厅更换到了能容纳300余人的宴会厅，并增加了场外的视频直播，以满足更多听众的参与需求。我希望通过这次演讲，使香港经济贸易界人士详细了解内地博物馆事业发展状况和故宫博物院发展愿景，从而加入文化遗产保护事业中。

在香港伊利沙伯体育馆的两次演讲也令我印象深刻。一次是2014年9月，在庆祝中华人民共和国成立65周年文化艺术菁英峰会的演讲；另一次是2016年11月，在香港伊利沙伯体育馆的专题演讲。每次都有2000多位香港青少年听众，包括香港各高等院校的师生和来自中、小学的学生们。我向听众详细介绍了文化城市建设、文化遗产保护以及故宫博物院文化事业发展等方面的内容，反响非常热烈。同学们不但安静地认真听完两个小时的报告，并且踊跃提问，香港青少年旺盛的求知欲令我十分感动。

一次讲座结束后，有一位中学生朋友问我，是否可以带同学一起到故宫博物院参观。我很痛快地说可以。原以为他会带两三个同学来北京，结果最后来了200多人。所以我们要提供更多的文化交流机会，满足年轻人的文化热情。

"故宫学堂"项目是由香港康乐及文化事务署主办、香港文化博物馆筹划的系列讲座，旨在使那些未曾接触故宫历史文化的香港民众，尤其是年轻一代，先认识故宫亲和的一面，从而引起日后对故宫博物院的兴趣，再推至对国家传统文化的认同；也让经常关注故宫动态的香港人士了解故宫博物院的新面貌。2017年4月8日，在香港文化博物馆，我为香港社会各界人士做了题为《公共文化设施的表情——以故宫博物院为例》的演讲，成为"故宫学堂"首场揭幕演讲。按照"故宫学堂"项目计划，第二批至第四批"故宫学堂"项目"飞越藏品说故事""清宫生活知多少""故宫儿童天地互动节目"也相继与香港市民见面。

开展青年实习计划

2016年8月29日，在与香港政务司司长林郑月娥女士深入讨论未来故宫博物院与香港文化领域的交流合作时，林郑月娥司长特别强调，年轻人在社会的长远发展中扮演着十分重要的角色，香港特别行政区政府十分重视青年发展，鼓励多元卓越文化，希望让不同能力、志向和教育水平的年轻人都能够有多元化的学习、培训和发展机会。希望能有更多香港青年到故宫博物院实习，增进青年人对中华传统文化、文化遗产保护以及博物馆事业的认识。为此，香港政务司将每年资助30名左右的香港青年学生到故宫博物院实习，深度接触祖国的文化。

2017年7月，故宫博物院和香港民政事务局及广东省青年联合会，成功举办了第一届"故宫青年实习计划"项目。在一个半月期间，参加活动计划的30位同学，在故宫博物院10个不同部门内从事文物整理、资料归档、数字故宫、展览设计、古建筑测绘、藏品管理、观众服务、外展翻译、媒体公关等各项工作，将所学到的专业知识运用到实习中去。在此次实习活动的策划过程中，为了让同学们都能够尽可能深入接触到故宫博物院的各项实际工作内容，还安排了每一周不同主题的见习活动。经过六周丰富的实习工作和体验活动，每一位同学都对中华传统文化、对故宫博物院有了更深刻的印象和更清晰的概念。

2018年7月17日，"第二届故宫青年实习计划"举行开学典礼。故宫博物院再次迎来一批风华正茂、朝气蓬勃的优秀实习生。与第一届相比，实习活动增加了澳门地区的同学，人数由30名增加到48名。在此次活动中，同学们在故宫博物院进行一个半月的深度实习，近距离领略传统文化魅力。分别在故宫博物院办公室、宫廷部、书画部、展览部、古建部、研究室、宣传教育部、文保科技部、故宫出版社、修缮技艺部和外事处，共11个部门开展实习，实习内容在第一届的基础上，又增加了志愿者管理、教育活动策划和古建筑测绘等各个方面。实习期间，同学们还参与故宫博物院展览、聆听专家学者讲座等各项活动。

2016年7月，由香港企业家许荣茂先生担任团长的"四海一家"香港青年交流团，组织来自香港的1000名青少年访问故宫博物院，这是迎接香港回归20周年首发活动的重要组成内容。故宫博物院为香港青年交流团特别开设了专场，我也荣幸地担任讲解，为香港青少年朋友讲述故宫故事，讲述数千年中华文化的兴衰荣辱。同时组织参观新开放的一些展览区域，使香港青少年在世界文化遗产故宫里，用自己的眼睛来发现真正的中华文明之美，感受中国历史文化的博大精深和源远流长，获得难得的文化体验。此次活动，对于打动一颗颗年轻而火热的心，传承"四海之内，犹如一家"的精神，增强青少年对国家民族的归属感，意义重大而深远。

2015年，故宫出版社与香港文化艺术学者赵广超先生及其所带领的设计及文化研究工作室一同携手，成立了故宫文化研发小组，共同致力于研究、传播和推广故宫文化。此外，故宫文化研发小组开展的"小小紫禁城"教育工作坊项目，已经在海内外多个国家的中小学校进行义务教育推广，讲述包括皇宫、建筑、皇家人物、花园、器物和纹饰等不同主题的故事。几年来，故宫文化研发小组共举办超过4800场工作坊，参与人数超过5.3万人，并举办多个面向学校和社会公众的多媒体展览，参观规模超过11万人次。

2017年7月18日，由故宫博物院与香港康乐及文化事务署共同举办的"我的家在紫禁城"主题展览开幕，展览地点在故宫景仁宫。赵广超先生多年来致力于研究、传播和推广紫禁城文化。此次展览展示近年来的出版、教育、展览、多媒体及文化创意的成果，是一次角度新颖、意趣盎然、充满文化创意与互动的新型故宫展览。这是一个献给少年儿童的展览，展览分为四个部分，包括"游宫院""看宫殿""皇家树"和"动起来"，通过有趣活泼的多种方式介绍紫禁城及传统文化，使少年儿童在娱乐中学到中华传统文化和历史知识。

公共教育是博物馆的重要职能，而青少年教育又是博物馆职能的重中之重。自2018年起，香港康乐及文化事务署与故宫博物院合作推出为期五年的"穿越紫禁城"系列，这是一项全新的学生及公众教育活动，旨在提供更多机会让学生、公众认识中国传统文化，并同时推广香港的文化和艺术。"穿越紫禁城"系列通过特定主题，以多元化、具有创意的活动，从不同角度解构昔日皇家建筑、文物文化、历史遗存，推动公众对中国传统文化的整体了解和现代思考，以此促进文化的发展。

其中2018～2019年的展览活动主题是"紫禁城建筑"中的"筑"，主要是关于紫禁城古代建筑文化的展览活动。活动主题从烫样、斗拱、门、窗、瓦、凿井和绘饰等元素介入，融入体验与当代解构认知、包含了模型、文物、文字、材料、装置、玩具和影像等展品，融观赏、体验、参与等方式一起，为各界人士提供一个对故宫古建筑认知和了解的展览活动。故宫的古建筑博大精深，希望人们能够更为全面深入地了解故宫的古建筑，从真正意义上领悟故宫古建筑的伟大智慧、艺术美感和精湛技艺，如此人们才能真正走进故宫古建筑文化里去。

捐助故宫事业发展

故宫博物院与香港虽然相隔数千里，但是有着很深的文化渊源。早在中华人民共和国成立初期，百废待兴，国家领导人就开始着手拯救和赎买故宫流失的文物。1951年，周恩来总理特意指示国家文物局组织特派专家组来到香港，成功买下了王献之的《中秋帖》和王珣的《伯远帖》两幅著名的书法作品，这两幅作品至今都是故宫博物院书画藏品中重要的珍品。事实上，很多故宫博物院的文物藏品都有着香港的烙印。此外，还有许多香港收藏家将自己的藏品无偿捐献给故宫博物院。

2015年国务院颁布实施的《博物馆条例》中明确规定："国家鼓励设立公益性基金为博物馆提供经费，鼓励博物馆多渠道筹措资金促进自身发展。"2016年国务院发布的《关于进一步加强文物工作的指导意见》也指出，"制定切实可行的政策措施，鼓励向国家捐献文物及捐赠资金投入文物保护的行为"。根据这些规定和意见，故宫博物院的北京故宫文物保护基金会开始面向社会接受文物保护捐赠资金，用于文物保护修复、学术研究、社会教育、文化传播等亟须开展的各项事业，获得了积极的效果。

故宫博物院的事业发展，离不开香港有识之士的公益支持。多年来，陈启宗先生支持文化遗产保护事业，更与故宫博物院渊源甚深。1999年，故宫博物院启动了建福宫花园复建工程。陈启宗先生创建的香港中国文物保护基金会，为建福宫花园复建工程提供了全额经费的捐款，这项工程已经于2005年秋季竣工。建福宫花园复建工程作为故宫博物院开展各项公益类活动的场所，举办了诸如文化讲座、学术研讨会、媒体见面会以及宣传教育方面的许多活动，收到了良好的效果。

2012年11月27日，香港中国文物保护基金会资金捐助的故宫中正殿复建工程竣工。中正殿始建于明代，位于建福宫花园的南侧，清代作为宫廷藏传佛教活动的中心，珍藏了丰富的佛经、佛像、佛塔、唐卡和祭法器等藏传佛教文物精品。1923年6月26日，建福宫花园大火殃及了其南部的中正殿。中正殿的复建，是故宫博物院与香港中国文物保护基金会的第二次合作。中正殿区域复建工程以再现故宫中正殿佛堂区的完整原貌为目的，以现存遗址为基础，结合史料和近代珍贵的历史照片资料，参照宫内相似建筑物确定了设计方案。目前这组建筑成为故宫研究院藏传佛教研究所学术研究与收藏展示的场所。

2015年12月，在亚洲协会香港中心，我再次拜会了陈启宗先生，重点介绍了故宫博物院正在准备维修保护养心殿古建筑群，但是因为采取"研究性保护"理念，在现行财政政策下，难以获得国家资金支持。陈启宗先生了解养心殿维修保护的意义和困难后，表示再提供1亿元人民币资金，支持"养心殿研究性保护项目"中不可移动文物的修复。同时在养心殿维修保护工程前的各项学术研究、维修方案制定、保护人才培养、室内文物修复、优质材料征集、规划施工等前期准备工作的过程中，陈启宗先生均投入精力予以关注，让我深受感动。

我有幸与许荣茂先生相识，得益于全国政协副主席董建华先生的引荐。2016年3月，全国"两会"之后，董建华先生邀请我到香港做一场专题报告。刚下飞机就接到他的电话，说晚上请我吃饭，并且已经邀请了一些朋友，建议我给大家讲一讲故宫博物院事业发展的情况。在席间，我重点介绍了"故宫古建筑整体维修保护"工程，其中也讲到了即将启动的"养心殿研究性保护项目"，还需要筹措8000万资金。

没想到我讲完以后，一位先生对我说，养心殿维修保护需要的8000万资金由他提供。这位提供资助的就是许荣茂先生，在我并不认识许荣茂先生的情况下，竟然获得了8000万元赞助，用于养心殿可移动文物的修复保护，令我非常感动。对于所得捐赠资金，由北京故宫文物保护基金会进行管理，以便更好地用于保护和弘扬故宫文化遗产。

事后我了解到，许荣茂先生是一名以其睿智、理性与沉稳成就了宏大事业的企业家，多年来一直致力于在文化、医疗、教育等诸多领域开展各类慈善公益事业，已累计捐款10多亿元人民币，赢得了社会各界的广泛赞誉。正因为在慈善领域的贡献，他先后荣获"香港金紫荆星章""中华慈善奖特别贡献奖"等众多荣誉称号。同时，许荣茂先生对于文化事业发展也尤为关注，通过建设博物馆、资助文化活动等方式，长期致力于中国文化遗产的传承及保护。

2017年11月30日，故宫博物院举办了许荣茂先生向故宫博物院捐赠《丝路山水地图》的仪式。《丝路山水地图》是一幅具有极高学术价值的明代古地图，绘于绢本之上，全长30.12米，描绘了东起嘉峪关，西至沙特阿拉伯圣城麦加的辽阔地域范围，其中涉及东亚、中亚、西亚及北非的10个国家和地区。之前国际学术界一直认为中国人不会画地图，认为中国人的地理知识都是传教士教的。而《丝路山水地图》表明中国人在西方地图传入中国之前，对于丝绸之路沿线已经有清晰的认识。当时物主提出2000万美元的转让价格。为此，故宫博物院多方筹措均未成功。当许荣茂先生得知此事后，慷慨出资2000万美元，约合1.33亿元人民币，将这幅作品从私人收藏家手中收购，并将它无偿捐赠给故宫博物院。

2016年12月，故宫博物院在故宫建福宫设立了"建福榜"，以此来铭记这些慷慨资助故宫博物院事业发展的机构与人士。正是他们的无私帮助，保障了故宫博物院研究性保护项目的顺利进展，使故宫博物院蕴藏的文化遗产资源能够更好地得以保护和传承。首批登上"建福榜"榜单的香港机构和人士有：陈启宗先生担任主席的香港中国文物保护基金会、许荣茂先生担任董事局主席的世茂集团、杨钊先生担任董事长的香港旭日集团有限公司、黄志祥先生担任主席的黄廷方慈善基金。

饶宗颐先生也是故宫博物院的"故交"。2008年10月，故宫博物院曾在神武门举办过"陶铸古今——饶宗颐学术艺术展"。展览结束后，饶宗颐先生向故宫博物院捐赠了《瘦马图》《印度恒河忆写》《荷花六连屏》《东坡佛印谈禅图》等10件艺术作品。

2015年12月3日，我参加了"香江艺韵——饶宗颐教授百岁学艺展"开幕式。饶宗颐教授是世界学术界和艺术界的瑰宝，对弘扬中华传统文化贡献巨大。他从事学术研究和艺术创作70多年，既是研究上古史、甲骨学、佛学、敦煌学、目录学和楚辞学的学界泰斗，也是精通音律、雅擅丹青、能诗能文的艺术大师，涉猎的学术领域广博而又精深。鉴于饶宗颐先生对中国传统文化的杰出贡献和对故宫博物院学术研究的影响，经故宫研究院决定，授予饶宗颐教授"故宫研究院荣誉顾问"。饶宗颐教授是故宫研究院授予此荣誉的唯一学者。在董建华先生、梁振英行政长官、林郑月娥政务司司长的见证下，我代表故宫博物院向饶宗颐先生颁发了证书。

展览名称为"香江艺韵"，一方面是因为展出的饶宗颐教授精选作品超过100件，而其中有数十件画作以香港风景为题，向观众展示饶宗颐教授历年在香港治学与游艺的成果；另一方面是要纪念饶宗颐教授与香港近80年的不解之缘。香港一直以国际金融中心而闻名，被指是"文化的沙漠"，但是饶宗颐教授接受专访时曾表示，"香港根本不是文化沙漠，只视乎自己的努力，沙漠也可变成绿洲，由自己创造出来"。在他的努力下，如今成立了饶宗颐学术馆、饶宗颐文化馆和饶宗颐国学院等，这些学术机构对于传承中华文化的作用日益显现。

我所接触到的饶宗颐教授尽管年事已高，却依然过着忙碌的日子。为弘扬中华文化奋斗到生命最后一刻，以一人之力，勾勒并展示出中华传统文化的整体轮廓。饶宗颐教授毕生学术耕耘不辍，艺术创作不止，文化传承不断，他从浩瀚典籍中提取中华文化的精华，为社会提供文化养分，让大众更有文化自尊和自信，无愧为中华优秀传统文化的弘扬者，文化自信的表率，其学术造诣、艺术成就受到广泛称赞。

饶宗颐教授曾送我一幅书法，但我至今没有勇气把这件书法作品挂起来，因为上面写的四个字是"识古通今"，对于我来说，这既是遥不可及的目标，也感受到他对后学的鼓励。这四个大字也一直激励我要更加勤奋地治学和做事。我有幸在过去十多年间，于不同场合得到饶宗颐教授亲自教诲。这是一次次奇妙的享受，不但看到他银眉鹤发、清瘦矍铄、思维敏捷，而且领略到他的博通视野、丰富修养、人格魅力，获益良多。在这些难得的机会中，对饶宗颐教授的学识、贡献以及人格精神也有了更为深切的感受。每次都能感受到他洒脱自在的文人风骨，不改初心的治学风范，真诚勉励后学的文化情怀，更感受到他对中华文化的历史担当。

香港是一座充满人文关怀和社会关爱的城市。故宫博物院与香港文化领域和社会各界有着独特的"渊源"。香港人士热心公益事业，积极推动文化方面的进步，包括故宫古建筑修缮、文物藏品保护、社会教育活动、珍贵文物回归等各方面，他们都在不断地提出建议，提供切实的帮助。香港各界人士一次次的无私捐赠，充分体现了他们回馈社会、建设国家的热情与能力。他们对于文化事业的一腔热忱与义不容辞的使命感着实令人钦佩，也为社会树立了楷模。

收获与展望

推动香港保护模式上新台阶

打造鲜活样本，展现多元文化

出于城市规划和文化遗产保护的双重专业背景，我始终关注香港正在实施的"保育中环"计划。

2009年香港《施政报告》通过了"保育中环"计划，提出对中环区域内的八栋政府所有的历史建筑进行修复改造，用作公共用途，包括前已婚警察宿舍、中环街市、旧中区警署建筑群、香港圣公会建筑群、中区政府合署建筑群、前法国外方传道会大楼、美利大厦以及中环新海滨。在香港特别行政区政府的初步规划中，除了中区政府合署建筑群和美利大厦外，其余六处历史建筑都将作为面向公众的文化休闲设施，进行具有创意的保护性开发。目的是保育中区的重要文化、历史及建筑特色，同时为区内增添文化活力和发展动力。

自1841年英国军队登陆香港岛，便选定中环区域作为军队和行政机构的根据地，一座座维多利亚风格的建筑也随着各种需求而被兴建起来。从海上眺望，香港岛俨然一派欧洲景象。中环作为最早发展起来的区域，是香港经济的重中之重。在这片土地面积有限的中环区域，聚集着数以千计的跨国企业和金融机构，星罗棋布的高端商场、酒店。港铁中环站连通着多条轨道线路，是重要的交通枢纽。尤其是作为机场快线的终点站，来自世界各地的人士20分钟便能从机场来到这片核心地段，从而赋予了中环对外展示的战略地位。

随着政府机构向东转移，许多曾经的政府建筑所在地被陆续拍卖给了私人业主，高楼大厦不断兴建，中环的面貌也随之日新月异。今日的中环，仍然是香港的心脏地带，是香港城市面貌的一个缩影，中西荟萃、新旧交融，除了有设计新颖的摩天大厦外，也保留了不少充满历史记忆的昔日特色历史建筑。中环现代的摩天大厦与近代的历史建筑交织排列，是许多访客所认知的香港城市风貌。在上环和下环，现在依然可以看到华人传统的民居建筑和历史街区景象。这些历史建筑作为沉默的见证者，在鳞次栉比的摩天大楼旁，从容地守护着这座城市的文明。

历史建筑是文化载体，传承着城市历史，将往事娓娓道来。无论是建筑风格，还是楼宇功能，抑或是建造地点，都烙下了独特的时代印记。一个时期以来，中环发生了一些历史环境和建筑保护的热点事件，吸引了社会公众的注意力，从中可以看到社会各界对于经济、政治、社会、文化和环境等方面有着不同的解读角度。

从香港历史建筑的保护历程看，过去主要倾向于单体建筑的保育和活化，对于整个历史街区整体的保育和活化不够充分。"保育中环"计划的实施，延伸到了成片历史街区，保育范围在空间上涵盖了从中环到湾仔。遗憾的是，长期以来这一区域内的不少历史建筑已经遭到破坏，对于历史街区进行整体保护的最佳时期已经过去。如今特区政府决定加大力度，解决历史街区文化资源保护问题，成为香港历史建筑保护非常可喜的关键一步，也必然是城市复兴进程中浓墨重彩的一笔。特区政府放弃通过拍卖土地获得政府收益，打破将土地交由地产商开发的常规做法，转而对历史建筑进行保育和活化，这一看似反常的做法背后，是特区政府对香港未来发展的考虑。

保育和活化历史建筑，可以视为城市精细化发展的重要举措，将不应该拆除的历史建筑重新定义，提升价值，保持城市风貌和社区传统，可以实现历史建筑保护与城市发展的融合。因此，不应该把保育和发展对立起来。保育理应是优化城市发展的元素，而不是障碍。如果城市只追求不断拆旧建新的发展策略，一味追求经济效益，便会引发越来越多的社会问题，并使城市逐渐丧失历史身份及文化认同，进而削弱城市的长远综合价值，既不利于城市的可持续发展，也不符合长远的经济利益。

长期以来，香港城市规划方案没有形成与历史建筑适应性保护相匹配的城市设计，缺乏对历史建筑群体价值的挖掘。而此次通过"保育中环"计划可以弥补这些空白，使历史建筑周边街区的整体保育与活化得以强化。"保育中环"计划的实施，可以说是顺应了天时、地利、人和：香港政府对于文化振兴高度关注和重视；计划中的历史建筑基本为政府物业，便于顺利实施；社会公众对于计划实施前景充满期待。"保育中环"计划为位于中环附近的历史建筑的保育和活化更新奠定了政策基础。

"保育中环"城市更新计划的顺利实施，将证明特区政府尊重群体记忆，使市民生活在拥有记忆的城市中，也引发出城市究竟应该如何协调历史保育与经济建设，如何实现城市永续发展的深入思考。人们意识到要实现未来的城市可持续发展，除了继续发展金融、物流、生产性服务与旅游业这四大支柱产业外，还必须要建立富有多元文化的城市形象，而历史建筑的保育和活化无疑是一个重要内容。通过保育，历史建筑保持健康稳定的状态；通过活化，历史建筑焕发新的时代生机，只要相辅相成，便可给予历史建筑以新的创意功能。

2018年5月，中环荷里活道10号人头攒动，经过10年维修保护与活化更新的旧中区警署建筑群，终于以新的面貌与香港市民见面，一度成为香港的文化盛事。重新亮相的旧中区警署建筑群，即"大馆"，作为展示中环历史的博物馆以及文化艺术的汇集空间服务于社会。而距"大馆"仅仅数百米的香港前已婚警察宿舍，已于2014年6月开放启用，活化为"PMQ元创方"，这处设计集市已经成为人们耳熟能详的文化创意空间，是不少市民平日休闲消遣的好去处，深受香港青年和年轻旅客的青睐。前法国外方传道会大楼，在1997～2015年为香港终审法院的所在地，如今改建后提供空间，用于法律服务和争议解决机构使用。

作为"保育中环"城市更新计划中的一部分，强调文化艺术与原创力量的"大馆"和"PMQ元创方"为香港带来新的文化形象。改造后这两组历史建筑都从政府物业转变成了公共文化场所，而且彼此又各有侧重。"大馆"和"PMQ元创方"开业之前，人们来到这里是为了商务和购物，对香港的印象无非是便捷高效的商务中心区、货品齐全的消费天堂。如今人们有机会了解香港的历史积淀、文化创意和品质生活。将会感叹于香港是一座富有文化的创意之都，一座将历史保育和经济发展置于同等高度的文明之都。

对比"大馆"和"PMQ元创方"这两组历史建筑的保育和活化成果，可以从中发现相似的更新策略，那就是尊重历史原貌、增加现代功能、严格选择业态、通过文化创意吸引访问流量。正是因为特区政府发起的公益性文化项目，"大馆"和"PMQ元创方"的运营都不以盈利为导向，而是在历史建筑独具特色的文化场所上下功夫，使这两组历史建筑拥有独特氛围，增加国际吸引力，成为香港城市的文化新名片。

2014年，开业第一年"PMQ元创方"就吸引了400万人到访；2018年，开业仅仅几个月的"大馆"参观人数就突破100万人次。现象级的热度证明了两组历史建筑保育和活化项目的成功，也将香港中环变成了访客眼中不只有购物的历史文化街区，与石板街、摆花街、苏豪区等区域一起形成一幅文化胜景，不仅提升了香港的国际形象，更为周边的商业购物带来了难以估量的正面效应。这些成功案例说明，历史建筑保育和活化重点不应仅限于历史建筑本体，而且还要保育和活化历史建筑资源，使它们融入社区之中，与民众互动，从而带来社会与经济发展的综合效益。

实践证明，城市文化地标的营造，对于城市所产生的正面效应十分巨大。而这类的文化项目不同于一般的商业项目的操作，不仅前期投入成本巨大，而且后期运营更是面临要求高而营收有限的状况。因此，这种城市级别的公益文化项目，需要依靠多元的方式维持运营，不能追求商业利益的最大化，其中所需要的协调工作和专业能力都远高于一般的商业项目。"PMQ元创方"的运营团队通过政府和同心基金的扶持，逐渐寻找到营收和文化培育之间的平衡。而"大馆"也是依靠赛马会慈善基金会的支撑才能维持运营，而且通过持续更新的文化活动维持场馆的活力。

当前，人们越来越认识到，城市规划仅仅注重经济利益和规模发展，已经是过时的思维。而更加重要的是，保持城市的功能及维持地域的特色在很大程度上决定了城市的创新与活力。实际上，中环区域拥有众多高质量设计与建设的具地标潜力的历史建筑，如果将这一城市形态进一步塑造，有助于区域整体成为地标枢纽。为了彰显特色地区及街区的社会与经济价值，提升中环区域独有的都市特色，需要城市规划与文化遗产保护领域密切合作，制定日益创新的政策指引，以期营造独一无二的特色地区及历史街区。通过历史建筑保育和活化，将文化元素转化为城市标志，以促进香港城市标志的延续。

香港特区政府"保育中环"计划提出以来，社会公益组织踊跃参与，目前计划中的八个项目已经陆续启动或相继竣工。这些保育和活化的成功案例，都有赖于社会各界人士的参与和支持。特区政府在这些项目中无疑扮演着举足轻重的角色，作为城市发展的推动者和城市环境的营造者，如何在宏观视角下将历史建筑保育和活化融合进城市发展的全局，并通过政策和行政手段统筹调配资源，推进保育和活化项目的顺利实施，使文化助力城市社会经济发展，这些都是对治理能力的考验。

城市建设与历史建筑的保育和活化紧密相连。孤立地保护历史建筑，会使其只能成为单独的片段而丧失文脉传承的意义，也破坏了城市肌理。历史街区整体保护则维护历史建筑所具有的公共性，使人们能够自由、平等地享受城市公共资源。尤其在高密度的城市中心区，空间的利用接近极限，区域的建筑密度和人口密度都很大，需要更多高质量的城市公共空间来为人们提供活动场所和步行空间，同时缓解高密度带来的空间压力。通过规划建立历史建筑保护区，可以使市民更大范围地感受历史，回顾香港的变迁和发展。

由于城市高密度中心区是人们生活、工作、娱乐等活动高度聚合的区域，需要不同的公共空间进行缓解，经过保育和活化，历史建筑可以提供进行各类活动的公共场所。同时历史建筑的庭院绿地、屋顶花园等，有利于改善高密度中心区的生态环境，对实现高密度中心区的可持续发展尤为重要。也许正是这种看似矛盾却又和谐的景象，构成了香港"东方之珠"独特的魅力。在香港的未来发展中，公共空间是不可或缺的组成。为此，需要根据不同的城市环境与空间需求，为城市创造更多具有活力的公共空间，营造出满足城市生活需求的文化场所。

历史街区保护和历史建筑保育和活化，均是复杂的社会议题，牵扯到城市的发展定位，政府的执政目标，社会各界的利益诉求以及社区民众的根本福祉。如今,城市更新的议题在全球化的语境下正在被广泛讨论。什么样的历史街区值得保育,历史建筑保育和活化如何平衡公益与盈利,历史建筑如何有尊严地为城市可持续发展服务等,面对这些尚未有定论的问题,香港"保育中环"计划无论从宏观的城市发展策略,还是微观的具体保育和活化方法,都提供了一个鲜活的样本。希望以此样本,引起更多对历史街区保护与更新的探讨,使正确答案在讨论和实践中逐渐清晰。希望能借此向世界发出信号,展示一个富有历史又充满生命力的香港多元文化环境,并将其作为城市复兴整体发展的重要内容加以弘扬。

细算起来,我已经10余次踏上香港这座人杰地灵的东方文化都市,每一次来到日益繁盛的香江之滨,都不禁抚今追昔,感慨万千。这片土地,在一个多世纪的岁月洗礼中,沧海桑田,几经变迁,唯独不变的是与内地血脉情深、无法分离的文化底蕴。特别是回归祖国20多年来,飞速发展的经济社会,使得如今的香港,早已屹立于世界国际繁华都市之林的前列。但是特区政府始终不忘初心,坚守着固有的中华传统文化,使香港形成了中西贯通,兼容并蓄的独特气质。

香港对于人们来说,往往感到节奏太快,穿梭在香港的大街小巷时,市区高耸的大楼总给人们压抑的感觉。在生存空间不断被挤压的环境面前,人们对于城市文化空间营造的诉求愈发强烈。的确,如今人们在快速的生活节奏下也放慢脚步,驻足欣赏香港城市之美,而历史建筑的存在让人们能够感受到香港文化魅力的另一面,让人们发现香港的确是一处汇聚中西文化、新旧历史而又充满活力的国际大都会。在接触和交流中，我感到香港文化界不仅具有国际视野，对于传统文化更有着独到的见解。

在这里，我要特别感谢香港特别行政区政府行政长官林郑月娥女士，一直以来对文化遗产事业和故宫博物院发展的关心和支持。10多年前，我在国家文物局工作，林郑月娥女士担任香港发展局局长，她向我介绍正在努力推动的香港"活化历史建筑伙伴计划"项目的意义，使我受益匪浅。此后每次到香港考察，我都会考察几处香港"活化历史建筑伙伴计划"项目或其他历史建筑保护成果，从中感受到这些历史建筑只有通过保育和活化，重新赋予它们生命力，使之融入当代社会生活，才能获得更好的保护。

在国际文物修护学会第二十五届会议上，我获颁文物保护专业学术荣誉"福布斯奖"。时任香港政务司司长林郑月娥女士在大会上，从我的著作中引用一段话，先用中文，再译成英文读了一遍。"当人类文明发展到21世纪时，仅仅把文化遗产狭义地当作一件物品保留下来是不够的，更重要的是发现、发掘、发扬文化遗产所蕴含的历史、科学、艺术的价值，使文化遗产进一步融入人们的生活、融入社区、融入城市，既给专业人士，更多的是给大众以启迪和精神的、情感的、美的享受。越来越多的人认识到，在城市化加速进程中，城市优秀的文化遗产也是城市现代化的重要内容。"这一致辞对我来说是莫大的鼓舞。

2017年7月1日，"万寿载德——清宫帝后诞辰庆典"展览在香港历史博物馆开幕，这是林郑月娥女士新任香港特别行政区行政长官后出席的首场活动。她在致辞中说，这是她第三次主持故宫珍品在香港展出的典礼，但是今天对香港和她本人都别具意义。自五年前，康乐及文化事务署与故宫博物院签订合作意向书以来，双方一直合作无间，每年都有难得一见的故宫珍藏来香港展出。她以古语"世如春而人多寿"形容展览的意义，肯定展览不仅展现了宫廷贺寿的盛况、尊老敬老的传统，更反映人们对长寿的向往。只有国家太平、物阜民丰，人民才能健康长寿。

林郑月娥行政长官说："今年是香港回归祖国20周年，我本人已经在政府工作了37年，差不多一半时间是在回归以前，一半时间在回归以后。'一国两制'的落实非常成功，香港既能受惠于国家深化的改革开放以及中央对香港的大力支持，香港自身也能保持一个比较独特的制度。"她强调，把别具纪念意义的历史建筑保留下来非常值得，否则再过一些年，香港的年轻人可能只能从书本上感受它们的风格和面貌，再也没有机会亲身接触这些历史建筑。只有怀念而没有看见，那种体验将会差很多。

继往开来，保育活化在路上

香港与其他国际大都市一样，始终面临着经济持续发展带来的巨大压力。尽管人们确信城市可持续发展和文化遗产保护可以并行不悖，在两者之间求得平衡却始终颇具挑战。民众保护文化遗产，构建文化身份认同的心愿日益迫切。在快速推进的城市化进程中，一座历史建筑的命运将如何，是拆除建写字楼，还是征收开发房地产，或是封闭隔离保护？今天寸土寸金的香港，正在找寻着历史建筑保育和活化的正确答案。实践证明，经济收益固然重要，保育和活化历史建筑却有着更深远的影响，对塑造城市精神和身份认同有着不可替代的重要意义。

百年以来，香港的城市面貌发生了翻天覆地的变化，而保留至今的历史建筑则见证了香港城市改变的过程。香港的城市建筑遗产非常丰富，从开埠前的中国岭南传统"合院式民居"，到开埠时期的英国建筑，再到19世纪现代建筑、中西合璧的"中国文艺复兴式"、现代建筑本地化等类型，还有20世纪90年代后纷繁的后现代主义运动在香港的城市建筑遗产中的不同呈现。这些历史建筑，一部分归属政府，大部分则为企业和私人所有，这些建筑能够保存并使用至今，也体现了香港保育工作的成效。

一座座引人瞩目的历史建筑，经过沧桑岁月曾经变得蓬头垢面，经过重新维修保护和活化再利用后，再度时尚活泼起来，焕发出蓬勃生机。历史建筑是人类共同的文化遗产，是文化遗产保护的重要组成部分，历史建筑保育和活化有利于美化人居环境，丰富城市的文化内涵。因此，特区政府在采取有效的方式保护历史建筑的同时，将其营造成为供市民大众享用的城市公共空间，使公众有机会近距离接触历史建筑，增强历史建筑与市民生活的联系，提升他们参与历史建筑保护的自觉性和责任感。

通过10余年的不懈努力，香港历史建筑保育和活化的实践内容与范围逐渐延伸，理念和手法不断丰富，对历史建筑的理解更加深入。通过落实一系列"活化历史建筑伙伴计划"项目，不再拘泥于教条式古板的保护理念，而是用简洁、清晰的现代方式，可逆的保护再利用手法，表达对历史建筑的尊重。虽然方法各有不同，但是都为了寻找一种更加合理的方式将新旧体系融合，充分运用城市的历史资源、文化资源和社会资源，对城市肌理进行保护和再塑造。同时，更加关注现代社会的价值观念、生活方式以及环境需求。

在"活化历史建筑伙伴计划"的一系列项目中，历史建筑保护意识不断升华，从单体保护延伸到整体保护，从历史建筑拓展到历史建成环境，从保护转变到保育和活化的跨越。同时，历史建筑保护从专家学者的积极呼吁，到社会公众的关注参与，再到政府和非营利机构的合作实施。通过实现具有较大规模、普及程度高的历史建筑保育和活化，不断发挥出促进城市健康发展与社区营造、构建良好的人居环境的作用，为香港历史建筑的保护打下了重要的基础，以历史建筑保育和活化为核心的城市复兴，也已经结出了不少的成果。

通过"活化历史建筑伙伴计划"可以看到，香港确实有大量具备历史价值的历史建筑需要用心去保存、活化、善用。在香港，历史建筑保育和活化具有广泛社会基础。因为修复和活化后的历史建筑，在文化上帮助塑造香港的个性，丰富香港市民的人文生活。通过具有历史文化内涵的设施，吸引香港市民和各地的访客，创造就业、推动经济，使历史建筑保护与城市建设和社区发展相互促进。历史建筑本身就带有时代的记忆和烙印，活化后历史建筑有了新生命，也成为一个人人皆可共享的空间，能使社会民众获得认同感和亲切感，这才是历史建筑保育和活化的意义。

如今，人们清醒地认识到，对于历史建筑推倒重建，是一种代价昂贵的建设方式，对文化遗产是毁灭性的破坏。城市更新应该是一个连续不断的过程，应当从激进的突发式更新，转向更为稳妥和谨慎的渐进式更新，实现真正意义上的城市与建筑的可持续发展。吴良镛教授曾经说过："历史城市的构成，更像一件永远在使用的绣花衣裳，破旧了需要顺其原有的纹理加以织补。这样，随着时间的推进，它即使已成'百衲衣'，但还是一件艺术品，仍蕴含美。"香港"活化历史建筑伙伴计划"，就为这种稳妥和谨慎的渐进式更新，提供新的思路和操作模式。

每一座城市都拥有由时间轴线串联起来的鲜活形象，不断发展变化。以动态的视角观察和发展城市，延续城市的根脉，尊重城市的历史文化特色，才会使城市永远焕发历史的魅力和时代的活力。香港是一座文化多元的城市，紧凑且充满活力，同时蕴含宝贵的历史及文化特色，成为香港城市印象的重要特征。尽管香港没有北京的故宫、天坛，但是香港具有包容不同背景和不同价值观的文化多元性，拥有众多有机成长的特色地区及街道，这不仅营造出独有的地域形象，并且形成了清晰的城市肌理，对于城市可持续发展具有深远意义。

从"建筑是石头的史书""建筑是凝固的音乐"等人们对历史建筑的比喻中可以发现，建筑本身就是人类文化的一种表现形式，用建筑表现文明发展，一直是人类社会的共识。历史建筑既是历史的也是现实的，既是物质的也是精神的，既有真实的感受也有理性的思考。香港城市中的历史建筑，经历过社会变迁最为剧烈的时期，各种重要的历史变革和科学发展成果都以其特有形式折射在历史建筑身上，聚合为整体而形成了这一时期城市发展和变革的全记录，见证了每一阶段、每个角落发生的不平凡的故事。历史建筑详细书写着历史的每一篇章。

历史建筑形成于过去，认识于现在，施惠于未来，是一座城市文化生生不息的象征，也是代表不同历史发展进程的坐标。当代人们以此为参照，辨认日新月异的生存环境。与数百年的香港城市发展历史相比，真正意义的历史建筑保育和活化历史还比较短暂。但是纵观这一充满艰难和曲折的历程，可以从中发现鲜明的发展趋势，那就是随着时代的发展，保护的内涵越来越扩展，保护的范围越来越广泛，保护的内容越来越丰富，保护的行动与社会生活的关联度越来越高。

香港回归祖国促进了广大民众本土意识的增强，从而促进了体现身份认同的文化遗产事业的提升，公众对历史建筑保护的兴趣也与日俱增。"活化历史建筑伙伴计划"作为特区政府推行的一项文物保育措施，不仅是为实现历史建筑保护和发展双重目标的创新尝试，也凸显出社会参与在文化遗产保护中的重要性。特区政府通过不断摸索、不断探求、不断成就，将历史建筑保护扩展到新的高度，对历史建筑的认识逐渐深化，呈现出不断发展趋势。历史建筑在城市文化建设中所具有的特殊性，也日益受到社会公众的高度关注。

城市更新的目的，不仅是物质环境改善和经济增长，更重要的是应该带来社会、经济、文化和环境等各个方面协调的、长远的、可持续的改善和提高。实现全面、综合的城市更新理念，需要转变的一个核心价值取向，就是"以人文本"。城市更新的最终目标是满足人的需要，实现人的理想，因而城市更新必须能够体现社会关怀，维系而不是铲除社区记忆，帮助而不是阻碍社区发展，而实现这些目标的一个重要机制，就是鼓励社区参与，创造公平、民主的决策环境，让社区民众成为城市更新过程中的重要角色。

　　事实证明，历史建筑保护的终极目的是为了更好地利用，满足当代或未来的社会需求，任何保护归根结底都是为了永续利用，不存在完全回避利用的保护。历史建筑是见证社会发展，联结社区，加强居民身份认同的重要文化遗产。随着文化遗产保护观念的不断普及，建筑遗产理论和实践不断发展。无论是政府，还是社会公众对待历史建筑的观念也从最初的保护、维护其原状和原貌的被动方式，逐步转变为适应性再利用。目前香港活化历史建筑的项目，社会价值均为主要的考量标准，活化方式包括学校、医院、旅社、博物馆、生活馆、创意馆等，建筑遗产的保育和活化互为补充和密不可分。

　　"活化历史建筑伙伴计划"注重保护概念与理念的不断发展和完善。通过确立经验与教训的界限，推动了保育和活化水平的提高。通过对历史建筑的保护，既使传统文化得以传承，又使城市特色更加鲜明。历史建筑所保留的是一种历史空间。由于这空间犹存，历史就变得不容置疑。徜徉其间，历史好像忽然被有血有肉地放大。过往的生活形态仿佛随时都能被召唤回来。历史建筑并非历史的遗骸，而是作为历史的生命而存在。历史不仅是写在书本上的文字，还应由活生生的实物与记忆交织而成。

香港在实施"活化历史建筑伙伴计划"过程中，体现出细致入微的方式和方法，在最大限度保留历史建筑原有状态，维护其生命力之外，同时体现出对历史过程的延续性和历史信息的完整性的重视，没有因为一味追求历史建筑的原始状态，而损失其历史过程和历史信息。同时，在原有建筑保育和活化的方法上，注重可还原性的原则，保护历史建筑物的真实性。特区政府对于历史建筑保育和活化的投入和努力有目共睹，对于中国内地城市的历史建筑保护和利用，具有借鉴意义和价值。

近现代建筑遗产内涵深刻、外延丰富，不仅体现出前人的聪明才智，也构成今日独特的城市环境，展现出富有魅力的特色景观。城市是有记忆的，也是有灵性的，这些记忆与灵性，通过历史建筑的保护与传承，融入城市的血脉，构筑城市的性格。因此，只有妥善保护历史建筑，才能成为时代年轮清晰的城市，才能成为充满记忆与灵性的城市，才能成为保持属于自己特色的城市。历史建筑用自己独有的形象语言记载着一个城市、甚至一个民族的文明历史，作为人类物质文明与精神文明的成果，本身就体现着时代的进步。

十几年来，通过大量保护实践，历史建筑保护和活化的目的愈加清晰，从对历史建筑维修保护，扩展到集保护、研究和教育于一体的综合目标。保护的对象从可供人们欣赏的文物古迹，到保护各种文化遗址和历史建筑，再扩展到保护历史街区、历史村落。保护的范围也从物质文化遗产，扩展至非物质文化遗产，以及相互联系生成的文化景观、文化空间。在"活化历史建筑伙伴计划"这一理论研究与实践探索的征途上，人们逐渐达成共识，把历史建筑的保育和活化，真正建立在科学的基础上，从而进入了一个崭新的发展阶段。

目前，"活化历史建筑伙伴计划"不断显示出强大的生命力和推动作用，并逐步开启了一场从特区政府到社会机构，再到普通民众广泛参与、影响深远的历史建筑保护行动。特区政府对于历史建筑保护，无论在人力和物力投入方面，还是在资金的注入方面，都较过去有了很大的提高，历史建筑保护已经上升到政府战略的高度。目前，重要的是在现实基础上科学总结历史建筑保护的理念，明确界定保护范围及方法模式，并将历史建筑从实践探索的层面，上升到理论及法规政策层面，为方兴未艾的历史建筑保护提供香港模式、中国经验。

喜迎新机遇，再创新辉煌

自香港回归祖国以来，香港特别行政区政府在文化和教育施政上致力于加强香港同胞对中华文化的认识和认同。一直以来，故宫博物院与香港博物馆界建立起坚实和友好的合作机制，成功举办了一系列大型展览。实践证明，香港博物馆界有举办优秀展览的氛围和能力，香港民众有参观故宫博物院展览的热情，文物安全也有保障，这些说明在香港举办长期的、重量级的展览具备条件。鉴于这一共识和合作成效，特区政府与故宫博物院双方都希望在目前的合作基础上，利用彼此的优势进一步加强合作。

2017年，习近平主席在庆祝香港回归20周年大会讲话中指出，香港背靠祖国、面向世界，有着许多有利发展条件和独特竞争优势。特别是这些年国家的持续快速发展为香港发展提供了难得机遇、不竭动力、广阔空间。香港享有"一国两制"的制度优势，不仅能够分享内地的广阔市场和发展机遇，而且经常作为国家对外开放"先行先试"的试验场，占得发展先机。特区政府与时俱进、积极作为，不断提高政府管治水平，凝神聚力，发挥所长，开辟香港经济发展新天地，使香港"东方之珠"绽放出更加耀眼的光辉。

2018年11月12日，习近平主席在会见香港澳门各界庆祝国家改革开放40周年访问团时，高度评价了港澳同胞40年来在改革开放中发挥的开创性的、持续性的也是深层次的、多领域的作用。习近平主席强调，中国特色社会主义进入了新时代，意味着国家改革开放和"一国两制"事业也进入了新时代。对香港、澳门来说，"一国两制"是最大的优势，国家改革开放是最大的舞台，共建"一带一路"、粤港澳大湾区建设等国家战略实施是新的重大机遇。要充分认识和准确把握香港、澳门在新时代国家改革开放中的定位，支持香港、澳门抓住机遇、乘势而上，培育新优势，发挥新作用，实现新发展，作出新贡献。为此，习近平主席提出了四点希望。一是更加积极主动助力国家全面开放。特别是要把香港、澳门国际联系广泛、专业服务发达等优势同内地市场广阔、产业体系完整、科技实力较强等优势结合起来，提升香港国际金融、航运、贸易中心地位，加快建设香港国际创新科技中心，努力把香港、澳门打造成国家双向开放的重要桥头堡。二是更加积极主动融入国家发展大局。这是"一国两制"的应有之义，是改革开放的时代要求，也是探索发展新路向、开拓发展新空间、增添发展新动力的客观要求。三是更加积极主动参与国家治理实践。四是更加积极主动促进国际人文交流。要保持国际性城市的特色，利用对外联系广泛的有利条件，传播中华优秀文化，讲好当代中国故事，讲好"一国两制"成功实践的故事，发挥在促进东西方文化交流、文明互鉴、民心相通等方面的特殊作用。

继2018年10月23日港珠澳大桥开通后，2019年2月国务院公布的《粤港澳大湾区发展规划纲要》明确指出需要"打造粤港澳大湾区，建设世界级城市群"，"进一步密切内地与港澳交流合作，为港澳经济社会发展以及港澳同胞到内地发展提供更多机会，保持港澳长期繁荣稳定"。粤港澳大湾区（大湾区）是世界级城市群，有超过8600万人口，比其他世界级湾区（东京湾、纽约湾和旧金山湾）都要大。如此大的体量，为香港这一相对规模较小的外向型经济体提供了开拓事业发展的开敞平台。

2021年3月国务院公布国家"十四五"规划纲要中，也明确提出"支持港澳巩固提升竞争优势，更好融入国家发展大局"，"完善港澳融入国家发展大局、同内地优势互补、协同发展机制"。除了明确提升香港的国际金融、航运、贸易中心和国际航空枢纽地位，也支持香港建设国际创新科技中心等发展定位，提出服务业要向高端高增值方向发展，发展中外文化艺术交流中心。"十四五"规划纲要也明确指出支持落马洲河套地区港深创新及科技园（港深创科园）和毗邻深圳科创园区的建设，优化提升深圳前海深港现代服务业合作区（前海合作区）的功能。2021年9月，国务院公布了《全面深化前海深港现代服务业合作区改革开放方案》，将前海合作区范围从前海地区向南扩展包含中国（广东）自由贸易试验区蛇口区块，向北扩展包含宝安区内多个重点发展区，如深圳机场及会展新城，并提出一系列有利香港专业服务进入前海合作区发展的深化改革政策。

香港已经制定《香港2030+：跨越2030年的规划远景与策略》，提出了一个都会商业核心区，两个策略增长区及北部经济带、西部发展走廊和东部知识及科技走廊三条发展轴为框架的发展远景。《香港2030+：跨越2030年的规划远景与策略》的后续工作可以此概念性空间框架为基础，把香港整合为不同的都会区，确立各个都会区的发展定位和目标，编制更为具体的行动纲领，落实香港的发展远景。因此，特区政府率先把北部经济带整合为北部都会区，并制订《北部都会区发展策略》，借其接壤深圳的区位优势，促进香港融入国家和大湾区的发展大局，并以港深融合发展为助力，把北部都会区发展为香港第二个经济引擎和宜居宜业宜游的都会区。这是在"一国两制"框架下首份由政府编制，在空间概念及策略思维上大幅度跨越港深两地行政界线的策略行动纲领，为香港的长远发展前景谋定新方略，因而别具突破性和前瞻性意义。这就要求香港超越传统的"新市镇发展"

思维和区议会行政界线的空间概念，把与深圳相邻的新界北部地区完整地整合为北部都会区，作为香港未来20年的策略发展地区；还要跳出项目主导的传统框架，采取"政府主导，小区营造"的思维及操作模式，规划和建设社会及经济均衡发展、生态及环境皆能保育的宜居小区。

事实上，港深两地已经形成了"双城三圈"的空间格局。"双城"是香港和深圳；"三圈"即由西至东包括了深圳湾优质发展圈、港深紧密互动圈和大鹏湾/印洲塘生态康乐旅游圈。"双城三圈"可被视为港深接壤地带策略性的空间结构，完整覆盖了深圳发展最成熟及发展动力最活跃的都市核心区和深港口岸经济带，以及香港境内城市建设资源正在高速汇集并拥有庞大发展潜力的北部都会区。在"双城三圈"的空间结构下，北部都会区将会与深圳紧密合作发展创科产业，成为香港的国际创新科技中心，媲美支撑香港作为国际金融中心的维港都会区。北部都会区也将享有"城市与乡郊结合、发展与保育并存"的独特都会景观，媲美维港两岸山、城、港优美结合所形成的世界级大都会景观。两个位于香港南北的都会区将会并驾齐驱，相辅相成，为香港的整体发展点燃新动力，增添新姿彩。

实施粤港澳大湾区建设，是党和国家立足全局和长远做出的重大谋划，也是保持香港、澳门长期繁荣稳定的重大决策。建设好大湾区，关键在创新。要在"一国两制"方针和基本法框架内，发挥粤港澳综合优势，创新体制机制，促进要素流通，同时注意练好内功，着力培育经济增长新动力。

香港在国家改革开放进程中，既作出了历史性的贡献，也实现了自身跨越式的发展。20多年来的发展，香港坚守"一国"之本，善用"两制"之利，已经走出了地理意义上的岛屿，成为全球化文明的缩影，包含了更多世界文化基因。香港的魅力与优势正在于融汇中西、博采众长，同时内化于身。今天，香港的经济社会发展再迎新机遇，把握国家新一轮改革开放的历史进程，推进粤港澳大湾区和"一带一路"建设，就一定能够再上台阶、再创辉煌，为香港未来的经济社会发展注入新的动力。国家好，香港好，世界会更好！

孙中山史迹径——百子里公园（2011年12月13日）

雷生春（2012年6月22日）

南莲园池（2011年12月14日）

林边生物多样性自然教育中心（2017年12月8日）

旧大埔警署（2016年11月27日）

志莲净苑（2013年7月30日）

伯大尼修院（2011年12月13日）

东华三院文物馆（2015年12月5日）

为饶宗颐教授颁发故宫研究院荣誉顾问聘书（2015年12月3日）

"宫囍——清帝大婚庆典"展览开幕式（2016年11月29日）

第一届"故宫青年实习计划"（2017年7月18日）

兴建香港故宫文化博物馆合作备忘录签约仪式（2016年12月23日）

西九文化区香港故宫文化博物馆的馆址地点（2017年6月29日）

香港故宫文化博物馆动土仪式（2018年5月28日）

在香港伊利沙伯体育馆做专题报告（2016年11月28日）

赤柱邮政局（2017年7月1日）

桂祥茶艺馆（2012年6月19日）

虎山环境教育中心（2017年12月8日）